普通高等教育电子信息类规划教材

有线电视技术

张 辉 陈智丽 任 丹 等编著

机 械 工 业 出 版 社

本书系统地介绍了有线电视系统的理论与实践设计，内容包括有线电视系统概述、有线电视系统的理论基础、电视接收天线、卫星电视、有线电视系统的前端设备、传输系统、分配系统、有线电视系统的工程设计、有线电视系统的安装与调试、有线数字电视系统、有线广播系统、有线广播系统设备的配接。每章末附有小结与习题，书末附录收集了当前我国有线电视系统工程设计方面的相关行业标准以及电视频道频率配置相关资料。

本书既可作为高等院校建筑电气、自动化、电子信息、通信及相关专业的本科、专科生教材，也可供从事有线电视系统工程的技术人员阅读，还可以作为有线电视台（网）技术人员的培训教材。

本书提供配套授课电子课件，需要的教师可登录 www. cmpedu. com 免费注册，审核通过后下载，或联系编辑索取（QQ：241151483，电话：010－88379753）。

图书在版编目(CIP)数据

有线电视技术/张辉等编著. —北京:机械工业出版社,2015. 8
普通高等教育电子信息类规划教材
ISBN 978-7-111-51167-0

Ⅰ. ①有… Ⅱ. ①张… Ⅲ. ①有线电视－高等学校－教材
Ⅳ. ①TN949. 194

中国版本图书馆 CIP 数据核字(2015)第 191917 号

机械工业出版社(北京市百万庄大街 22 号 邮政编码 100037)
策划编辑:李馨馨 责任编辑:李馨馨
责任校对:张艳霞 责任印制:李 洋
三河市宏达印刷有限公司印刷

2015 年 9 月第 1 版 · 第 1 次印刷
184mm×260mm · 15. 5 印张 · 382 千字
0001－3000 册
标准书号:ISBN 978-7-111-51167-0
定价:39. 80 元

凡购本书,如有缺页、倒页、脱页,由本社发行部调换

电话服务
服务咨询热线:(010)88379833
读者购书热线:(010)88379649

网络服务
机 工 官 网:www. cmpbook. com
机 工 官 博:weibo. com/cmp1952
教育服务网:www. cmpedu. com
金 书 网:www. golden－book. com

前　言

有线电视在我国已获得了极大发展和广泛应用，越来越多的用户通过有线电视系统收看众多高质量的电视节目。本书为满足社会对有线电视工程应用型人才的需要而编写，以实用原则确定编写内容，力求以深入浅出、循序渐进的方式系统地介绍内容，体现其先进性，使读者可以较快地掌握中小型有线电视系统、电声系统设计、施工、调试及验收知识。

本书共分12章，内容主要包括有线电视系统概述、有线电视系统的理论基础、电视接收天线、卫星电视、有线电视系统的前端设备、传输系统、分配系统、有线电视系统的工程设计、有线电视系统的安装与调试、有线数字电视系统、有线广播系统、有线广播系统设备的配接等。附录收集了当前我国有线电视系统工程设计方面的相关行业标准以及电视频道频率配置的相关资料。每章末附有小结与习题，教学时数可在48学时左右。

本书第1、9章由沈阳建筑大学韩子扬编写，第2、5章由辽东学院任丹编写，第3、4、10、12章由沈阳建筑大学张辉、戴敬、陈智丽编写，第6、7章由沈阳建筑大学张锐、任义编写，第8章由沈阳建筑大学张颖编写，第11章由沈阳建筑大学王丽、张凤众编写，全书由张辉统稿。叶选教授对本书提出了宝贵的意见，李玲同学完成了部分插图，在此一并表示由衷的感谢。

本书编者十分感谢机械工业出版社的大力支持，本书参考了有关有线电视及楼宇自动化的大量书刊资料，除在参考文献列出外，并在此向这些书刊资料的作者表示衷心谢意！

由于编者水平有限，书中难免存在疏漏之处，恳请专家、同行和读者批评指正。

编　者

2015年5月

目　录

前言
第 1 章　有线电视系统概述 …… 1
1.1　有线电视系统发展概况 …… 1
1.1.1　什么是有线电视 …… 1
1.1.2　各国有线电视发展概况 …… 1
1.1.3　我国有线电视系统的发展概况 …… 2
1.2　有线电视的特点与频道划分 …… 3
1.2.1　有线电视的特点 …… 3
1.2.2　频道划分 …… 3
1.3　有线电视系统的基本组成和分类 …… 8
1.3.1　系统的组成 …… 8
1.3.2　系统的分类 …… 10
1.4　有线电视的发展趋势 …… 11
本章小结 …… 12
习题 …… 12
第 2 章　有线电视系统的理论基础 …… 13
2.1　无线电波的理论基础 …… 13
2.2　电视信号的产生与传播 …… 14
2.2.1　电视信号的产生 …… 14
2.2.2　电视信号的传播 …… 17
2.3　增益 …… 18
2.4　噪声电平和载噪比 …… 19
2.4.1　噪声电平 …… 20
2.4.2　载噪比 …… 20
2.5　非线性失真 …… 23
2.6　反射与重影 …… 30
2.7　视频信号特性参数 …… 32
本章小结 …… 33
习题 …… 34
第 3 章　电视接收天线 …… 36
3.1　天线的基本原理和主要参数 …… 36
3.1.1　天线的基本原理 …… 36
3.1.2　天线的主要参数 …… 37

3.2　常用天线 …… 40
3.2.1　基本半波振子天线 …… 40
3.2.2　折合半波振子天线 …… 40
3.2.3　天线与馈线的连接 …… 41
3.3　引向天线 …… 42
3.3.1　引向天线的结构 …… 43
3.3.2　引向天线的设计 …… 44
3.3.3　组合天线 …… 45
3.4　接收天线的选择与安装 …… 47
本章小结 …… 48
习题 …… 49
第4章　卫星电视 …… 50
4.1　卫星电视广播概述 …… 50
4.1.1　卫星电视广播 …… 50
4.1.2　卫星电视广播系统的组成 …… 51
4.1.3　卫星电视广播的频率范围和频道划分 …… 53
4.2　卫星电视地面接收设备 …… 54
4.2.1　卫星电视接收天线 …… 54
4.2.2　高频头 …… 56
4.2.3　功率分配器 …… 57
4.2.4　馈源 …… 58
4.2.5　卫星电视接收机 …… 59
4.3　卫星电视接收系统的主要参数 …… 61
4.4　卫星电视接收系统的安装与调试 …… 63
4.4.1　卫星电视接收天线的安装 …… 63
4.4.2　卫星电视接收系统的调试 …… 65
本章小结 …… 66
习题 …… 67
第5章　有线电视系统的前端设备 …… 68
5.1　邻频前端系统组成 …… 68
5.1.1　邻频前端系统的结构 …… 68
5.1.2　频道处理器 …… 68
5.1.3　邻频传输的技术要求 …… 70
5.2　前端放大器 …… 70
5.3　解调器与调制器 …… 72
5.3.1　解调器 …… 72
5.3.2　调制器 …… 73
5.4　混合器 …… 75
5.4.1　混合器的种类 …… 75

5.4.2 混合器的工作原理 …… 76
5.4.3 混合器的主要参数 …… 77
5.5 其他设备 …… 78
5.5.1 导频信号发生器 …… 78
5.5.2 衰减器 …… 78
5.5.3 均衡器 …… 80
5.5.4 滤波器 …… 81
本章小结 …… 82
习题 …… 83
第6章 传输系统 …… 84
6.1 同轴电缆传输系统 …… 84
6.1.1 同轴电缆结构 …… 84
6.1.2 同轴电缆分类及型号 …… 85
6.1.3 同轴电缆性能参数 …… 87
6.1.4 电缆传输系统常用器件 …… 89
6.1.5 有线电视系统对同轴电缆的要求 …… 91
6.2 光缆传输 …… 92
6.2.1 光纤的传光原理及传输特性 …… 93
6.2.2 光缆的结构和类型 …… 94
6.2.3 光缆传输主要设备和器件 …… 96
6.2.4 光缆有线电视系统传输结构 …… 101
6.2.5 有线电视光缆传输系统设计 …… 103
6.3 微波传输 …… 107
6.3.1 微波传输系统特点及分类 …… 107
6.3.2 微波传输系统的主要设备 …… 108
6.3.3 AML 系统 …… 110
6.3.4 MMDS 系统的组成 …… 110
6.3.5 数字微波 …… 111
本章小结 …… 112
习题 …… 113
第7章 分配系统 …… 114
7.1 分支器 …… 114
7.2 分配器 …… 116
7.3 放大器 …… 118
7.3.1 放大器的分类 …… 118
7.3.2 放大器的主要技术指标 …… 119
7.3.3 放大器原理 …… 120
7.3.4 放大器的选择与使用 …… 125

本章小结……125
习题……126
第8章　有线电视系统的工程设计……127
8.1　有线电视系统的设计任务……127
8.1.1　网络的总体规划……127
8.1.2　技术方案设计……128
8.1.3　绘制设计图……128
8.2　前端的工程设计……129
8.2.1　接收场强的计算……129
8.2.2　天线输出电平的计算……130
8.2.3　小型有线电视系统前端的组成形式……131
8.2.4　中、大型有线电视系统前端的组成形式……134
8.3　干线传输设计……136
8.3.1　确定干线电长度和串接的放大器台数……136
8.3.2　合理分配技术指标……136
8.3.3　干线放大器传输电平的计算……137
8.3.4　放大器电平的倾斜方式……138
8.3.5　V形曲线……139
8.3.6　传输干线电平设计……140
8.3.7　光缆干线传输系统的设计……142
8.4　分配网络的工程设计……147
本章小结……151
习题……151
第9章　有线电视系统的安装与调试……153
9.1　前端设备的安装与调试……153
9.1.1　前端系统设备的安装……153
9.1.2　前端系统设备的调试……154
9.2　电缆传输干线系统的敷设与调试……154
9.2.1　干线电缆的敷设……154
9.2.2　干线电缆的调试……155
9.3　光缆传输干线的敷设与调试……157
9.3.1　光缆的敷设……157
9.3.2　光缆的调试……158
9.4　分配网络的安装与调试……159
9.4.1　分配网络的安装……159
9.4.2　分配网络的调试……161
9.5　防雷与接地……162
本章小结……164
习题……164

第10章 有线数字电视系统 …… 165
10.1 数字电视系统概述 …… 165
10.1.1 地面数字电视系统 …… 165
10.1.2 卫星数字电视系统 …… 166
10.1.3 有线数字电视系统 …… 167
10.2 数字电视基本知识 …… 170
10.2.1 高清晰度数字电视 …… 171
10.2.2 数字电视的国际标准 …… 171
10.3 有线数字电视机顶盒 …… 172
10.3.1 数字机顶盒的功能 …… 172
10.3.2 有线数字电视机顶盒的基本原理 …… 173
10.3.3 有线数字电视机顶盒的基本结构 …… 174
10.4 数字电视的条件接收 …… 176
10.4.1 条件接收系统的基本组成 …… 176
10.4.2 条件接收系统的工作原理 …… 177
10.5 交互式电视 ITV …… 178
10.5.1 交互式电视的主要实现形式 …… 178
10.5.2 交互式电视系统的组成 …… 179
10.5.3 有线电视视频点播 …… 180
10.6 有线电视网传输电话业务 …… 182
本章小结 …… 184
习题 …… 184
第11章 有线广播系统 …… 185
11.1 声学基本原理 …… 185
11.1.1 声音的产生和传播 …… 185
11.1.2 与声音有关的物理量 …… 188
11.1.3 人耳听觉特征 …… 190
11.1.4 音质的评价标准 …… 192
11.2 有线广播系统简介 …… 193
11.2.1 有线广播系统的组成 …… 193
11.2.2 主要技术指标 …… 194
11.3 有线广播系统主要设备 …… 196
11.3.1 传声器 …… 196
11.3.2 扬声器 …… 199
11.3.3 调音台 …… 202
11.3.4 功率放大器 …… 204
11.3.5 其他常用设备 …… 206
本章小结 …… 207
习题 …… 207

第 12 章 有线广播系统设备的配接 …… 209
12.1 有线广播音响系统线路的配接 …… 209
12.2 室内扩声系统扬声器的布置 …… 215
12.2.1 扬声器的布置原则 …… 215
12.2.2 扬声器的布置方式 …… 216
12.2.3 扬声器的功率估算 …… 217
12.3 多功能厅的扩声系统 …… 219
12.4 有线广播系统的设计 …… 220
12.4.1 广播音响系统的主要形式 …… 220
12.4.2 公共广播系统的工程设计 …… 222
本章小结 …… 224
习题 …… 225
附录 …… 226
附录 A 中华人民共和国广播电影电视行业标准（GY/T 106—1999） …… 226
附录 B 中国电视频道频率配置表 …… 234
参考文献 …… 238

第1章 有线电视系统概述

1.1 有线电视系统发展概况

1.1.1 什么是有线电视

有线电视也叫电缆电视（Cable Television，CATV），是用射频电缆、光缆、多频道微波分配系统（MMDS）或其组合来传输、分配和交换声音、图像及数据信号的电视系统。它是相对于无线电视（开路电视）而言的一种新型广播电视传播方式，是从无线电视发展而来的。有线和无线电视有相同的目的和共同的电视频道，不同的是信号的传输和服务方式以及业务运行机制。有线电视仍保留了无线电视的广播制式和信号调制方式，并未改变电视系统的基本性能。

有线电视系统最初是为了解决偏远地区收视或城市局部被高层建筑遮挡影响收视而建立的共用天线系统。真正意义上的 CATV 出现在 20 世纪 50 年代后期的美国，人们利用卫星、无线、自制等节目源通过线路单向广播传送高清晰、多套的电视。进入 90 年代后，我国 CATV 建设如雨后春笋般发展起来。本着更清晰、更多套的原则，有线电视网络从 300 MHz 邻频传输逐步升级，高带宽、光缆化成为城市 CATV 建设的基础，HFC（Hybrid Fiber - Coaxial，光纤/同轴电缆混合）网络在全国范围内初具规模。除传输模拟视频外，还有很多的频带资源留给数字视频传输和双向数据通信，利用 HFC 网络可以较好地支持 Internet 访问等。

1.1.2 各国有线电视发展概况

美国是世界上开办有线电视最早的国家。1948 年，美国偏远农村曼哈尼，用一副公用天线接收电视信号，并用同轴电缆将信号传送到用户，以解决当地居民收看电视难的问题，这是最早的有线电视。美国的有线电视接入率可以达到 98%，大多数 CATV 系统传输的节目套数在 50 套以上，美国的有线电视网络系统的工作频率多数是 450 MHz，550 MHz，750 MHz。

加拿大最大的 CATV 公司 Rogers 早在 1995 年 11 月起开始提供商业性 Internet 接入服务，通过 CATV 网接入 Internet 服务的出现，已把千家万户带入真正的信息高速公路；美国 ADC（爱德奇）公司开发的 HomeworkHFC 系统已成功应用于澳大利亚 Optus 公司的有线电视 HFC 网，它既能传输电视节目，又能接入 Internet，现已投入商业营运。

德国电信利用 HFC 网于 1995 年 2 月在柏林向交互业务统一网正式提供了全球第一交互电视业务，已有 50 个政府、管理部门、工业界和私人用户首先使用了该项新技术。德国于 1998 年 8 月通过了经济部部长递交的一份报告，报告要求德国的电视台到 2010 年全部完成从模拟到数字的转变。

日本早期对有线电视有所忽视，1994 年日本政府决定允许有线电视跨地区经营，并允许外资进入有线电视领域。

1.1.3 我国有线电视系统的发展概况

我国有线电视的发展大致可以分为四个阶段。

（1）准备阶段

1964 年，原中央广播事业局专门立项，研究共用天线系统，拉开了中国发展有线电视的序幕。

（2）初级阶段

1974 年，原中央广播事业局设计院等单位在北京饭店安装中国第一个共用天线电视系统，标志着中国有线电视的诞生。1974 ~ 1983 年，随着开路电视节目的增多，共用天线出现在各个居民楼上或平房的屋顶上。这一阶段是有线电视发展的初级阶段，需要与无线天线共用，该阶段的技术特点是全频道隔频传输，一个共用天线系统可以传输五六套电视节目。

（3）发展阶段

1983 ~ 1990 年，原广播电影电视部地方宣传局于 1983 年批准北京燕山石化 1 万多户的有线电视网络建设，同时以 1985 年长沙市有线电视网络开通为标志，有线电视跨出了共用天线阶段，步入了有线电视的网络发展阶段。当时的有线电视大多为区域性或企业性的闭路系统，因此，这一阶段也可称为闭路电视阶段。该阶段发展的技术特点是以电缆方式为主的企业或城域网络，采用邻频传输方式，传输的节目套数一般在十套左右。有的地方开始应用光缆作远程传输。

（4）成熟阶段

1990 年之后，有线电视从各自独立的、分散的小网络公共天线电视（MATV）、共用天线电视、闭路电视，向以部、省、地市（县）为中心的部级干线、省线干线和城域联网发展的有线电视系统（CATV）；从单一以传输广播电视业务为主，逐步向在网络中传输广播电视信息、计算机信息和数据信息等多种综合业务信息为主；网络的传输媒介也从原来的以电缆为主，逐步发展为空间以卫星传播、地面以光缆为主干线的 HFC 系统为主，辅之以 MMDS 等微波传输手段。

从 1990 年 11 月 2 日原广播电影电视部颁布《有线电视管理暂行办法》开始，中国有线电视进入到了规范和法制的发展轨道。随着 1991 年原广播电影电视部陆续批准建立有线电视台，中国的有线电视走上正轨。1998 年，国家信息化建设规划把有线电视网络的建设纳入国家信息基础设施建设的范围，开拓了有线电视技术的发展方向，极大地促进了有线电视网络中多功能业务应用的市场，使有线电视网络的建设具有更大、更广阔的发展机遇。据统计，自 1990 年以来，有线电视技术发展极为迅速，2008 年用户已经达到 8000 万户，有线电视网络里程超过 240 万公里，中国已逐步超过美国成为世界第一大有线电视用户。截止到 2014 年 2 月底，我国有线电视用户达到 2.24 亿户（数据来源于国家新闻出版广电总局）。未来几年我国有线电视用户将以每年 5% ~6% 的速度增长，预计 2018 年我国有线电视用户超过 3 亿户。

1.2 有线电视的特点与频道划分

1.2.1 有线电视的特点

电视系统一般包括节目发送、传输和接收三个部分。有线电视把录制好的节目通过线缆（电缆或光缆）传输，将电视信号送给用户，再用电视机重放出来。有线电视不向空中辐射电磁波，所以又叫闭路电视。由于电视信号通过线缆传输，不受高楼、山岭等的阻挡，所以收视质量好。它还可以采用邻频传输，不像无线电视为防止干扰，在一个地区必须采用隔频发射，所以频谱资源得以充分利用，能提供更多的频道节目。有线电视通过线缆还能实现信号的双向传输，能够提供交互式的双向服务，也可以很容易地实现收费管理，开展多种有偿服务。有线电视台不需要昂贵的发射机和巨大的铁塔，所以建台费用低，有利于快速发展。同无线电视比较，有线电视有如下优点：

1）收视节目多，图像质量好。在有线电视系统中可以收视当地电视台开路发送的电视节目，它们包括 VHF 和 UHF 各个频道的节目。有线电视采用高质量信号源，保证信号的高水平，因为用电缆或光缆传送，避免了开路发射的重影和空间杂波干扰等问题。

2）有线电视系统可以收视卫星上发送的我国以及国外 C 波段及 Ku 波段电视频道的节目。

3）有线电视系统可以收视当地有线电视台（或企业有线电视台）发送的闭路电视。闭路电视可以播放优秀的影视片，也可以是自制的电视节目。

4）有线电视系统传送的距离远，传送的电视节目多，可以很好地满足广大用户的要求。当采用先进的邻频前端及数字压缩等新技术后，频道数目大为增加。

5）根据地方有线电视台和企业有线电视台的经验，有线台比个人直接收视既经济实惠，又可以极大地丰富节目内容。对于一个城市而言，将会再也看不到杂乱无章的天线群，而是集中的天线阵，使城市更加美化。

6）有线电视随着技术的不断发展和人民生活水平的不断提高，其功能得到进一步发展。例如电视频道数目可以不断增多，自办节目也可以不断增加，而且还可以发展双向传送功能，利用多媒体技术把图像、语言、数字、计算机技术综合成一个整体进行信息交流。

1.2.2 频道划分

（1）标准频道

我国国家无线电管理委员会划分给广播电视用的标准频道有 68 个，最低频率是 48.5 MHz，最高频率是 958 MHz，每个频道的带宽都是 8 MHz。这些频道的频率是不连续的，中间存在间隔。我国广播电视标准频道分为两个波段，即甚高频（VHF）段和特高频（UHF）段，甚高频（VHF）段包括 1～12 频道，特高频（UHF）段包括 13～68 频道，其中甚高频（VHF）段又分为 VI（又称 VL）段和 VIII（又称 VH）段，特高频（UHF）段又分为 UIV 段和 UV 段。表 1-1 给出了频道配置和频率分布情况（据国标GY/T106－1999）。

表 1–1 频道配置和频率分布表 单位：MHz

频段	频道	图像载频	声音载频	中心频率	频带
VI	DS–1	49.75	56.25	52.5	48.5～56.5
	DS–2	57.75	64.25	60.5	56.5～64.5
	DS–3	65.75	72.25	68.5	64.5～72.5
	DS–4	77.25	83.75	80	76.0～84.0
FM 调频广播			87～108		
A1	Z–1	112.25	118.75	115	111.0～119.0
	Z–2	120.25	126.75	123	119.0～127.0
	Z–3	128.25	134.75	131	127.0～135.0
	Z–4	136.25	142.75	139	135.0～143.0
	Z–5	144.25	150.75	147	143.0～151.0
	Z–6	152.25	158.75	155	151.0～159.0
	Z–7	160.25	166.75	163	159.0～167.0
VIII 频段	DS–6	168.25	174.75	171	167.0～175.0
	DS–7	176.25	182.75	179	175.0～183.0
	DS–8	184.25	190.75	187	183.0～191.0
	DS–9	192.25	198.75	195	191.0～199.0
	DS–10	200.25	206.75	203	199.0～207.0
	DS–11	208.25	214.75	211	207.0～215.0
	DS–12	216.25	222.75	219	215.0～223.0
A2	Z–8	224.25	230.75	227	223.0～231.0
	Z–9	232.25	236.75	235	231.0～239.0
	Z–10	240.25	246.75	243	239.0～247.0
	Z–11	248.25	254.75	251	247.0～255.0
	Z–12	256.25	262.75	259	255.0～263.0
B1	Z–13	264.25	270.75	267	263.0～271.0
	Z–14	272.25	278.75	275	271.0～279.0
	Z–15	280.25	286.75	283	279.0～287.0
	Z–16	288.25	294.75	291	287.0～295.0
	Z–17	296.25	301.75	299	295.0～303.0
	Z–18	304.25	310.75	307	303.0～311.0
	Z–19	312.25	318.75	315	311.0～319.0
	Z–20	320.25	326.75	323	319.0～327.0
	Z–21	328.25	334.75	331	327.0～335.0
	Z–22	336.25	342.75	339	335.0～343.0
	Z–23	344.25	350.75	347	343.0～351.0
	Z–24	352.25	358.75	355	351.0～359.0

（续）

频　段	频　道	图像载频	声音载频	中心频率	频　带
B1	Z-25	360.25	366.75	363	359.0~367.0
	Z-26	368.25	374.75	371	367.0~375.0
	Z-27	376.25	382.75	379	375.0~383.0
	Z-28	384.25	390.75	387	383.0~391.0
	Z-29	392.25	398.75	395	391.0~399.0
	Z-30	400.25	406.75	403	399.0~407.0
	Z-31	408.25	414.75	411	407.0~415.0
	Z-32	416.25	422.75	419	415.0~423.0
	Z-33	424.25	430.75	427	423.0~431.0
	Z-34	432.25	438.75	435	431.0~439.0
	Z-35	440.25	446.75	443	439.0~447.0
	Z-36	448.25	454.75	451	447.0~455.0
	Z-37	456.25	462.75	459	455.0~463.0
UIV 频段	DS-13	471.25	477.75	474	470.0~478.0
	DS-14	479.25	485.75	482	478.0~486.0
	DS-15	487.25	493.75	490	486.0~494.0
	DS-16	495.25	501.75	498	494.0~502.0
	DS-17	503.25	509.75	506	502.0~510.0
	DS-18	511.25	517.75	514	510.0~518.0
	DS-19	519.25	225.75	522	518.0~526.0
	DS-20	527.25	533.75	530	526.0~534.0
	DS-21	535.25	541.75	538	534.0~542.0
	DS-22	543.25	549.75	546	542.0~550.0
	DS-23	551.25	557.75	554	550.0~558.0
	DS-24	559.25	565.75	562	558.0~566.0
B2	Z-38	567.25	573.75	570	566.0~574.0
	Z-39	575.25	581.75	578	574.0~582.0
	Z-40	583.25	589.75	586	582.0~590.0
	Z-41	591.25	597.75	594	590.0~598.0
	Z-42	599.25	605.75	602	598.0~606.0
UV 频段	DS-25	607.25	613.75	610	606.0~614.0
	DS-26	615.25	621.75	618	614.0~622.0
	DS-27	623.25	629.75	626	622.0~630.0
	DS-28	631.25	637.75	634	630.0~638.0
	DS-29	639.25	645.75	642	638.0~646.0
	DS-30	647.25	653.75	650	646.0~654.0

（续）

频　段	频　道	图像载频	声音载频	中心频率	频　带
UV 频段	DS - 31	655.25	661.75	658	654.0 ~ 662.0
	DS - 32	663.25	669.75	666	662.0 ~ 670.0
	DS - 33	671.25	677.75	674	670.0 ~ 678.0
	DS - 34	679.25	685.75	682	678.0 ~ 686.0
	DS - 35	687.25	693.75	690	686.0 ~ 694.0
	DS - 36	695.25	701.75	698	694.0 ~ 702.0
	DS - 37	703.25	709.75	706	702.0 ~ 710.0
	DS - 38	711.25	717.75	714	710.0 ~ 718.0
	DS - 39	719.25	725.75	722	718.0 ~ 726.0
	DS - 40	727.25	733.75	730	726.0 ~ 734.0
	DS - 41	735.25	741.75	738	734.0 ~ 742.0
	DS - 42	743.25	749.75	746	742.0 ~ 750.0
	DS - 43	751.25	757.75	754	750.0 ~ 758.0
	DS - 44	759.25	765.75	762	758.0 ~ 766.0
	DS - 45	767.25	773.75	770	766.0 ~ 774.0
	DS - 46	775.25	781.75	778	774.0 ~ 782.0
	DS - 47	783.25	789.75	786	782.0 ~ 790.0
	DS - 48	791.25	797.75	794	790.0 ~ 798.0
	DS - 49	799.25	805.75	802	798.0 ~ 806.0
	DS - 50	807.25	813.75	810	806.0 ~ 814.0
	DS - 51	815.25	821.75	818	814.0 ~ 822.0
	DS - 52	823.25	829.75	826	822.0 ~ 830.0
	DS - 53	831.25	837.75	834	830.0 ~ 838.0
	DS - 54	839.25	845.75	842	838.0 ~ 846.0
	DS - 55	847.25	853.75	850	846.0 ~ 854.0
	DS - 56	855.25	861.75	858	854.0 ~ 862.0
	DS - 57	863.25	869.75	866	862.0 ~ 870.0
	DS - 58	871.25	877.75	874	870.0 ~ 878.0
	DS - 59	879.25	885.75	882	878.0 ~ 886.0
	DS - 60	887.25	893.75	890	886.0 ~ 894.0
	DS - 61	895.25	901.75	898	894.0 ~ 902.0
	DS - 62	903.25	909.75	906	902.0 ~ 910.0
	DS - 63	911.25	917.75	914	910.0 ~ 918.0
	DS - 64	919.25	925.75	922	918.0 ~ 926.0
	DS - 65	927.25	933.75	930	926.0 ~ 934.0
	DS - 66	935.25	941.75	938	934.0 ~ 942.0
	DS - 67	943.25	949.75	946	942.0 ~ 950.0
	DS - 68	951.25	957.75	954	950.0 ~ 958.0

各频段的频率范围分布如下。

VI 频段：1 ~5 频道，频率范围 48.5 ~92 MHz，但3、4 频道之间有 3.5 MHz 的频率间隔。

VIII 频段：6 ~12 频道，频率范围 167 ~223 MHz。

调频广播频段：位于 VI 和 VIII 之间，频率范围 87 ~108 MHz。

UHF 频段分成两个部分：

UIV 频段：13 ~24 频道，频率范围 470 ~566 MHz。

UV 频段：25 ~68 频道，频率范围 606 ~958 MHz。这 68 个频道的频谱分布如图 1-1 所示。

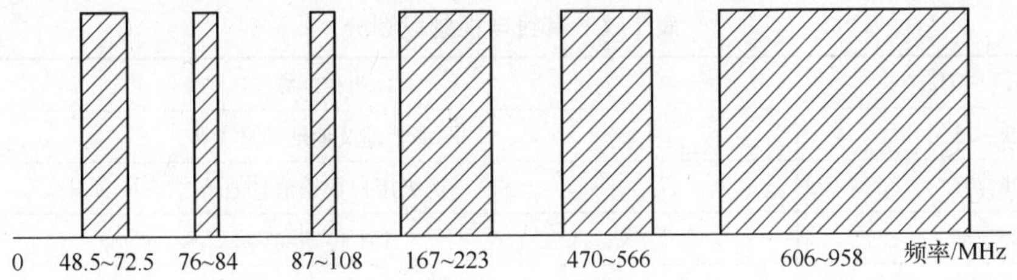

图 1-1　标准频道的频率分布

（2）增补频道

从图 1-1 看出，在调频广播与 6 频道之间有 59 MHz 的间隔，在 12 频道与 13 频道之间有 247 MHz 的间隔，在 24 频道与 25 频道之间有 40 MHz 的间隔。这些频率被分配给邮电、军事、通信等部门（例如我国寻呼机全国联网与区域联网的频率为 152.650 MHz、151.350 MHz 及 150.725 MHz 等），开路电视信号不能采用，否则会造成电视与通信等的互相干扰。因为有线电视系统是一个独立的、封闭的系统，一般不会与通信等造成互相干扰，可以采用这些频率以扩展节目的套数。我们把在标准频道间隔当中设置的、并不对外发射的频道称为有线电视系统中的增补频道。在 5 频道和 6 频道之间，除调频广播外，还有59 MHz 的间隔，可以传 7 套电视节目，我们选择 111 ~167 MHz 这个范围，并分别命名为增补 1 频道 ~增补 7 频道，在 12 频道和 13 频道之间有 247 MHz 的间隔，也可以增加 30 个增补频道，分别命名为增补 8 ~增补 37 频道。在 24 频道和 25 频道之间有 40 MHz 的间隔，可以增加 5 个增补频道，分别命名为增补 38 ~增补 42 频道。双向传输的有线电视系统，既可以将前端信号传输分配到各个用户，又可以从用户或信号分配点将信息传输到前端和其他用户，电视信号从前端设备传向用户的方向，称为下行方向，反之称为上行方向。

目前，双向传输有线电视有空间分隔和频率分割两种。空间分隔方式是两路独立的单向有线电视的组合，它的传输干线、放大器等全部设备都有两套。空间分隔多用于光缆传输系统，它采用多根光纤，其中一部分传下行信号，另一部分传上行信号。频率分割在同轴电缆电视里得到广泛应用，它将整个 CATV 使用频段分成两部分，频率较高的部分一般传送下行信号，频率较低的部分传送上行信号。双向传输有线电视网较之单向传输网，在前端、干线和系统输出口均需增加设备。如果只是回传视音频信号，前端就要增加频道处理器，如果回传的是状态监测数据信号，还要有计算机等运算、处理、显示信息的设备。干线上要用双向滤波器，用户终端还要配备拾取和发出指令的计算机、电话、摄像机、调制解调器等设备。所以双向传输有线电视系统更加复杂。

双向传输有线电视网的最大特点是可提供交互式业务，这一特点在有线电视会议上得到充分体现，它缩短了参会者在时间、空间上的距离，同面对面交谈的会议几乎没有区别。它还可以实现交互式电视服务，例如电视节目点播（VOD）、电视购物、资料查询、电视电话。利用回传信息功能还可以实现防盗、防火、保安监测报警。所以双向传输有线电视是今后的发展方向。

（3）频率划分

有线电视系统采用860 MHz，根据国家标准和现行的技术现状，同时考虑到现在主流技术趋势，按中分割法其频率划分见表1-2。

表1-2 有线电视频段划分

频段/MHz	功　能
5~25	网络管理及地址信息上传
26~75	初级用户数据信息上传
76~87	上下传输隔离
88~108	下传调频广播信号、DAB
110~550	下传模拟电视信号、QPSK专业数据信号
550~750	下传HDTV的数字电视信号及数据业务
750~860	未来的其他上传信息

1.3 有线电视系统的基本组成和分类

1.3.1 系统的组成

有线电视系统是一个复杂的完整体系，它由许多各种各样的具体设备和部件按照一定的方式组合而成。从功能上来说，任何有线电视系统无论其规模大小如何、繁简程度怎样，都可抽象成如图1-2所示的物理模型，也就是说，任何有线电视线系统均可视为由前端、传输系统、用户分配网三个部分组成。

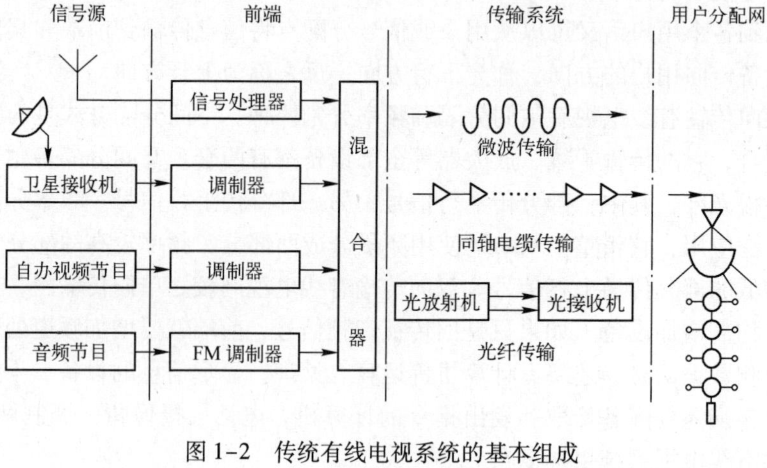

图1-2 传统有线电视系统的基本组成

(1) 前端系统

前端是位于信号源和干线传输系统之间的设备，用于处理由卫星地面站以及由天线接收的各种无线广播信号和自办节目信号。它是系统信号处理的中枢，是整个系统的心脏。其任务是把从信号源送来的信号进行滤波、变频、放大、调制、混合等，使其适于在干线传输系统中进行传输。例如，对于当地强信号电视台发出的信号，一般要经过频率变换，把该频道的节目转换成其他频道，在线路中传输，以避免强无线信号直接窜入用户电视而出现重影干扰；在 VHF 系统中，也需要把天线上接收到的 UHF 信号转换成 VHF 的标准频道或增补频道，以免传输时信号损失太大。从卫星接收机、微波接收机输出的视频、音频信号，以及自办广播电视节目中产生的视频、音频信号，还需要进行调制，使其变为高频信号，才能进入混合器，使各个不同的节目互不干扰地在线路中传送。在邻频传输系统中，还应采用高质量的频道处理器来处理要传输的信号，以避免相邻频道的干扰等等。

前端设备的性能，对整个系统的信号质量起着决定性的作用。大型有线电视系统的前端不止一个，其中直接与系统干线或与作干线用的短距离传输线路相连的前端称为本地前端；经过长距离地面或卫星线路把信号传递给本地前端的前端称为远地前端；设置于服务区域的中心，其输入来自本地前端及其他可能信号源的辅助前端称为中心前端。一般说来，一个有线电视系统只有一个本地前端，但却可能有多个远地前端和多个中心前端。

在本地前端中采用的邻频前端主要有两种类型：一种类型是频道处理器型，即把电视接收天线收到的开路电视信号先下变频至图像载频为 38 MHz、伴音载频为 31.5 MHz 的中频信号，然后再经过中频处理器对信号进行处理，使之适合邻频传输的要求，最后再经过一个上变频器，把经过处理的中频信号变为所要传输的高频信号；另一种类型是调制器型，即把天线收到的开路信号，通过一个解调器变成视频和音频信号，再经过一个调制器变成中频信号，经过中频处理和上变频变为高频信号输出。这种方式的特点是在前端中采用清一色的调制器来代替下变频器。当采用标准解调器时，可采用视频处理技术来提高信号质量，使输出的视频、音频信号都是高质量的，与演播室质量相类似，但标准解调器的成本太高。若采用普通解调器，在解调过程中难免对信号质量有损伤。在价格相同的情况下，调制器方式得到的信号质量比频道处理器型要差一些。

(2) 干线传输网络

干线传输系统的任务是把前端输出的高频电视信号高质量地传输给用户分配系统，其传输方式主要有光纤、微波和同轴电缆三种。

光纤传输是通过光发射机把高频电视信号转换至红外光波段，使其沿光导纤维传输，到接收端再通过光接收机把红外波段的光变回高频电视信号，光纤传输具有频带很宽（好的单模光纤带宽可达 10 GHz 以上，因而可容纳更多的电视频道）、损耗极低（利用 1.55 μm 的光纤，传输 1 km 的损耗仅 0.2 dB）、抗干扰能力强、保真度高，性能稳定可靠等突出的优点。前几年，由于激光器和光导纤维的价格较贵，使光纤传输的应用受到限制。随着技术的进步，光纤传输的成本不断降低，当干线传输距离大于 3 km 时，光纤的成本反而比电缆干线要低。故在干线传输距离大于 3 km 的系统，在传输方式上应首选光纤传输。

微波传输是把高频电视信号的频率变到几 GHz 到几十 GHz 的微波频段，或直接把电视信号调制到微波载波上，定向或全向发射。在接收端再把它变回高频电视信号，送入用户分配系统。微波传输方式不需要架设电缆、光缆，只需安装微波发射机、微波接收机及收/发天线即可。因而施工简单、成本低，工期短、收效快，而且更改线路容易，所传输信号质量也较高。缺点是容易受建筑物的阻挡和反射，产生阴影区或形成重影。由于雨、雾、雪等对微波信号有较大的衰减，给多雨、多雾、多雪地区的应用带来不便。

电缆传输是技术最简单的一种干线传输方式，具有成本较低、设备可靠、安装方便等优点。但因为电缆对信号电平损失较大，每隔几百米就要安装一台放大器，引入较多的噪声和非线性失真，使信号质量受到严重影响。一般只在小系统或大系统中靠近用户分配系统的最后几公里中使用。同轴电缆网采用树枝型结构，其结构如图 1-3 所示。由于它形如树枝，因此称为“树枝形”结构。这种网络性能价格比较好，但较难扩展，适用于传输距离 10 km 范围内的同轴电缆网。由于前端设备多频道播出能力的提高，对传输干线的要求相应提高，除使用优质低耗的电缆外，前馈、功率倍增、自动电平控制（ALC）等先进技术以及集成放大器模块技术得到了广泛采用。另外，每隔一定距离还必须插入一级宽频带的干线放大器，以均衡地提高信号电平，即所谓自动电平控制（ALC）和自动斜率控制（ASC）电路。另外，放大器还应具有温度补偿电路。

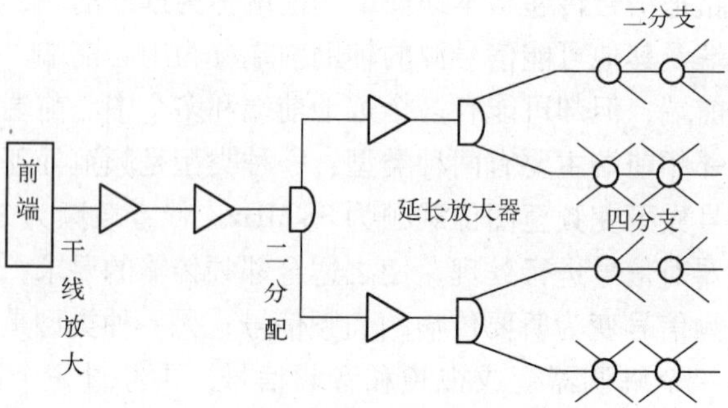

图 1-3　树枝型结构的电缆传输形式

传输网络中，根据需要可选择不同类型的干线放大器、中间桥接、终端桥接等放大器。但是，应当注意，主干线上应尽可能减少分支，保持干线上串接放大器数量最少为优。

（3）用户分配网络

用户分配网络是整个系统的最后部分，它以最广的分布直接把来自干线传输系统的信号，合理地分配给各个用户，使各用户收视信号达到标准要求。

用户分配系统由支线放大器、分配器、分支器、用户终端以及它们之间的分支线、用户线组成。分支线和用户线一般采用较细的电缆，以降低成本和便于施工。分配器和分支器是为了把信号分配给各条支线和各个用户的无源器件，要求有较好的相互隔离和合适的输出电平。支线放大器的任务是为了补偿支线中的信号损失，以带动更多的用户。与干线放大器在中等电平下工作不同，支线放大器通常在高电平下工作，输出电平在 100 dBμV 左右。

1.3.2　系统的分类

有线电视系统有多种分类方法。

按用户数量可分为：A 类系统（10 万户以上的系统）和 B 类系统（10 万户以下的系统）。

按干线传输方式可分为：全电缆系统、光缆与电缆混合系统、全光缆系统、微波与电缆混合系统、卫星电视分配系统等。

按照是否利用相邻频道可分为：邻频传输系统与非邻频传输系统。

其中非邻频传输系统可按工作频段分类：VHF 系统、UHF 系统和全频道系统。

邻频传输系统按最高工作频率分类：300 MHz 系统、450 MHz 系统、550 MHz 系统、750 MHz 系统、1000 MHz 系统等。

按信号传输方向可分为：单向系统与双向系统。

按频道带宽分类：邻频系统（300、450、550、750、860 MHz）和隔频系统（全频道分段调节系统）。

按使用器材分类：全同轴电缆和光纤同轴电缆混合网络（HFC），FTTSA、FTTC、FTTB、FTTH。

按传输手段分类：光缆、电缆和微波网（FM、AML、MMDS 和 LMDS）。

按网络结构分类：链形、星形、环形、网形和混合型。

按其他方式分类：单向和双向、低分隔和中分隔、分散供电和集中供电。

1.4　有线电视的发展趋势

1. 光纤技术

光纤化是网络发展的趋势，一方面是由于用户对带宽的需求越来越高，对服务的需求越来越多样化，如家庭购物、VOD、家居银行、家庭办公等；另一方面也由于技术的飞速发展使得新技术、新产品不断涌现，光缆、光设备、DWDM 的价格不断下降。这使得光纤逐步向用户靠拢，最终将直接同用户的终端设备相连，实现光纤到办公室（fiber - to - the - office，FTTO）或光纤到家（fiber - to - the - home，FTTH）。

2. 数字化应用

网络发展的另一趋势就是数字化，它是信息传播从传统方式向电子和网络形态转变的重要标志。现代社会通信网、广播电视网和计算机网的数字化都在迅速进行，特别是有线电视网的数字化为信息交换提供了前所未有的广阔前景。由于数字压缩技术的发展、成熟和标准化，今后广播电视无论是信号的获取、产生、处理、传输、接收和存储都将数字化。

目前，我国大多数省市已开通采用数字技术的光缆干线，实现了全省、全市范围内的联网。同时，全国骨干网采用先进的数字传输技术，为开展数字、数据传输业务提供了优质的服务平台。我国有线电视逐步进入了实现数字化、交互式高速多媒体信息网的阶段。

3. 增值业务

数字电视提供的增值业务，根据服务功能的不同分为有线数字电视广播和互动数字电视（简称互动电视 ITV）。其中互动电视又可按技术实现方式不同分为准互动数字电视（简称准互动电视）和双向互动数字电视（简称双向互动电视）。

（1）数字电视广播（包括数字音频广播）

提供高质量的标准清晰度数字电视节目，包括本地实时压缩编码节目和卫星数字节目转发，准视频点播（NVOD），准音频点播（NAOD）和立体声音乐频道，加密付费数字电视业务（PAY－TV）。

（2）准互动电视

采用数据信息广播技术用互动应用软件实现，以图文并茂的界面表现形式将信息推送到用户端机顶盒接收。可提供的功能服务栏目有多媒体杂志、电视节目指南（EPG）、信息咨询、电视游戏等。其中多媒体杂志可提供内容丰富的新闻信息、娱乐快讯、彩票信息、图书天地等；电视节目菜单可提供一周内数字电视节目时间查询和内容简介；信息咨询提供沪深实时股票行情信息、气象信息等；电视游戏可提供益智类、运动类和幼儿类游戏等。同时可以根据内容情况，扩展为房产广场、生活服务、休闲娱乐、人才市场、音乐商店、热门音乐、音乐视听天地等栏目。

（3）双向互动电视

通过在技术平台上增加双向通信设备，利用内置 Cable Modem 的机顶盒来实现真正意义上的信息互动。实现诸如电视上网、电视邮件、按次付费数字电视（PPV 和 IPPV）等业务，同时可以扩展到电视商务、在线游戏、远程教育、在线竞猜、家庭银行、视频点播等，以及和 IP 电话功能融合，真正实现三网融合业务。

本章小结

有线电视网络多媒体数据广播是网络技术飞速发展的一个特定产物，它以传输速度快、信息内容含量大、收看方式简单、网络技术结构要求低、接入方便、覆盖面广、消费不高且用户易于接受等特点已得到社会的广泛认同。

1. 有线电视是指从电视台将图像、声音信号以闭路传输方式送至电视机的系统。我国有线电视起步晚，发展迅速，用户基数大，在未来的几年内，将成为世界第一大有线电视用户。

2. 有线电视传输距离远，收视节目多，图像质量好，易于实现区域化管理。

3. 有线电视频道可分为标准频道和增补频道，每个频道带宽为 8 MHz。

4. 有线电视线系统由前端、传输系统、用户分配网三个部分组成。前端是处理由卫星地面站以及由天线接收的各种无线广播信号和自办节目信号；传输系统把前端输出的电视信号传输给用户分配系统；用户分配网络用于把传输系统的信号分配给各个用户。

5. 有线电视越来越多地使用光纤来满足用户的带宽需求，同时开展了大量增值业务以方便用户的使用。

习题

1. 有线电视的特点包括哪些？
2. 有线电视的基本组成部分有哪些？
3. 有线电视有哪些分类方法及类别？
4. 通过身边的有线电视使用经历，讨论有线电视的发展与应用。

第2章　有线电视系统的理论基础

2.1　无线电波的理论基础

无线电波是指在自由空间（包括空气和真空）传播的电磁波，其频率在300 GHz以下。无线电技术是通过无线电波传播信号的技术。无线电技术的原理在于，导体中电流强弱的改变会产生无线电波。利用这一现象，通过调制可将信息加载于无线电波之上。当电波通过空间传播到达收信端，电波引起的电磁场变化又会在导体中产生电流。通过解调将信息从电流变化中提取出来，就达到了信息传递的目的。

1. 无线电波波段的划分

无线电波的传输速度极快，与光速相同，约为3×10^8 m/s。无线电波的波长、速度、频率的关系如下所示：

$$\lambda=\frac{c}{f} \tag{2-1}$$

式中，λ是波长（m）；c是传播速度（m/s）；f是频率（Hz）。

由上式可知，因传播速度固定不变，频率越高，波长越短；频率越低，波长越长。

无线电波的频率相差很大，因而波长变化很大。不同波长的无线电波传播规律不同，应用范围也不同，因此通常把无线电波划分成不同波段。表2-1列出了常见的波段名称、波长范围、频段名称、频率范围、传输介质和主要用途。

表2-1　常见电磁波的波段和频率

波段名称	波长范围	频段名称	频率范围	传输介质	主要用途
极长波	10^5 m以上	极低频	0.3～3 kHz	有线电线	音频、电话和数据传送
超长波	10^4～10^5 m	甚低频（VLF）	3～30 kHz	有线电线和自由空间	音频、电话和数据传送
长波（LW）	10^3～10^4 m	低频（LF）	30～300 kHz	有线电线和自由空间	导航、海上船舶通信
中波（MW）	10^2～10^3 m	中频（MF）	300～3000 kHz	同轴电缆和自由空间	中波广播、业余无线电通信
短波（SW）	10～10^2 m	高频（HF）	3～30 MHz	同轴电缆和自由空间	短波广播、军用通信等
超短波（VSW）	1～10 m	甚高频（VHF）	30～300 MHz	同轴电缆和自由空间	电视、调频广播等
微波	1～10 dm	特高频（UHF）	300～3000 MHz	同轴电缆、波导和自由空间	电视、雷达、移动通信等
	1～10 cm	超高频（SHF）	3～30 GHz	波导和自由空间	微波、卫星、雷达通信等
	1～10 mm	极高频（EHF）	30～300 GHz	波导和自由空间	
	0.1～1 mm	至高频	300～3000 GHz	光纤和自由空间	

由表2-1可见，传播电视信号的无线电波为甚高频（VHF）和特高频（UHF）。在CATV系统中，把无线电视信号称为射频信号。

2. 无线电波传播途径

无线电波在空间的传播途径有3种：地波、天波和直线波。

地波传播是指无线电波沿地球表面传播的方式。长波和中波的波长较长，遇到障碍物绕射能力强，且地面的吸收损耗较少，可沿地面远距离传播，所以长波和中波的通信和广播主要以地波方式传播。

天波传播是指无线电波向天空辐射进入大气层后被电离层反射回地面的传播方式。短波的波长较短，遇到障碍物绕射能力弱，且地面的吸收损耗较大，但短波能被天空的电离层反射到远处，因此短波的通信和广播主要以天波方式传播。

直线波传播又叫空间波传播、视距传播，是指发射天线辐射电波通过空间直接到达接收天线的传播方式。超短波和微波的波长更短，遇到障碍物不能绕过，且地面的吸收损耗很大，能穿透天空的电离层，因此只能以直线波方式传播。

2.2 电视信号的产生与传播

在有线电视系统中，活动景象信息传输有三个重要环节：电视信号的形成、电视信号的传播、电视信号的终端显示。

电视信号的形成主要是由摄像管摄取景物（或图像），并把图像中的各部分的明暗变化和彩色变化转换成相应的电视信号，同时也把声音的强弱变化转换成音频伴音信号。

电视信号的传播是指将低频视频信号调制到射频载波上变成射频电视信号，经有线电视网络、广播电视发射系统或卫星电视系统等不同方式传输到用户家中。

电视信号的终端显示是指将射频电视信号经解调还原为视频电视信号和音频伴音信号，视频电视信号经显像管或其他显示器还原成原景物（或图像）的光像，伴音信号经喇叭还原出声音。

2.2.1 电视信号的产生

在有线电视系统中常见的电视信号有三种：视频信号、音频信号和射频信号。

1. 电视视频信号

视频信号又称全电视信号，黑白全电视信号包括图像信号、复合消隐信号、复合同步信号。彩色全电视信号除包括上述信号外，还包括色度信号和色同步信号。

（1）图像信号

图像信号是由摄像管将明暗程度不同的景物，经电子扫描和光电转换而得到的信号，也称亮度信号。亮度信号取决于信号电平的高低，是一个随内容变化的随机信号，扫描正程图像是亮的，扫描逆程图像是暗的。由于这种信号是随机的，不能进行测试，在没有节目时，电视台会发射灰度测试信号（彩色图像发射彩条）。

（2）复合消隐信号

正常成像时，图像信息都包含在正程时间里面，即电子枪从左到右和从上到下的过程，而电子枪从右到左和从下到上的逆程时间内，电子枪应不发射电子，否则电视画面上就会出现回扫的亮线，因此，需要有行、场消隐信号。

复合消隐信号提供电子束消隐宽度、视频信号基准电平的信息。行消隐脉冲宽度 12 μs，每行一个。场消隐脉冲宽度 25 H（H 指一行），每场一个。由于消隐信号处于黑色电平的位置，所以不会在荧光屏上显现出来。

（3）复合同步信号

图像传送时，为了能恢复原图像，接收端的扫描必须同发射端完全同步，因而信号中要有传送同步信息的信号，包括行同步和场同步信号，这些同步信号控制电视机产生相应的行扫描锯齿波和场扫描锯齿波，实现与发射端同步的扫描。

复合同步信号提供扫描频率和相位信息。行同步信号提供行扫描频率和相位信息，前沿表征行逆程开始的时刻，宽度 4.7 μs，每行一个。场同步信号提供场扫描频率和相位信息，前沿表征场逆程开始的时刻，宽度 2.5 H，每场一个。行同步、场同步信号的电平范围都是位于比黑还黑的电平范围内，即以消隐电平为基准位于与图像信号相反的电平范围，幅度为 0.3 V。

（4）色度信号

颜色可分为非彩色与彩色两大类。非彩色指白色，黑色与各种深浅不同的灰色。彩色是指白黑系列以外的各种颜色。

颜色有三特性：亮度、色调和饱和度。亮度是指色光的明暗程度，它与色光所含的能量有关。色调是指颜色的类别，通常所说的红色，绿色，蓝色等，就是指色调。饱和度是指色调深浅的程度。色调与饱和度合称为色度，它既说明彩色光的颜色类别，又说明颜色的深浅程度。色度再加上亮度，就能对颜色作完整的说明。非彩色只有亮度的差别，而没有色调和饱和度这两种特性。在彩色电视系统中，传输彩色图像，实质上是传输图像像素的亮度信号和色度信号。

三基色原理：自然界的彩色光是由赤橙黄绿青蓝紫七色光合成的，在电视中若用七色光组成彩色图像，可以真实再现自然光图像，但在电视设备中需要配备七个信号通道，使电视设备非常复杂。人们在进行混色实验时发现，只要选取三种不同颜色的单色光按一定比例混合就可得到自然界中大多数颜色，具有这种特性的三个单色光叫基色光，对应的三种颜色称为三基色。因为人眼视网膜上的光敏细胞决定彩色视觉，光敏细胞只对红（R）、绿（G）、蓝（B）三种彩色敏感。根据人眼的这种视觉特性，产生了三基色原理。三个基色的混合比例，决定了混合色的色调和饱和度。混合色的亮度等于构成该混合色的各个基色的亮度之和。三基色原理是对颜色进行分解与合成的重要原理，它为彩色电视技术奠定了理论基础，简化了电视信号传送处理，有了三基色原理，只需要将要传送的颜色分解为三基色（红、绿、蓝），再分别以对应的一种电信号进行传送处理即可。标准彩条信号是彩色电视的一种测试信号，由电视台或彩色信号发生器产生。由八种颜色组成：白、黄、青、绿、紫、红、蓝、黑。显像管的三个电子枪 R、G、B 可输出三基色信号，经相加混色可得到标准彩条的八种颜色。

（5）色同步信号

在行同步脉冲的后面，行消隐上有一个 4.43 MHz 的色同步信号，其作用是为了在接收端解调色度信号时，给同步检波器提供具有准确频率和相位的本地副载波振荡信号，以保证色度信号的解调不失真。

2. 电视音频信号

电视音频信号也称为电视伴音信号，它是采用调频的方式调制在伴音载波上的音频信号，用来传送电视画面的伴音，其伴音载波频率为6.5 MHz，伴音信号的带宽为0.5 MHz，而视频信号的带宽为6 MHz，将两信号合成在一起传送，使得两种信号不会相互产生干扰。在有线电视前端系统中，通常将其单独取出来进行处理。

3. 电视射频信号

电视视频信号由电视台发出后，一般要经过长距离的传输才能送到用户终端。为使电视视频信号在自由空间传播得更远，并实现多个电视台节目同时传送，需将全电视信号变换成高频电视信号，即将全电视信号调制到50～1000 MHz的射频载波上，称为电视射频信号，通过天线变换成电磁波辐射。

电视射频信号是包含有亮度信号、色度信号和伴音信号的高频已调波复合信号。其中亮度信号采用残留单边带的调制方式调制在某频道的载波上；而色度信号采用逐行倒相正交平衡调幅的方式调制在比图像载频高4.43 MHz的副载波上；伴音信号采用调频的方式调制在比图像载频高6.5 MHz伴音载频上。每个频道的带宽为8 MHz。

4. 电视制式

所谓制式，就是电视台和电视机共同实行的一种处理视频和音频信号的技术标准，只有技术标准一样，才能够保证电视机的信号正常接收。犹如家里的电源插座和插头，规格一样才能插在一起，中国的插头就不能插在英国规格的电源插座里，只有制式一样，才能顺利对接。

电视节目的视频信号是一种模拟信号，由视频模拟数据和视频同步数据构成，用于接收端正确地显示图像。信号的细节取决于应用的视频标准或者“制式”——NTSC、PAL以及SECAM。

（1）NTSC

NTSC（National Television Standards Committee，美国全国电视标准委员会）制是最早的彩电制式，1952年由美国国家电视标准委员会制订。它采用正交平衡调幅的技术方式，故也称为正交平衡调幅制。美国、加拿大等大部分西半球国家以及中国台湾、日本、韩国、菲律宾等均采用这种制式。其优点是解码线路简单、成本低。

（2）SECAM

SECAM（SEquential Couleur Avec Memoire，顺序传送彩色信号与存储恢复彩色信号）制是由法国在1956年提出、1966年制订的一种彩电制式。它克服了NTSC制式相位失真的缺点，采用时间分隔法来传送两个色差信号。使用SECAM制的国家主要集中在法国、东欧和中东一带。其优点是在三种制式中受传输中的多径接收的影响最小，色彩最好。

（3）PAL

PAL（Phase Alternate Line，逐行倒相）制是当时的西德在1962年制订的彩色电视广播标准，它采用逐行倒相正交平衡调幅的技术方法，也克服了NTSC制相位敏感造成色彩失真的缺点。西德、英国等一些西欧国家，新加坡、中国大陆及香港、澳大利亚、新西兰等国家采用这种制式。其优点是对相位偏差不敏感，并在传输中受多径接收而出现重影彩色的影响较小，是最成功的一种彩电制式，但电视机电路和广播设备比较复杂。

准确标识一种电视制式，是由彩电制式 +／+ 黑白制式而成，如我国内地采用的是 PAL/D、K 制，我国香港采用 PAL/I 制。内地和香港虽然彩电制式一样，但由于黑白制式不一样，所以还是不能完全兼容接收，用内地电视机看香港电视，伴音是噪声，图像也有一些干扰，像调谐不准的样子。

电视的制式是从拍摄记录节目信号时就开始的，所以电视台、录像带、录像机、影碟片、影碟机也都是有制式的。过去，我们的电视机只能有一种制式，由于大规模集成电路的发展，电视机的主电路芯片可以做得很小，为了接收方便，20 世纪 90 年代起，全球研制生产了全制式彩电，可以接收和播放各种制式的电视信号并且能自动判断制式自动切换电路。

2.2.2 电视信号的传播

1. 无线电波的极化

极化是为描述不同类型辐射源产生的电磁波或者通过不同途径传输的电磁场的时－空特性而引入的概念。电场矢量和磁场矢量相互垂直，并都与电磁波传输方向相垂直，故人们用电场矢量的端点在波振面上的轨迹图表述电磁波的极化形式。

无线电波的极化分为线极化、圆极化和椭圆极化。线极化分为水平极化和垂直极化。垂直极化波即电场矢量完全处于传输面内的电磁波；水平极化波即电场矢量完全垂直传输平面的电磁波。线极化波即电场矢量偏开传输面一个角度 r（称极化角）的电磁波。我国各地电视广播都采用水平极化波，主要是为了减少干扰，提高图像质量。

圆极化波，即垂直极化分量和水平极化分量幅度相等，而相位差为 $\pi/2$ 的电磁波。这时电场矢量端点在波振面内的轨迹为圆。顺着电磁波传输的方向看去，如电场矢量是逆时针的旋转，又称左旋圆极化；顺时针旋转，则称右旋圆极化。

椭圆极化波，即电场矢量端点在波振面上投影轨迹为椭圆的电磁波。有三种情况产生椭圆极化：垂直极化分量和水平极化分量幅度相等，但相位差是 0、$\pi/2$ 和 π 以外的值；两极化分量相位差为 $\pi/2$，但幅度不相等；两极化分量幅度不相等，相位差为 0 和 π 以外的值。椭圆极化波也同圆极化波一样区分为左旋和右旋。显然，椭圆极化是电磁波极化概念的最通用的表述形式，其他极化形式可作为椭圆极化的特殊情况，如线极化是两分量相位差为 0 或 π 的特例；圆极化是两极化分量幅度相等，相位差为 $\pi/2$ 的特例；垂直极化或水平极化是一个极化分量为零的特例。值得注意的是，对垂直（或水平）极化的地波来讲，电场矢量总是垂直（或平行）于地面，对倾斜入射到地面的天波来说，垂直极化波的电场矢量不再与地面垂直，而水平极化波的电场矢量却总与地面平行。

2. 电视信号的传播

传播电视信号的无线电波为甚高频（VHF）和特高频（UHF），属于超短波和微波的范围，故只能采用视距传播。视距传播的距离与发射天线和接收天线的高度有关。如发射天线的架设高度为 h_t(m)，接收天线的架设高度为 h_r(m)，则由发射天线到接收天线所连的直线刚好与地球表面相切时，收发之间的距离达到最大。考虑到大气对电磁波向下的折射作用，最大直视距离有所加大，可用近似公式来计算：

$$D_0 = 4.12(\sqrt{h_t} + \sqrt{h_r}) \quad (\text{单位:km}) \tag{2-2}$$

接收点的信号强度用电场强度来度量，它是衡量电磁波强度的一个物理量。直视距离内电场强度可用下式来估算：

$$E = \frac{346\sqrt{PD}}{d}\left|\sin\frac{2\pi h_1 h_2}{\lambda d}\right| \tag{2-3}$$

式中，E 为接收信号场强；P 为发射台的天线辐射功率；D 为发射台的天线方向系数；d 为收发两点间的距离；λ 为信号波长；h_1为发射天线高度；h_2为接收天线高度。

当$\frac{2\pi h_1 h_2}{\lambda d} \leqslant \frac{\pi}{9}$时，可用正弦的辐角值代替正弦值，故上式可简化为

$$E = \frac{2.17 h_1 h_2 \sqrt{PD}}{\lambda d^2} \tag{2-4}$$

2.3 增益

1. 电压增益和功率增益

增益是衡量 CATV 系统中放大器等有源器件放大信号能力大小的参数。在系统中有两种表示增益的方法，一种称为电压增益，一种称为功率增益。通常 CATV 系统中的增益均采用分贝来表示。

电压增益表示的是放大电路对输入信号电压的放大能力。其定义为

$$\text{电压增益} = 20\lg\frac{U_o}{U_i} = 20\lg A_u \quad (\text{单位:dB}) \tag{2-5}$$

式中，U_o表示输出电压；U_i表示输入电压；A_u表示电压放大倍数。

功率增益表示的是放大电路对输入信号功率的放大能力。其定义为

$$\text{功率增益} = 10\lg\frac{P_o}{P_i} = 10\lg A_P \quad (\text{单位:dB}) \tag{2-6}$$

式中，P_o表示输出功率；P_i表示输入功率；A_P表示功率放大倍数。

在 CATV 系统中，已知各个器件的输入阻抗、输出阻抗、电缆阻抗均为 75Ω，即 $R_i = R_o$，则

$$\text{功率增益} = 10\lg\frac{P_o}{P_i} = 10\lg\frac{\frac{U_o^2}{R_o}}{\frac{U_i^2}{R_i}} = 10\lg\frac{U_o^2}{U_i^2} = 20\lg\frac{U_o}{U_i} = \text{电压增益} \tag{2-7}$$

所以，CATV 系统中器件的增益，既可以用功率比来表示，也可以用电压比来表示，二者的比值是相等的。

2. 分贝

在 CATV 系统中，分贝除了可以表示放大器的增益外，还可以表示系统中任意一点的电压、功率值。使用分贝做单位可以使数值变小，读写方便且便于运算。

有线电视系统中，当指定 1 W、1 mW、1 mV 或 1 μV 作为基准来计算某点的传输功率或

电平时，以分贝表示分别为 dBW、dBmW、dBmV 和 dBμV。电平单位之间转换为 0 dBW = 30 dBmW。

例如，系统中某点的电压分别为 10 μV、100 μV、1 mV，当用 1 μV 作为计量标准，用 dBμV 表示时数值分别为

$$20\lg\frac{10\ \mu V}{1\ \mu V}=20\ dB\mu V$$

$$20\lg\frac{100\ \mu V}{1\ \mu V}=40\ dB\mu V$$

$$20\lg\frac{1\ mV}{1\ \mu V}=60\ dB\mu V$$

当用 1 mV 作为计量标准，即用 dBmV 表示时数值分别为

$$20\lg\frac{10\ \mu V}{1\ mV}=-40\ dBmV$$

$$20\lg\frac{100\ \mu V}{1\ mV}=-20\ dBmV$$

$$20\lg\frac{1\ mV}{1\ mV}=0\ dBmV$$

如果系统中某点的功率分别为 100 μW、1 mW、1 W，当用 1 mW 作为计量标准，用 dBmW 表示时数值分别为

$$10\lg\frac{100\ \mu W}{1\ mW}=-10\ dBmW$$

$$10\lg\frac{1\ mW}{1\ mW}=0\ dBmW$$

$$10\lg\frac{1\ W}{1\ mW}=30\ dBmW$$

2.4 噪声电平和载噪比

电视信号在传输过程中，噪声和干扰是影响图像质量的主要因素。噪声和干扰是指能使图像遭受损伤的与传输信号本身无关的各种形式寄生干扰的总称，它是一种紊乱、断续、随机的电磁振动，在电视屏幕上的主观视觉效果表现为杂乱无章的雪花状干扰。

外界信号侵入和有源器件产生的谐波及杂波的影响称为干扰。外界的干扰有很多种，其中影响电视节目收看质量的主要有：

- 滚道干扰——50 Hz ~ 几百 Hz 的市电和电源干扰。
- 网状干扰——几 kHz ~ 几十 MHz 的中、短波信号、手机、游戏机和空中无线电信号干扰。
- 雪花和横线干扰——由日光灯、发动机和高频设备产生。

来自内部产生的连续随机杂波对有用信号的影响称为噪声。噪声一般指系统内部噪声。在 CATV 系统中，内部噪声主要有两种：电阻的热噪声和放大器的噪声，其中电阻的热噪声用噪声电平来表示。

2.4.1 噪声电平

电阻的热噪声是由电阻内部自由电子的热运动产生。在一定的温度下，电阻内部的自由电子受热激发后，在电阻内部产生大小和方向都无规则的热运动，从而产生无规则电流。在一定时间内，无规则电流的平均值为零，但瞬时值在平均值的上下波动，称之为起伏电流或噪声电流。噪声电流在电阻两端产生噪声电压。同样，在一定时间内，噪声电压的平均值为零，但瞬时值在平均值的上下波动。由此可计算或测量噪声电压的方均值，它代表噪声功率的大小。

理论和实践证明，当温度为 T(K)时，阻值为 R 的电阻所产生的噪声电压功率谱密度为

$$S_v(f) = 4kTR \tag{2-8}$$

功率谱密度表示单位频带内噪声电压的方均值，所以噪声电压的方均值为

$$\overline{u_n^2} = 4kTR\Delta f_n \tag{2-9}$$

式中，k 为玻尔兹曼常数，$k = 1.38 \times 10^{-23}$ J/K；T 是电阻的热力学温度，单位为 K；Δf_n 为等效噪声频带宽度，单位为 Hz；R 为电阻值，单位为 Ω。

由式（2-9）可得噪声电压的有效值为

$$\sqrt{\overline{u_n^2}} = \sqrt{4kTR\Delta f_n} \tag{2-10}$$

通常噪声电阻 R 可以看做一个噪声电压源和一个理想无噪声电阻的串联，如图 2-1 所示。

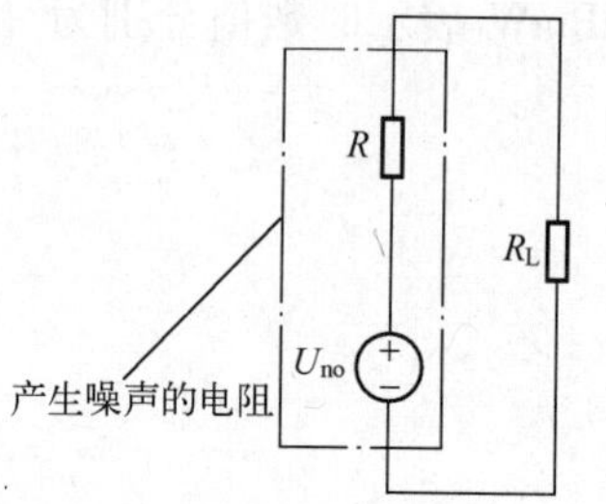

图 2-1 电阻的噪声等效电路

在 CATV 系统中，各个器件的输入、输出阻抗均为 75Ω；电视制式为 PAL－D 制时图像的噪声频带宽度为 5.75 MHz；常温 20°C 情况下，则噪声电压源电压为

$$U_{no} = \sqrt{\overline{u_n^2}} = \sqrt{4kTR\Delta f_n}$$

$$= \sqrt{4 \times 1.38 \times 10^{-23} \times (273+20) \times 75 \times 5.75 \times 10^6}\ \text{V} = 2.64\ \mu\text{V}$$

外接匹配负载 R_L 上产生的噪声电压为

$$U_{ni} = \frac{U_{no}}{2} = \frac{2.64}{2}\ \mu\text{V} = 1.32\ \mu\text{V}$$

用分贝表示为

$$U_{ni} = 20\lg 1.32\ \mu\text{V} = 2.4\ \text{dB}\mu\text{V}$$

匹配负载电阻 R_L 上产生的噪声功率为

$$P_{ni} = \frac{U_{ni}^2}{R_L} = \frac{(1.32 \times 10^{-6})^2}{75}\ \text{W} = 2.32 \times 10^{-14}\ \text{W}$$

2.4.2 载噪比

1. 载噪比

载噪比表示高频载波与噪声的相对强度，是衡量射频信号通道传输质量的重要指标，也是反映音、视频信号经过传输解调后的信号质量。载噪比的表示符号为 C/N。

载噪比定义为图像载波电平有效值与规定带宽内系统噪声电平均方根值之比，用 dB 表示为

$$\frac{C}{N}=10\lg\frac{\text{载波功率}}{\text{噪声功率}}=20\lg\frac{\text{载波电压}}{\text{噪声电压}}(\text{dB}) \tag{2-11}$$

按照系统载噪比的大小，我国将图像划分为 5 个等级，如表 2-2 所示。

表 2-2　图像质量等级

图像质量等级	图像质量损伤程度	视频信噪比/信号载噪比
5 分（优）	不能觉察	45.5 dB/51.9 dB
4 分（良）	可觉察，但不讨厌	36.6 dB/43 dB
3 分（中）	明显觉察，稍讨厌	29.9 dB/36.3 dB
2 分（差）	很明显，令人讨厌	25.4 dB/31.8 dB
1 分（劣）	极显著，无法收看	23.1 dB/29.5 dB

2. 噪声系数

CATV 系统中，除了电阻的热噪声外，更主要的噪声源是放大器中的有源器件。由于放大器本身就有噪声，输出端信噪比和输入端信噪比是不一样的，为此，使用噪声系数来衡量放大器本身的噪声水平。

对于一个线性（或准线性）双端口网络，其噪声系数定义为网络输入端信噪比和输出端信噪比的比值，即

$$F=\frac{\dfrac{P_{si}}{P_{ni}}}{\dfrac{P_{so}}{P_{no}}} \tag{2-12}$$

$$N_F=10\lg\frac{\dfrac{P_{si}}{P_{ni}}}{\dfrac{P_{so}}{P_{no}}}=10\lg\frac{\left(\dfrac{C}{N}\right)_i}{\left(\dfrac{C}{N}\right)_o}\quad(\text{单位:dB}) \tag{2-13}$$

式中，P_{si}、P_{so}分别表示放大器的输入和输出载波功率；P_{ni}、P_{no}分别表示放大器的输入和输出噪声功率。

当放大器是理想无噪声时，$P_{no}=A_P P_{ni}$，$P_{so}=A_P P_{si}$，$F=1$，$N_F=0\text{ dB}$，式中，A_P表示放大器的功率增益。

当放大器有噪声时，$P_{no}=A_P P_{ni}+P_r$，$P_{so}=A_P P_{si}$，则$P_r=(F-1)A_P P_{ni}$，$P_{no}=A_P P_{ni}+(F-1)A_P P_{ni}=FA_P P_{ni}$，式中，$P_r$表示放大器内部产生的噪声功率。

3. 单台放大器的载噪比

当放大器输入端为无源器件（如天线）时，放大器输出端的载噪比为

$$\frac{C}{N}=10\lg\frac{P_{so}}{P_{no}}=10\lg\frac{A_P P_{si}}{FA_P P_{ni}}=10\lg\frac{\dfrac{U_a^2}{R}}{\dfrac{F\times U_{ni}^2}{R}}(\text{dB}) \tag{2-14}$$

式中，U_a为放大器输入端的电压；R 为 75Ω；U_{ni}是前级无源器件输出的热噪声源电压，$U_{ni}=1.32\ \mu V$。则

$$\frac{C}{N}=20\lg U_a-10\lg F-20\lg U_{ni}=S_a-N_F-2.4(\mathrm{dB}) \tag{2-15}$$

式中，S_a为放大器输入端的信号电平（dBμV）；N_F为放大器的噪声系数（dBμV）；2.4 是前级无源器件的热噪声源电压（dBμV）。

式（2-15）具有很强的实用意义，它表明了放大器输出端的载噪比与输入电平之间的关系。

4. *n* 台放大器串接时的载噪比

实际的 CATV 系统总是由 n 台放大器串接而成，设各级放大器的功率增益分别为 A_{P1}、A_{P2}、…、A_{Pn}，各级放大器的噪声系数分别为 N_{F1}、N_{F2}、…、N_{Fn}，则输出端的总噪声功率为

$$P_{no}=F_1F_2\cdots F_nA_{P1}A_{P2}\cdots A_{Pn}P_{ni} \tag{2-16}$$

总载噪比为

$$\frac{C}{N}=10\lg\frac{P_{so}}{P_{no}}=10\lg\frac{A_{P1}A_{P2}\cdots A_{Pn}P_{si}}{F_1F_2\cdots F_nA_{P1}A_{P2}\cdots A_{Pn}P_{ni}}=10\lg\frac{\frac{U_a^2}{R}}{\frac{F_1F_2\cdots F_n\times U_{ni}^2}{R}}(\mathrm{dB})$$

$$\frac{C}{N}=20\lg U_a-10\lg F_1F_2\cdots F_n-20\lg U_{ni}(\mathrm{dB}) \tag{2-17}$$

在 CATV 系统中，一般情况下，干线上的放大器均为同型号的，且输入电平相等，即 $S_{a1}=S_{a2}=\cdots=S_{an}=S_a$；$A_{P1}=A_{P2}=\cdots=A_{Pn}$，$N_{F1}=N_{F2}=\cdots=N_F$。则式（2-17）可写为

$$\frac{C}{N}=20\lg U_a-10\lg F^n-20\lg U_{ni}=S_a-N_F-2.4-10\lg n(\mathrm{dB}) \tag{2-18}$$

上式为计算 n 台相同的放大器等间隔设置时的公式。

有线电视系统的载噪比 C/N 与放大器的输入电平、噪声系数和放大器的串联级数有关。放大器的输入电平每降低 1 dB，载噪比劣化 1 dB。

5. 载噪比的分配

国家广电行业标准 GY/T106－1999 中规定有线电视系统（出口）的 C/N 指标要≥43 dB，通常在做系统设计时取 $C/N=44$ dB 为设计值，留 1 dB 设计裕量。而整个系统是由若干个子系统组成的，因此在进行系统设计时，必须合理地分配给各个子系统一定的技术指标。当信号功率一定时，载噪比是衡量系统噪声功率大小的指标。而整个系统的噪声功率是随着信号的传输不断积累的，所以，载噪比的分配实质上是噪声干扰功率的分配，必须把载噪比变成噪载比才能分配。例如：某系统前端分配 1/3 的载噪比指标，干线分配 2/3 的载噪比指标，实质上是分配总噪声功率的 1/3 给前端，2/3 给干线。则前端、干线分别为：

$$\left(\frac{N}{C}\right)_{前端}=\frac{1}{3}\left(\frac{N}{C}\right)_{总},\quad\left(\frac{N}{C}\right)_{干线}=\frac{2}{3}\left(\frac{N}{C}\right)_{总}$$

所以载噪比的分配遵循以下公式：

$$\left(\frac{C}{N}\right)_{\mathrm{i}}=\frac{1}{q}\left(\frac{C}{N}\right)_{总} \tag{2-19}$$

式中，$\left(\frac{C}{N}\right)_{\mathrm{i}}$表示子系统的载噪比的倍数；$q$ 表示分配比例，如 1/3、2/3 等。

用分贝表示为

$$\frac{C}{N_{\mathrm{i}}}=\frac{C}{N_{总}}-10\lg q(\mathrm{dB}) \tag{2-20}$$

上式也可应用推广于 n 台放大器串接的情况。例如，已知某干线总的载噪比为 $C/N_{干线}$，干线上有 n 台相同放大器等间隔设置，干线平均分配指标，则每台放大器应满足的载噪比为

$$\frac{C}{N_{\mathrm{i}}}=\frac{C}{N_{干线}}-10\lg n(\mathrm{dB}) \tag{2-21}$$

【例 2-1】 某系统设计的总载噪比为 44 dB，前端和干线各分配 1/2，那么前端和干线的载噪比如何分配？

解：
$$\frac{C}{N_{前端}}=\frac{C}{N_{干线}}=\frac{C}{N_{总}}-10\lg q=44-10\lg\frac{1}{2}=47(\mathrm{dB})$$

即实际的前端和干线的载噪比必须大于或等于 47 dB，才能满足总指标的要求。

6. 信噪比与载噪比关系

信噪比表示音、视频信号的功率与噪声功率的相对强度，是衡量音、视频信号质量的重要指标，用 S/N 表示，则有

$$\frac{S}{N}=10\lg\frac{P_{\mathrm{s}}}{P_{\mathrm{n}}}(\mathrm{dB}) \tag{2-22}$$

我国采用 PAL 制（视频带宽 5.75 MHz），残留边带调幅方式的电视信号，由此可得载噪比与解调后的信噪比之间关系为

$$\frac{C}{N}=\frac{S}{N}+6.4(\mathrm{dB}) \tag{2-23}$$

2.5　非线性失真

电视信号经过放大器放大以后，除了原信号得到放大之外，还会产生许多种新频率的无用信号，叫做失真产物，这是由于放大器的非线性特性造成的，因此称之为非线性失真产物。非线性失真产物与电视信号相互作用以后在电视画面上形成横条、竖条或各种各样的网纹干扰。非线性失真主要技术指标有交扰调制比（CM）、载波互调比（IM）、组合三次差拍比（CTB）、组合二次差拍比（CSO）。

1. 非线性失真的产物

任何一个具有非线性失真的放大器，它的输出电压和输入电压的关系可用下式来表示：

$$U_{\mathrm{o}}=K_1U_{\mathrm{i}}+K_2U_{\mathrm{i}}^2+K_3U_{\mathrm{i}}^3 \tag{2-24}$$

式中，U_{o}为输出电压；U_{i}为输入电压；K 是放大系数，且 $K_1>K_2>K_3$。

设输入信号由三个频道的电视信号组成，即：

$$U_{\mathrm{i}}=A_1\cos\omega_1t+A_2\cos\omega_2t+A_3\cos\omega_3t \tag{2-25}$$

式中，ω_1、ω_2、ω_3分别为三个频道图像载波的频率；A_1、A_2、A_3分别为三个频道图像载波振幅。则输出信号为

$$\begin{aligned}U_o=&K_1(A_1\cos\omega_1 t+A_2\cos\omega_2 t+A_3\cos\omega_3 t)\\&+K_2(A_1\cos\omega_1 t+A_2\cos\omega_2 t+A_3\cos\omega_3 t)^2\\&+K_3(A_1\cos\omega_1 t+A_2\cos\omega_2 t+A_3\cos\omega_3 t)^3\end{aligned} \tag{2-26}$$

上式中 K_1 各项是我们需要的信号；K_2 各项称为二次产物，即二次失真所产生的产物；K_3各项称为三次产物，即三次失真所产生的产物。

先分析二次失真的产物。将式（2-26）中的二次项展开得

$$\begin{aligned}&K_2(A_1\cos\omega_1 t+A_2\cos\omega_2 t+A_3\cos\omega_3 t)^2\\&=K_2(A_1^2\cos^2\omega_1 t+A_2^2\cos^2\omega_2 t+A_3^2\cos^2\omega_3 t+2A_1A_2\cos\omega_1 t\cos\omega_2 t\\&+2A_1A_3\cos\omega_1 t\cos\omega_3 t+2A_2A_3\cos\omega_2 t\cos\omega_3 t)\\&=K_2\Big[\frac{A_1^2}{2}(1+\cos2\omega_1 t)+\frac{A_2^2}{2}(1+\cos2\omega_2 t)+\frac{A_3^2}{2}(1+\cos2\omega_3 t)\\&+A_1A_2\cos(\omega_1+\omega_2)t+A_1A_2\cos(\omega_1-\omega_2)t+A_1A_3\cos(\omega_1+\omega_3)t\\&+A_1A_3\cos(\omega_1-\omega_3)t+A_2A_3\cos(\omega_2+\omega_3)t+A_2A_3\cos(\omega_2-\omega_3)t\Big]\\&=K_2\Big[\frac{A_1^2}{2}+\frac{A_2^2}{2}+\frac{A_3^2}{2}+\frac{A_1^2}{2}\cos2\omega_1 t+\frac{A_2^2}{2}\cos2\omega_2 t+\frac{A_3^2}{2}\cos2\omega_3 t\\&+A_1A_2\cos(\omega_1+\omega_2)t+A_1A_2\cos(\omega_1-\omega_2)t+A_1A_3\cos(\omega_1+\omega_3)t\\&+A_1A_3\cos(\omega_1-\omega_3)t+A_2A_3\cos(\omega_2+\omega_3)t+A_2A_3\cos(\omega_2-\omega_3)t\Big]\end{aligned} \tag{2-27}$$

由上式可见，当输入三个频道信号时，二阶产物共有 12 项。其中前三项是直流项（低频项），可通过放大器中的隔直电容滤除，不会产生干扰。第 4、5、6 项是二次谐波项（称二次谐波产物），这些谐波如落入某一电视频道内就会对该频道产生干扰。第 7 ~ 12 项是差拍项（称差拍产物），它们如果落入正常使用频道内就会形成干扰，这些干扰是固定的，所以画面上将产生斜网状干扰，干扰频率越近，图像载波频率斜网越粗。这种干扰称为互调干扰。

总体来看，无论是二次谐波项，还是二次差拍项，它们都是新产生的频率项，只要它们落入正常频道之内就形成互调干扰。我们将这些频率分量称为二阶互调产物，把这些产物的总和通称为组合二阶失真（CSO）。

再分析三次失真的产物。将式（2-26）中的三次项展开得

$$\begin{aligned}&K_3(A_1\cos\omega_1 t+A_2\cos\omega_2 t+A_3\cos\omega_3 t)^3\\&=K_3(A_1^3\cos^3\omega_1 t+A_2^3\cos^3\omega_2 t+A_3^3\cos^3\omega_3 t+3A_1^2A_2\cos^2\omega_1 t\cos\omega_2 t\\&+3A_1A_2^2\cos\omega_1 t\cos^2\omega_2 t+3A_1^2A_3\cos^2\omega_1 t\cos\omega_3 t+3A_1A_3^2\cos\omega_1 t\cos^2\omega_3 t\\&+3A_2{}^2A_3\cos^2\omega_2 t\cos\omega_3 t+3A_2A_3^2\cos\omega_2 t\cos^2\omega_3 t+6A_1A_2A_3\cos\omega_1 t\cos\omega_2 t\cos\omega_3 t)\\&=K_3\Big[\frac{A_1^3}{4}(\cos3\omega_1 t+3\cos\omega_1 t)+\frac{A_2^3}{4}(\cos3\omega_2 t+3\cos\omega_2 t)\\&+\frac{A_3^3}{4}(\cos3\omega_3 t+3\cos\omega_3 t)+3A_1A_2^2\cos\omega_1 t\cdot\frac{1+\cos2\omega_2 t}{2}+3A_1{}^2A_2\cos\omega_2 t\cdot\frac{1+\cos2\omega_1 t}{2}\end{aligned}$$

$$+3A_1^2A_3\cos\omega_3t\cdot\frac{1+\cos2\omega_1t}{2}+3A_1A_3{}^2\cos\omega_1t\cdot\frac{1+\cos2\omega_3t}{2}+3A_2{}^2A_3\cos\omega_3t\cdot\frac{1+\cos2\omega_2t}{2}$$

$$+3A_2A_3^2\cos\omega_2t\cdot\frac{1+\cos2\omega_3t}{2}+3A_1A_2A_3\cos(\omega_1+\omega_2)t\cdot\cos\omega_3t$$

$$+3A_1A_2A_3\cos(\omega_1-\omega_2)t\cdot\cos\omega_3t]$$

$$=K_3\left[\frac{3}{4}A_1^3\cos\omega_1t+\frac{3}{4}A_2^3\cos\omega_2t+\frac{3}{4}A_3^3\cos\omega_3t+\frac{A_1^3}{4}\cos3\omega_1t+\frac{A_2^3}{4}\cos3\omega_2t\right.$$

$$+\frac{A_3^3}{4}\cos3\omega_3t+\frac{3}{2}A_1A_2^2\cos\omega_1t+\frac{3}{2}A_1^2A_2\cos\omega_2t+\frac{3}{2}A_1^2A_3\cos\omega_3t$$

$$+\frac{3}{2}A_1A_3^2\cos\omega_1t+\frac{3}{2}A_2^2A_3\cos\omega_3t+\frac{3}{2}A_2A_3^2\cos\omega_2t$$

$$+\frac{3}{4}A_1A_2^2\cos(\omega_1+2\omega_2)t+\frac{3}{4}A_1A_2^2\cos(\omega_1-2\omega_2)t+\frac{3}{4}A_1^2A_2\cos(2\omega_1+\omega_2)t$$

$$+\frac{3}{4}A_1^2A_2\cos(2\omega_1-\omega_2)t+\frac{3}{4}A_2A_3^2\cos(\omega_2+2\omega_3)t+\frac{3}{4}A_2A_3^2\cos(\omega_2-2\omega_3)t$$

$$+\frac{3}{4}A_2^2A_3\cos(2\omega_2+\omega_3)t+\frac{3}{4}A_2^2A_3\cos(2\omega_2-\omega_3)t+\frac{3}{4}A_1^2A_3\cos(\omega_3+2\omega_1)t$$

$$+\frac{3}{4}A_1^2A_3\cos(\omega_3-2\omega_1)t+\frac{3}{4}A_1A_3^2\cos(2\omega_3+\omega_1)t+\frac{3}{4}A_1A_3^2\cos(2\omega_3-\omega_1)t$$

$$+\frac{3}{2}A_1A_2A_3\cos(\omega_1+\omega_2+\omega_3)t+\frac{3}{2}A_1A_2A_3\cos(\omega_1+\omega_2-\omega_3)t$$

$$\left.+\frac{3}{2}A_1A_2A_3\cos(\omega_1-\omega_2+\omega_3)t+\frac{3}{2}A_1A_2A_3\cos(\omega_1-\omega_2-\omega_3)t\right] \tag{2-28}$$

由上式可见，当输入三个频道信号时，二阶产物共有 28 项。其中第 1、2、3 项为基本频率项，只是存在幅度失真。第 4、5、6 项是三次谐波项，如落入正常频道内就形成干扰。第 13 ~ 28 项是三次失真引起的差拍项，如落入正常频道内就形成互调干扰。第 7 ~ 12 项的频率仍然是基本频率，所以不属于互调失真，但是它们在幅度上不但有本频道的电视图像信号，而且还有其他频道的图像信号，如第 7 项，它是 A_1 频道的基本频率 ω_1，但是它在幅度上还存在 A_2^2 的幅度，由于载波调制形式是调幅制（AM），因此将出现 A_2 频道的电视图像信号，结果在屏幕上观看 A_1 频道节目时同时出现 A_2 频道的图像，造成两个图像同时出现在屏幕上的串像现象，这种现象称为交调干扰，又称交调失真。一般来说，干扰频道与所收看频道的同步信号不可能绝对同步（即使频率相同，相位也有差异），故常在屏幕上看到由同步信号反转而形成的一条白色竖条纹在屏幕上左右移动，条纹宽度即为同步信号宽度。干扰频道的同步信号频率高时，竖条纹向右运动，反之则向左运动。干扰频道与被干扰频道同步信号频率差越大，竖条纹移动得越快。若有几个频道对同一个频道产生交调干扰，就会出现多条竖条纹。由于这种竖条纹的左右移动类似于汽车前窗玻璃上的雨刷，故常把交调干扰称为雨刷干扰。交调干扰是无法靠改变工作频道消除的。

综上所述，交调干扰是由三次失真产生的；互调干扰则是二次，三次失真都产生。交调失真和互调失真一般同时产生。交调失真是一种幅度失真，互调失真是属于频谱失真。

2. 交扰调制比

交扰调制比（CM）是一个信号被另一个信号的振幅调制，并落在调制载波的同一个频道内，形成两个信号的相互干扰。它没有产生新的频率。俗称为“雨刷干扰”或“鬼影干扰”。

为了衡量交扰调制对正常收看图像的影响，CATV 系统用交扰调制比 CM 来定量的表示，交扰调制比 CM 的定义为

$$\mathrm{CM}=20\lg\frac{\text{有用调制信号的峰峰值}}{\text{交调信号的峰峰值}}(\mathrm{dB}) \tag{2-29}$$

我国标准规定：交调比不得小于 46 dB。

在 CATV 系统中，由于放大器有限的线性范围，输出工作电平越高，其输出特性曲线偏离线性曲线区域越远，导致了信号经过放大器后的压缩或削波，造成非线性失真指标下降或变差。

假设频道 1 为需要接收的频道，频道 2 为干扰频道。由式（2-26）可得，需要的调制信号为$K_1A_1\cos\omega_1 t$；由式（2-28）第 7 项可得，不需要的调制信号为$\frac{3}{2}K_3A_1A_2^2\cos\omega_1 t$。近似认为 A_1、A_2为各频道的幅度（实质上 A_1、A_2均是随着时间 t 变化的调制信号），在 CATV 系统中，各频道信号电压原则上均相等，即 $A_1=A_2=A$，根据交调比的定义，得

$$\mathrm{CM}=20\lg\frac{K_1A_1}{\frac{3}{2}K_3A_1A_2^2}=20\lg\left(\frac{2}{3}\frac{K_1}{K_3}\right)-2(20\lg A)(\mathrm{dB}) \tag{2-30}$$

结论：当信号电平降低 1 dB 时，交调比可改善 2 dB。

3. 载波互调比

载波互调比（IM）是多个信号的载波互调后，落入某一个电视频道中对视频信号形成斜纹干扰，条纹的疏密与干扰频率离被干扰的频道的图像载频的远近有关（近稀远密），称“网纹干扰”。

为了衡量互调干扰对正常收看图像的影响，CATV 系统用载波互调比（IM）来定量的表示。载波互调比（IM）的定义为

$$\mathrm{IM}=20\lg\frac{\text{图像载波电压}}{\text{互调产物电压}}(\mathrm{dB}) \tag{2-31}$$

我国标准规定：互调比不得小于 57 dB。由上述定义可见，载波互调比的大小是与信号电平密切相关的。从非线性失真产物的分析可知二次失真、三次失真均会产生互调干扰，分别用 IM_2、IM_3表示二次失真、三次失真造成的载波互调比。

先分析 IM_3与信号电平之间的关系：

由式（2-26）可得，需要的调制信号$K_1A_1\cos\omega_1 t$；由式（2-28）第 17 项可得，互调产物为$\frac{3}{4}K_3A_2A_3^2\cos(\omega_2+2\omega_3)t$。

根据互调比定义得

$$\mathrm{IM}_3=20\lg\frac{K_1A_1}{\frac{3}{4}K_3A_2{A_3}^2}=20\lg\left(\frac{4}{3}\frac{K_1}{K_3}\right)-2(20\lg A)(\mathrm{dB}) \tag{2-32}$$

结论：当信号电平降低 1 dB 时，三次失真造成的载波互调比可改善 2 dB。

再分析 IM_2与信号电平之间的关系。

由式（2-26）可得，需要的调制信号为$K_1A_1\cos\omega_1 t$；由式（2-27）第 11 项可得，互调产物为$K_2A_2A_3\cos(\omega_2+\omega_3)t$。

根据互调比定义得

$$IM_2 = 20\lg\frac{K_1A_1}{K_2A_2A_3} = 20\lg\left(\frac{K_1}{K_2}\right) - 20\lg A(\mathrm{dB}) \tag{2-33}$$

结论：当信号电平降低 1 dB 时，二次失真造成的载波互调比可改善 1 dB。

CATV 系统的设计中，对于二次互调干扰一般不考虑，这是因为：①系数 K_2较小，影响小；②放大器往往采用互补推挽等功率放大电路，二次失真由于相位相反，大部分可以抵消；③当频道数较少时，通过合理选择频道，可以避开二次互调干扰。

对于三次互调干扰，当频道数较少时，IM_3指标的大小与主观评价较吻合，能客观地反映实际情况。但此时的交调干扰表现得更加严重，当系统的 CM 指标满足要求时，一般情况下，IM_3指标均满足要求。所以，当频道数较少或系统规模较小时，系统的非线性失真主要用交调比来衡量。现在，几乎所有的系统，频道数 N 均多于 30，今后还会更多。所以，三次失真需用新的指标 CTB 来衡量。

在三次互调失真中，还存在一种频道内的三次互调失真。对于一些单频道有源器件，由于频道内存在图像载波、彩色副载波和伴音载波，这三种载波在器件内部会发生相互调制而产生新的频率。此新的频率仍落在接收频道内，与图像差拍产生频道内的三次互调失真。如下式所示：

$$\begin{aligned} f_p + f_s - f_c &= f_p + 2.07 \quad (\text{单位:MHz}) \\ f_p + f_c - f_s &= f_p - 2.07 \quad (\text{单位:MHz}) \end{aligned} \tag{2-34}$$

式中，f_p、f_s、f_c分别为图像载波、彩色副载波和伴音载波频率。产生的干扰频率将与图像载波产生差拍，在屏幕上呈现 2.07 MHz 的网纹干扰。这种失真主要在前端的频道放大器、频道变换器以及信号处理器等内部。国家规定电视频道内单频互调干扰 $IM_{单} \geq 54$ dB。

4. 复合三次差拍比（CTB）

电视频道的特点是它们的间隔大多数是相同的，因此频道数量多时相互形成的三次差拍成分同时落入某一个频道的可能性很大，这些差拍分量具有集聚性，往往都集中在图像载波频率附近 ±15kHz 的频带内形成簇，在一个频道内可能有几个簇，但在图像载波频率上的一簇往往是最大的，测量一个簇的电平也就是测量三次差拍成分的总和，这个电平称为复合三次差拍电平。

在当今的大型有线电视系统中，由于传输的频道数多，交调干扰会因为相位的不同而和主观感觉不一样，给测量上带来误差，因此用一个称为复合三次差拍比来取代交扰调制比，这个复合三次差拍比用 CTB 来表示。载波电平与复合三次差拍电平的比称复合三次差拍比。其定义为：

$$CTB = 20\lg\frac{\text{图像载波电压}}{\text{复合三次差拍电压}}(\mathrm{dB}) \tag{2-35}$$

我国标准规定：有线电视系统出口端的 CTB 指标≥54 dB，通常在做系统设计时取 CTB = 55 dB 为设计值，留 1 dB 设计裕量。CTB 数值越大，说明指标越好。当各频道的信号电平降低 1 dB 时，系统的三次非线性失真指标则可以改善 2 dB。因而我们常可以通过降低工作电平的办法来使非线性失真指标得到改善。

5. 复合二次差拍比（CSO）

所有二次差拍项的总和称为复合二次失真，简称 CSO。

为了衡量复合二次失真对正常收看图像的影响，CATV 系统用复合二次失真比 CSO 来定量的表示。其定义为

$$CSO = 20\lg\frac{图像载波电压}{复合二次失真电压}\quad (dB) \tag{2-36}$$

我国标准规定：有线电视系统出口的 CSO 指标≥53 dB。当各频道的信号电平降低 1 dB 时，系统的二次非线性失真指标则可以改善 1 dB。因而我们常可以通过降低工作电平的办法来使非线性失真指标得到改善。

近几年来光缆在 CATV 中得到广泛应用，光发射机基本上都是单端器件，没有采用推挽输出技术，使 CSO 产物得不到抑制，当光纤传送频道较多时，想避开 CSO 产物是不可能的。因此，对于含光缆传输的 CATV 系统 CSO 产物仍然是必须考虑的技术性能参数。

6. 非线性指标的计算

（1）一台放大器时 CTB、CM、IM_3、CSO 的计算公式

先分析 CTB 的计算公式，根据 CTB 指标与信号电平之间的关系得

$$CTB = CTB_{ot} + 2(S_{ot} - S_o)\quad (dB) \tag{2-37}$$

式中，S_{ot}是生产厂家给出的放大器输出端某一测试电平值（dBμV）；CTB_{ot}是生产厂家给出的 C_t个频道测试信号同时输入时输出为S_{ot}时的复合三次差拍比（dB）；S_o是放大器的实际工作电平值（dBμV）；CTB 是 C_t个频道输入时放大器输出电平为S_o时的复合三次差拍比（dB）。

应用式（2-37）计算时要注意，生产厂家给出的指标CTB_{ot}是在 C_t个频道信号同时输入的条件下得到的，当系统设计时的频道数量 C 与厂家测试时的 C_t不相等时，需要修正，修正值为：

$$20\lg\frac{C_t - 1}{C - 1}\quad (dB) \tag{2-38}$$

各频道信号同步时，取 20lg；不同步时，取 10lg；也可以折中取 15lg；本书取 20lg。此时式（2-37）应改为

$$CTB = (CTB_{ot} + 20\lg\frac{C_t - 1}{C - 1}) + 2(S_{ot} - S_o)(dB) \tag{2-39}$$

同理，也可得到一台放大器在 C 个频道输入时 CM、IM_3、CSO 的计算公式为

$$CM = \left(CM_{ot} + 20\lg\frac{C_t - 1}{C - 1}\right) + 2(S_{ot} - S_o)(dB) \tag{2-40}$$

$$IM_3 = \left(IM_{ot} + 20\lg\frac{C_t - 1}{C - 1}\right) + 2(S_{ot} - S_o)(dB) \tag{2-41}$$

$$CSO = \left(CSO_{ot} + 20\lg\frac{C_t - 1}{C - 1}\right) + 2(S_{ot} - S_o)(dB) \tag{2-42}$$

（2）n 台放大器时 CTB、CM、IM_3、CSO 的计算公式

先分析 n 台放大器串接时 CTB 公式。第 n 台放大器输出的复合三次差拍干扰信号为前

面 n 台放大器各自产生的复合三次差拍干扰电压的叠加，其结果必然是总的复合三次差拍干扰电压变大，总的复合三次差拍比下降。根据复合三次差拍比的定义，干扰信号的电压处于分母部分，因此 n 台放大器串接时总的复合三次差拍比为

$$(CTB)^{-1}=(CTB_1)^{-1}+(CTB_2)^{-1}+\cdots+(CTB_n)^{-1}$$

用分贝表示为

$$20\lg(CTB)^{-1}=20\lg(CTB_1)^{-1}+20\lg(CTB_2)^{-1}+\cdots+20\lg(CTB_n)^{-1}$$

即

$$CTB=-20\lg\sum_{i=1}^{n}10^{-\frac{CTB_j}{20}}(dB) \tag{2-43}$$

式中，j 为第 j 个放大器。式（2-43）可推广应用于 n 个子系统相串联的情况。实际的系统总是由前端、干线、用户分配几个部分组成，而干线又可以认为是由干线、支干线、分支干线等组成。因此仍可应用式（2-43）计算总的复合三次差拍比，此时公式中的 CTB 表示的是各个子系统的复合三次差拍比。

n 台放大器串接时 CM、IM_3 的计算公式与 CTB 的计算公式相类似，均为电压相加，得

$$CM=-20\lg\sum_{i=1}^{n}10^{-\frac{CM_j}{20}}(dB) \tag{2-44}$$

$$IM_3=-20\lg\sum_{i=1}^{n}10^{-\frac{IM_{3j}}{20}}(dB) \tag{2-45}$$

对于 n 台放大器串接时 CSO 的计算公式，根据实际测量，通常按功率叠加的方法处理，得

$$CSO=-10\lg\sum_{i=1}^{n}10^{-\frac{CSO_j}{20}}(dB) \tag{2-46}$$

当 n 台同型号且输入电平相等的放大器串接时，有

$$CTB=CTB_1-20\lg n(dB) \tag{2-47}$$

$$CM=CM_1-20\lg n(dB) \tag{2-48}$$

$$IM_3=IM_{31}-20\lg n(dB) \tag{2-49}$$

$$CSO=CSO_1-10\lg n(dB) \tag{2-50}$$

7. CM、CTB、CSO 指标的分配

国家规定了 CATV 系统的 CM≥46 dB、CTB≥54 dB、IM_3≥57 dB、CSO≥53Db，整个系统是由若干部分串接而成的，因此，在进行设计时，必须合理地分配给各个部分一定的非线性指标。以复合三次差拍比为例，由于总的复合三次差拍比指标是衡量整个系统复合三次差拍干扰大小的，所以指标的分配，实质上是分配的复合三次差拍干扰信号。例如：某系统 CTB 指标的 2/3 分配给干线部分，1/3 分配给分配部分，实质上是将总的复合三次差拍干扰信号的 2/3 给干线部分，1/3 给分配部分。根据复合三次差拍比的定义得

$$\frac{1}{(CTB)_{干}}=\frac{2}{3}\frac{1}{(CTB)_{总}},\quad \frac{1}{(CTB)_{分配}}=\frac{1}{3}\frac{1}{(CTB)_{总}}$$

所以复合三次差拍比的分配遵循以下公式：

$$(CTB)_1=\frac{1}{q}(CTB)_{总} \tag{2-51}$$

式中，q 表示分配比例，如 1/3，2/3 等。

用分贝表示为

$$CTB_1 = CTB_{总} - 20\lg q(dB) \tag{2-52}$$

同样可得

$$CM_1 = CM_{总} - 20\lg q(dB) \tag{2-53}$$

$$IM_{31} = IM_{总} - 20\lg q(dB) \tag{2-54}$$

$$CSO_1 = CSO_{总} - 10\lg q(dB) \tag{2-55}$$

2.6 反射与重影

在有线电视系统中，通常都有开路接收的电视节目。电视射频信号是从电视台发射天线全向地向外辐射的，这样当电磁波到达 CATV 前端的电视接收天线时，不只有直射波被天线接收，同时可能还有一个或几个反射波到达接收天线，因而在电视接收机中造成重影。此外，电视信号在 CATV 系统的干线及分配系统传输，由于系统的设计或连接不当，会造成不匹配，或者屏蔽不好，也会在用户电视机上造成重影，影响收视效果，严重时甚至无法收看。

1. 开路接收时波的反射与重影

从电视台发射塔发送出的无线电波，几乎全是直线传播的，叫“直射波”。直射波被电视天线接收以后，电视机就会出现电视图像。无线电波在传送过程中，如果遇到高楼大厦，从而形成“反射波”。反射波也可能会被电视天线接收，但比直线波晚。假如两种信号全被电视天线接收到了，就会在电视屏幕上出现图像重影。因为电视机的光电扫描线都是从左到右，所以到达天线时间稍后的反射波“影子”，总是在主图像的右侧出现。城市高层建筑多，电波传播会反复地受到阻挡而形成反射波，使重影干扰更加严重而无法避免。

由于直射波和反射波传播的路程不同而造成在屏幕上出现的重影如图 2-2 所示。

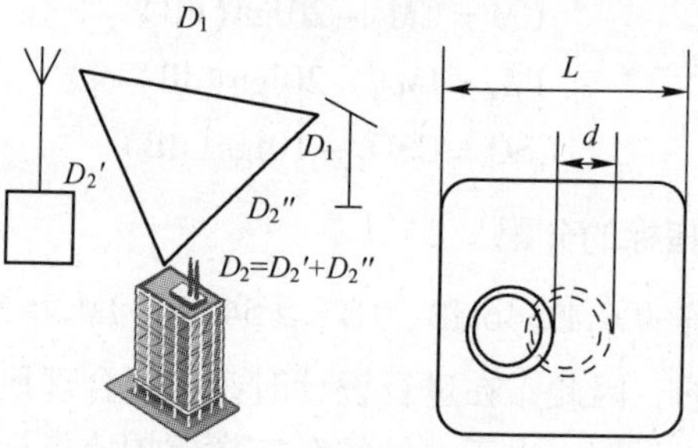

图 2-2 重影的形成

一般可以从屏幕上主、重影之间的距离用下述公式来估算传播的路程差：

$$D_2 - D_1 = 15.6\,\frac{d}{L} \quad (单位:km) \tag{2-56}$$

式中，D_2为反射波的传播距离（km）；D_1为直射波的传播距离（km）；d 为主像与重影之间的距离（cm）；L 为显像管的宽度（cm）。

除超短波的多径传播外，由于天线、馈线、分支器等部件连接点匹配不好，在电缆中产生反射波，也会产生重影。另外用户电视机共用天线、电视插座之间的馈线留得太长，并卷成一团时也会造成重影。

2. 系统内部的反射

有线电视系统内部的设备与设备之间，或者设备与传输线之间，甚至传输线与传输线之间连接不妥，其输入、输出阻抗不匹配，往往会在内部造成波的反射。

当信号通过传输通道进入下一个器件的时候，通常不可能完全被下一个器件吸收，有一部分信号会反射出来向相反的方向传回到原输出端；反射信号返回到原输出端，又会重新反射出来继续传输到下一个器件，和原信号叠加在一起，引起种种问题。比如，在电缆中传输的电视射频信号由于来回反射以后，反射信号比原信号延迟了，会引起图像边界模糊，延迟时间较长时会引起“重影”。如果两个器件间的距离长到一定程度，信号在路上来回传输的衰减量很大，那么反射信号引起的重影就有可能看不出来。

主观评价表明，假设反射信号的往返时间为 τ，那么当 $\tau = 1\ \mu s$ 时的重影幅度最大，对人的视觉影响最大。当 $\tau \ll 1\ \mu s$ 时的重影与主信号基本重合，人眼难以分辨。当 $\tau > 1\ \mu s$ 时，由于反射波经衰减使幅度下降，人眼也难以分辨。所以至关重要的是设法消除 1 μs 左右的重影。由传输线理论可以求出，造成 1 μs 延时的传输线长度为 200 m 左右。所以要注意 200 m 左右的传输线终端不要开路，因为此时造成的重影对视觉的影响最大。

3. 反射时延量与反射量

（1）反射损耗

在 CATV 系统中，各设备之间的输入、输出端均应用特性阻抗为 75Ω 的同轴电缆匹配，这些端口的匹配程度都可以用反射损耗来衡量。反射损耗又称回波损耗，是表示信号反射性能的参数。回波损耗说明入射功率的一部分被反射回到信号源。其定义为

$$L' = 10\lg\frac{反射功率}{入射功率}\quad (单位:dB) \tag{2-57}$$

或

$$L' = 20\lg\frac{反射电压幅度}{入射电压幅度}\quad (单位:dB) \tag{2-58}$$

它的物理意义是指在设备的端口，由于不匹配而反射回来多少功率；或者说从末端反射回来的反射波比入射信号低多少分贝。反射损耗既直观，测试又方便，被广泛应用。

需要指出的是，有些设备给出的指标是电压驻波比（S），它和反射损耗本质上是一样的，二者的关系可表示为

$$L' = 20\lg\frac{S-1}{S+1}(dB) \tag{2-59}$$

（2）时延量

所谓时延量，就是反射波走过两个反射程的时延。电波的群时延，就是电视信号的时延量，就是单位长度的时延量。

假设传输线的特性阻抗为 Z_0，单位长度电容量为 C_0（单位：F/m），则群时延量 τ_0（单位：ns）为

$$\tau_0 = Z_0 \cdot C_0 \tag{2-60}$$

反射波的时延量（单位：ns）应为

$$\tau = \tau_0 \cdot 2l \tag{2-61}$$

式中，l 单位为 m。

（3）反射量

假设负载端的反射损耗为 L'，信号源端的反射损耗为 L_s，电缆的单位长度损耗值为 α_0，经过长度为 l 的电缆时，总的反射量为

$$A_r = L' + \alpha_0 l + L_s + \alpha_0 l = L' + 2\alpha_0 l + L_s \text{(dB)} \tag{2-62}$$

2.7 视频信号特性参数

世界各国的彩色电视广播，都是在黑白电视基础上发展起来的。为了考虑相互之间的兼容性，要求黑白电视机能收看彩色电视节目（兼容性），彩色电视也能收看黑白电视节目（逆兼容性）。因此，电视台发射的彩色全电视信号是由亮度信号和色度信号两个部分叠加在一起的，可表示为

$$E_M = E_Y + E_F \tag{2-63}$$

式中 E_M——彩色全电视信号电压；

E_Y——亮度信号电压；

E_F——色度信号电压（由两个色差信号按向量关系叠加而成）。

从上式可见，色度信号是叠加在亮度信号上传输的，由于亮度信号在有线电视系统内传输时电平会不断地发生变化，当亮度信号电平不同时，视频通道内放大器处于不同的工作点。由于放大器的非线性特性，放大器在不同的工作点对信号的放大能力不同，造成在不同的亮度信号电平时对色度信号的放大倍数不同。而彩色电视机对图像色彩的恢复是依据电视台发射的色度信号相对于色同步信号的相位和幅度来决定的，电视台发射的彩色电视信号中色同步信号电平与亮度信号无关。因此彩色电视信号经过视频通道处理后，就会造成色度信号相对于色同步信号的相位和幅度发生变化，与电视台发射时的相对关系不一致，从而造成彩色失真。主要有微分增益、微分相位、色/亮度延时失真，由于这些失真是由器件内部的视频通道引起的，所以称为视频信号失真。

在有线电视前端设备中，解调器、调制器、信号处理器等设备会有一部分视频信号处理电路，因此彩色电视信号通过这些设备的处理后在其输出端有可能出现视频信号失真。

1. 微分增益

当亮度信号幅度不同时，其上所叠加的色度信号的幅度相对于色同步信号幅度发生变化的相对比例，定义为微分增益，常用百分数表示，即

$$X = \frac{A_{max} - A_0}{A_0} \times 100\% \tag{2-64}$$

$$Y = \frac{A_0 - A_{min}}{A_0} \times 100\% \tag{2-65}$$

式中 A_0——消隐电平处的彩色副载波幅度；

A_{max}——测得的彩色副载波幅度最大值；

A_{min}——测得的彩色副载波幅度最小值。

上式 X、Y 值中取绝对值最大者，作为系统的微分增益指标，国标规定整个有线电视系统的微分增益不能大于10%。微分增益对图像的影响是彩色饱和度的变化。

2. 微分相位

当亮度信号幅度不同时，其上所叠加的色度信号的相位相对于色同步信号相位发生了变化，变化的相位角度定义为微分相位，用（°）表示，即

$$X = |\varphi_{max} - \varphi_0| \quad (\text{单位：°}) \tag{2-66}$$

$$Y = |\varphi_{min} - \varphi_0| \quad (\text{单位：°}) \tag{2-67}$$

式中　φ_0——消隐电平处的彩色副载波相位；

φ_{max}——测得的彩色副载波相位最大值；

φ_{min}——测得的彩色副载波相位最小值。

上式 X、Y 值中取绝对值最大者，作为系统的微分相位指标，国标规定整个有线电视系统的微分相位不能大于 10°。在 NTSC 系统中，彩色信号矢量角的变化代表了色调的变化，所以微分相位对信号的影响是很严重的。而 PAL 系统因为采用了逐行倒相技术，所以自身补偿作用使得用色饱和度的变化代替了色调的变化。总体来说，微分相位是用来描述亮度信号的幅度变化对彩色色调影响的一个参数。

3. 色/亮度时延差

由于彩色电视系统在视频信号处理电路内传输时要经过同步分离电路，使得亮度信号、色度信号经过两个不同的线路来分别处理。因此会产生不同的滞后效应，即亮度信号、色度信号不同时到达彩色电视机的显像管，这样会造成在电视机屏幕上出现彩色画面和黑白画面不重合。这种现象称为色/亮度时延差。通常情况下，彩色电视信号在设备的视频通道里传输时，总会有一些色/亮度时延差，当这种时延差小到一定范围时，人眼是觉察不出来的。国标规定有线电视系统色/亮度时延差的最大容许值为 100ns。

有线电视系统中，微分增益偏大，表现为相对于电视台发射时的色饱和度变化偏大，在电视机屏幕上会造成颜色深浅的变化；微分相位值偏大，表现为相对于电视台发射时的色调变化偏大，在电视机屏幕上会造成颜色的变化；而色/亮度时延差偏大，在电视机屏幕上会造成彩色镶边。当用户电视接收机出现上述失真时，一种可能是由于前端具有视频处理电路的器件，如：解调器、调制器、信号处理器等设备的原因；另一种可能是电视台发射时的图像信号质量不好的原因。

本章小结

1. 载噪比是载波功率和噪声功率之比，是在射频系统上衡量噪声功率大小的参数，用 C/N 来表示。我国标准规定有线电视的载噪比应大于或等于 43 dB。

2. 国家标准规定有线电视输出口的电平在 VHF 波段为 57～83 dB，在 UHF 波段为 60～83 dB。低于规定的下限将导致载噪比变坏，电视上雪花大。高于规定的上限将使得工程造价增加，并使得电视接收机的高频头非线性失真严重，出现交扰调制和互调干扰。中小系统中应将输出电平设计在（70±5）dB 的范围内，加上温度引起的电平变化±5 dB，可控制在（70±10）dB 的范围内。大系统中要求更应严格，设计在（67±3）dB 的范围，加上温度引起的变化±3 dB，最终控制在（67±6）dB 的范围。邻频系统中应该控制在 68 dB 以下。

3. 非线性失真的大小与网络中传输频道数 N、放大器的输出电平和放大器的串联级数 n

密切相关。当各频道的信号电平降低 1 dB 时，系统的二次非线性失真指标可以改善 1 dB；系统的三次非线性失真指标则可以改善 2 dB。因而我们常可以通过降低工作电平的办法来使非线性失真指标得到改善。一般，在一个系统中，只核算最差的一种失真：当频道数 N 少于 30 时，只核算按算术规律增加的 CM；当频道数 N 多于 30 时，只核算按指数规律增加的 CTB。现在，几乎所有的系统，频道数 N 均多于 30，今后还会更多。所以，三次失真只需核算 CTB 即可。CTB 和 CSO 均是系统正常输入信号中所没有的产物，当系统中频道数很多时，大量的 CTB 产物群聚在图像载频附近，将使屏幕上出现横向差拍杂波；对图像形成各种网状和条纹干扰。为消除它们对图像质量的影响，关键在于选用优质放大器，并在设计和调试中合理地确定放大器的输出电平。

4. 减少非线性失真的途径：①利用光纤取代电缆作为干线传输手段是减少非线性失真的办法。②选择合适的工作点，以提高干线放大器的线性动态范围，也可减小非线性失真。③正确设计放大器，可以滤除或抵消已经产生的非线性失真。

5. 产生反射的原因是阻抗不匹配。当电缆末端接上等于电缆特性阻抗的负载时，电缆中传输的电功率全部被负载吸收，不产生反射。如果负载阻抗不等于电缆的特性阻抗，电缆中传输的电功率的一部分就会被反射回来，向电缆始端传输，如果电缆始端接的负载也不等于电缆特性阻抗，又有一部分反射功率二次被反射，向电缆末端传输，还会产生三次、四次等多次反射。一般情况下，反射量比较小，再加上电缆的损耗，三次及三次以上的反射信号很弱，最容易引起重影的是二次反射信号。实际上，电缆末端的负载是放大器、分配器、分支器等器件的输入阻抗，电缆始端的负载是放大器、分配器、分支器等器件的输出阻抗。为了防止产生反射，要求这些器件的输入输出阻抗等于电缆的特性阻抗。

习题

1. 彩色电视制式有哪些？

2. 一个电视频道中包含了几种载波信号？相互之间的频率差为多少？

3. 有线电视系统常见的电视信号有哪几种？试分别叙述其特点。

4. 影响有线电视系统质量的因素主要体现在哪几个方面？其各方面特性的主要技术指标有哪些？

5. 简述信噪比与载噪比的区别与联系。

6. 非线性失真的产物形成哪些干扰？国家标准对其有哪些规定？

7. 有线电视系统中 C/N、CTB、CM 指标变差后，在电视机屏幕上可能会出现什么干扰现象（用图形表示）？

8. 若电视画面上有竖直白条纹干扰（雨刷干扰）或图像抖动，且严重时一个画面上的背景里出现另一个画面在缓慢移动这一现象时，请分析有线电视可能出现的原因。

9. 当系统的设计指标值 $C/N = 44$ dB 时，系统载噪比指标分给前端 40%，干线 50%，用户分配系统 10%，求它们各部分应满足的指标？

10. 当信号电平下降 1 dBμV 时，放大器输出端的 C/N、CTB、CM、CSO 指标怎样变化？

11. 某放大器输出端电平为 35 dBmV，应为多少 dBμV？

12. 已知有线电视系统中某点的电压为 120 mV，该点对应的电平为多少 dBmV?

13. 多路信号同时输入放大器，在输出端为什么会产生非线性失真?

14. 带宽为 8 MHz 的单频道放大器，在输出端是否产生非线性失真?

15. 设有 5 个设备相串联，各自的载波组合二次差拍比指标分别为 69 dB，65 dB，53 dB，48 dB，51 dB，求频道数很多时总的载波组合二次差拍比指标。

16. 欲把有线电视系统的载噪比指标 60 dB 分配给系统的三个部分，其中前端占 30%，干线占 60%，分配系统占 10%，求各部分的载噪比指标。

17. 设有 18 级放大器串联，其中有 10 级放大器的载噪比均为 68 dB，另外 8 级放大器的载噪比均为 66 dB，求总载噪比。

18. 有线电视中接收机屏幕上出现右重影的原因是什么?

第3章　电视接收天线

有线电视系统的节目源除了自办节目外，其他电视节目都来自无线传播的电磁波信号，主要包括UHF、VHF频段发射的本地区或电视差转台的电视节目，卫星转发的C波段、Ku波段的电视节目，以及微波传输的电视节目等。

3.1　天线的基本原理和主要参数

3.1.1　天线的基本原理

天线是一种向空间辐射电磁波或者从空间接收电磁波能量的装置。电视接收天线作为有线电视系统接收开路信号的必备装备，其作用是将空间接收到的电磁波转换成在传输线中传输的射频电压或电流。因此，接收天线是无线电视信号进入有线电视系统的大门，它将电视信号送至前端进行相应处理，其质量好坏将直接影响到电视信号在系统内传输的质量。

1. 接收天线的基本工作原理

天线本身就是一个振荡器，但又与普通的LC振荡回路不同，它是普通振荡回路的变形，图3-1给出了它的演变过程，图中LC是发射机的振荡回路。如图3-1a所示，电场集中在电容器的两个极板之中，而磁场则分布在电感线圈的有限空间里，电磁波显然不能向广阔空间辐射。如果将振荡电路展开，使电磁场分布于空间很大的范围，如图3-1b、c所示，这就创造了有利于辐射的条件；于是，来自发射机的、已调制的高频信号电流由馈线送到天线上，并经天线把高频电流能量转变为相应的电磁波能量，并向空间辐射，如图3-1d所示。

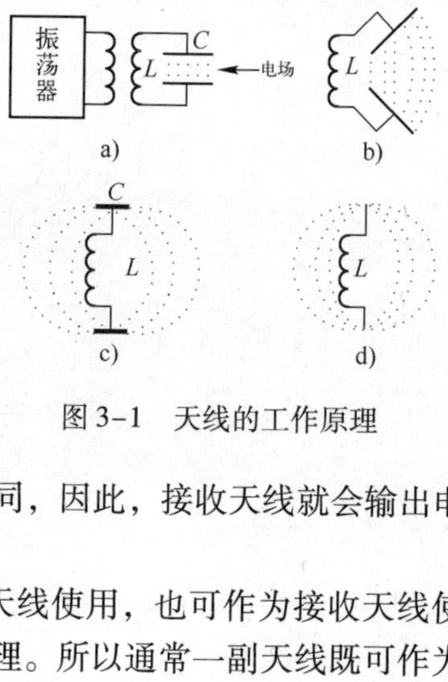

图3-1　天线的工作原理

电磁波的能量从发射天线辐射出去以后，将沿地表面所有方向向前传播。若在离发射天线一定距离处设置接收天线，由于磁力线切割接收天线（金属导体），在空间电场的作用下产生感应电动势，并在导体表面激励起感应电流，在天线的输入端产生电压，其频率与发射的振荡频率相同，因此，接收天线就会输出电信号，其工作过程也是发射天线的逆过程。

由于天线具有“可逆性”，即一副天线，既可作为发射天线使用，也可作为接收天线使用，它们所有的性能、参数均保持不变，称为天线的互易原理。所以通常一副天线既可作为发射天线，也可作为接收天线。

2. 接收天线的功能

（1）接收电磁波的能量

电视信号是以电磁波的形式进行传播，空间传播的电磁波在电视接收天线上产生感应电势。天线上的感应电势通过天线的馈线与天线的负载——高频头构成回路，并转化成高频电流，通过同轴射频电缆传送给有线电视的前端处理设备。

（2）增加接收电视信号的距离

电视广播的频段主要为 VHF、UHF、SHF，通常主要由空间波传播，因它们只能沿直线方向传播到可见的地方，故称这一传播距离为“视距”，如图 3-2 所示。

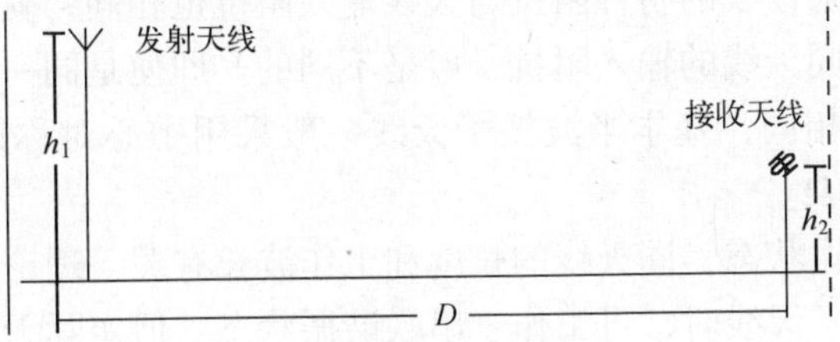

图 3-2　电视信号的传播

根据视距计算公式，若发射天线离地高度为 h_t，接收天线离地面高度为 h_r，则电磁波的传播距离可近似为

$$D = 4.12(\sqrt{h_1} + \sqrt{h_2}) \tag{3-1}$$

式中　h_1——发射天线高度（m）；

h_2——接收天线高度（m）；

D——传输距离（km）。

例如，$h_1 = 200$ m，$h_2 = 10$ m，可得 $D = 71.3$ km。可见在电视发射天线高度已定的情况下，适当增加接收天线的架设高度可以增加广播电视信号的接收距离。

（3）提高接收电视信号的质量。

由于空间存在来自四面八方的各种频率成分的无线电波，对于需要接收的电视信号而言，其他无线电波均是干扰，通过选择方向性强、具有一定工作频带宽度的接收天线，可以提高电视信号的质量。例如，利用接收天线的方向性（即对不同方向来的波具有不同的接收能力）来避开建筑物等的反射波的干扰，防止屏幕上出现雪花或重影；利用提高天线增益的办法，来提高电视机的灵敏度，改善电视图像质量等。

3.1.2　天线的主要参数

天线的性能是影响电视信号接收质量的一个重要因素，一副天线性能的好坏，主要用天线技术参数来描述。电视接收天线的主要参数有以下几个。

1. 输入阻抗

天线的输入阻抗是天线馈电端输入电压与输入电流的比值。天线输入阻抗关系到天线能否尽可能多地接收来自自由空间的电磁波能量，天线的输入阻抗为

$$Z_{in} = \frac{U_{in}}{I_{in}} \tag{3-2}$$

式中　U_{in}——天线输入端（即天线与馈线连接的端面）的高频电压；

I_{in}——天线输入端的高频电流。

Z_{in} 由电阻 R_{in} 及电抗 X_{in} 组成，即

$$Z_{in} = R_{in} + jX_{in} \tag{3-3}$$

式中 R_{in}——天线的输入电阻；

X_{in}——天线的输入电抗。

一般来说，输入阻抗是由电阻和电抗组成的复阻抗。由于电抗中会储存一部分能量，使天线输出的电视信号功率减少。当天线处于谐振状态时，输入阻抗为 $X_{in}=0$，$Z_{in}=R_{in}$，即输入阻抗为纯电阻。如果馈线的特性阻抗与天线输入阻抗也相同，就可以有效地传输天线上接收到的信号能量。不同天线的输入阻抗一般是不同的。即使是同一副天线，选择不同的馈电点，其输入阻抗也不相同，基本半波振子天线一般采用中心对称馈电时，其输入阻抗为73.1 Ω，近似取值为75 Ω。

天线能否工作于谐振状态，同天线的长度和工作波长有关。理论证明，天线总长度等于半波长的无损耗对称振子天线时，可工作于串联谐振状态。但实际天线是有损耗的，损耗的存在使处于串联谐振状态的天线长度比半波长要短，约为0.48λ。

2. 频带宽度

通常，天线工作在中心频率时，输送到馈线的功率最大，偏离中心频率时，天线的性能将变坏。规定天线输送到馈线的功率下降到最大输出功率的一半时，所对应的频率范围称为天线的频带宽度，也称通频带。频带宽度也是电视接收天线的各种电气性能（增益、驻波比、方向性系数等）满足规定要求时的频率范围。

有线电视台接收VHF频段信号使用的电视接收天线都是单频道天线，我国电视频道的频宽为8 MHz，因此天线的频带宽度应为8 MHz。接收UHF频段信号使用的电视接收天线是频段天线时，其频带宽度要满足系统的设计要求。例如，用于接收13～19频道的频段天线，其接收频率范围为470～526 MHz，频带宽度应为56 MHz。

3. 天线增益

天线增益指天线在特定方向接收远处电视信号的能力。在有线电视系统中，天线增益采用相对增益表示，即相对于基本半波振子的功率增益（把半波振子天线的增益视为1或为0 dB）。当天线最佳取向时，天线输出端的匹配负载中所吸收的功率（P_1），与在相同条件下基本半波振子天线输出端匹配负载中所吸收的功率（P_0）的比值，称为该天线的相对增益（G），如式（3-4）所示，单位为dB。

$$G = 10\lg\frac{P_1}{P_0} \tag{3-4}$$

数值越大表示功率越高。天线的增益与天线的方向性图有关，天线的主瓣宽度越窄，后瓣、副瓣越小，天线的增益就越高。另外，天线增益与接收频带宽度有关，频带越宽，增益越低。

4. 电压驻波比

当天线与馈线不匹配时，从接收天线向馈线传输能量过程中就有一部分被反射，在天线中形成驻波，这个驻波的最大电压与最小电压之比称为天线的电压驻波比（Voltage Standing-Wave Ratio，VSWR），其定义为

$$\mathrm{VSWR} = \frac{V_{max}}{V_{min}} \tag{3-5}$$

式中 V_{max}——产生驻波时的最大电压值（波腹）；

V_{min}——产生驻波时的最小电压值（波节）。

电压驻波比决定于天线的输入阻抗与电缆特性阻抗的匹配程度。当天线输入阻抗严格等于电缆特性阻抗时，实现完全匹配，即 VSWR = 1，从天线向电缆传输的信号能量最大。一般情况下，VSWR≥1，VSWR 越大，说明天线与馈线的匹配越差。

5. 方向性

天线的方向性是指天线对来自空间不同方向的电磁波的相对接收能力。天线的方向性通常采用方向性图来表示。不同的电视接收天线，其方向图有差异，可以用主瓣宽度和前后比两个指标描述天线的方向性。半波对称振子天线的方向性图如图 3-3 所示。

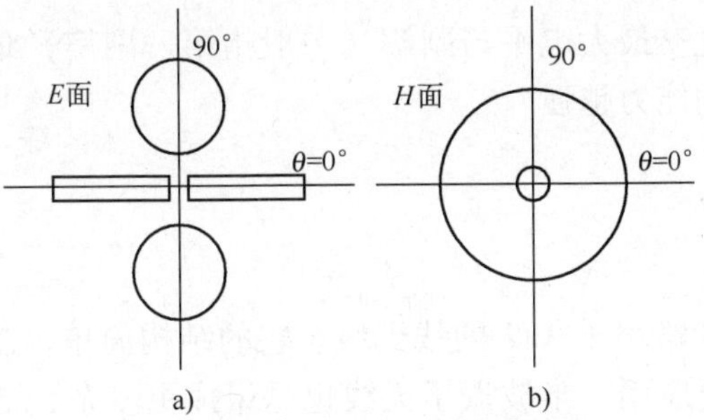

图 3-3　半波对称振子天线的方向性图

在图 3-3 中，电场矢量所在的平面称为 E 面；磁场矢量所在平面称为 H 面。由图 3-3a 可见，在垂直振子的两个方向上（$\theta = 90°$ 和 $\theta = -90°$）辐射最强，所以在架设天线时，必须对准最大辐射方向，即电视台方向，这样接收的电视信号最强。我国电视广播采用的是水平极化波，因此，电视接收天线一般要水平架设。

（1）主瓣宽度

主瓣宽度是说明天线方向性的一个指标。强方向性天线辐射能量在空间分布呈花瓣（波瓣）形状。某天线方向性图如图 3-4 所示。其中主瓣是波瓣中最大的瓣，它集中了天线接收功率（或场强）的主要部分。其余的瓣都是副瓣，副瓣代表天线在不需要的方向上接收的功率（即干扰信号的功率），副瓣电平越高，越容易接收干扰波，希望它越小越好。与主瓣方向完全相反的在主瓣正后方的副瓣又称为后瓣，表示天线接收后方向干扰信号的能力，希望后瓣越小越好。

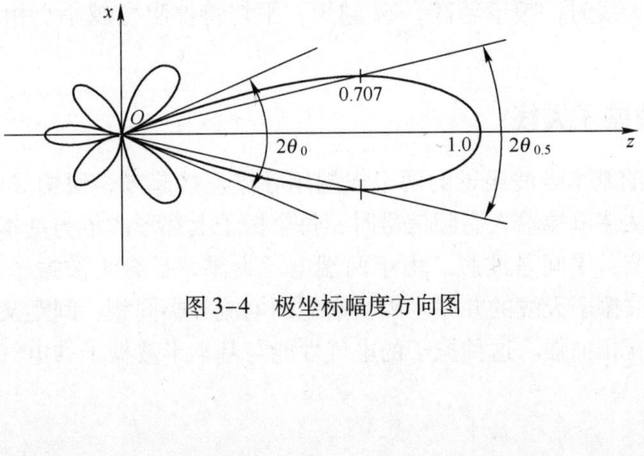

图 3-4　极坐标幅度方向图

主瓣宽度指相对主瓣的最大值下降到0.707（即3 dB）时的波瓣宽度，或指功率密度为最大接收方向上，功率密度之半的两点间的夹角称为波瓣宽度。主瓣宽度又称半功率波瓣宽度或称半功率波束宽度，用$2\theta_{0.5}$表示主瓣宽度。$2\theta_{0.5}$越小，即主瓣宽度越尖锐，说明天线的定向接收（或辐射）能力就越大，抗干扰能力也就越强。

（2）前后比 F/B

前后比是衡量天线排除后向干扰能力的一个重要指标。它是指在电视接收天线方向性图中，接收天线的前向（对准电视台方向）最大接收能力与后向（背向电视台方向）最大接收能力的比值，常用 F/B 表示，前后比的单位为分贝。前后比越大，说明天线抗后方向干扰的能力越强。

（3）方向性保护 L_{SL}

方向性保护定义为主瓣最大电平与副瓣（一般指第一副瓣）最大电平之差。方向性保护越大，天线的抗干扰的能力越强。

3.2 常用天线

半波振子天线是长度略小于 $\lambda/2$ 的线天线。它的结构简单，制作方便，在强场强区的电视信号接收中得到广泛应用。半波振子天线也是组成更复杂、更高级的天线（例如引向天线、对数周期天线等）的基本单元。它主要分为基本半波振子天线和折合半波振子天线两类。

3.2.1 基本半波振子天线

基本半波振子天线是接收天线中最简单的一种，在电视接收中采用的基本半波振子天线一般如图3-5所示，采用中心馈电法，这时的基本半波振子天线是由两根间隔为 w，长度约等于四分之一个波长，直径为 d 的金属导体组成。当天线处于谐振状态时，输入阻抗呈现纯电阻状态。由于振子上的电流的非均匀分布，使振子各点的阻抗不一样，因此，馈电点不同，输入阻抗也不同。电视接收天线中的基本半波振子天线采用中心馈电法，输入阻抗最小约为73.1 Ω，近似取值为75 Ω。

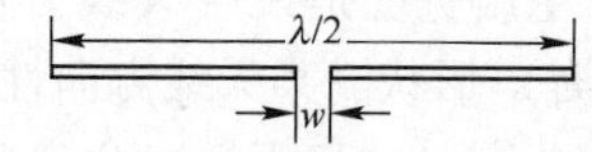

图3-5 基本半波振子天线结构

基本半波振子天线的带宽主要取决于天线的特性阻抗。天线的特性阻抗越小，其频带宽度越大；振子的直径 $2d$ 越大，平均特性阻抗越小，带宽越大。一般当用同样粗细的管子来制作基本半波振子天线时，频道越高，$2d$ 越短，平均特性阻抗越小，相对带宽和绝对带宽越大。

3.2.2 折合半波振子天线

将图3-5所示的基本半波振子的两个末端用导体连接起来，便构成图3-6所示的折合半波振子天线。当从馈电端输入高频信号时，每个振子上都形成了与基本半波振子相同的驻波电流，两端是波节，中间是波腹。由于两端电流为零，折合半波振子可视为两个相互分开、间距很小的半波振子天线的并联。因为它们的电流等幅同相，间距又很小，故两个振子在远区形成的辐射互相加强。这种振子的电气性能与基本半波振子的电气性能大致一样，不

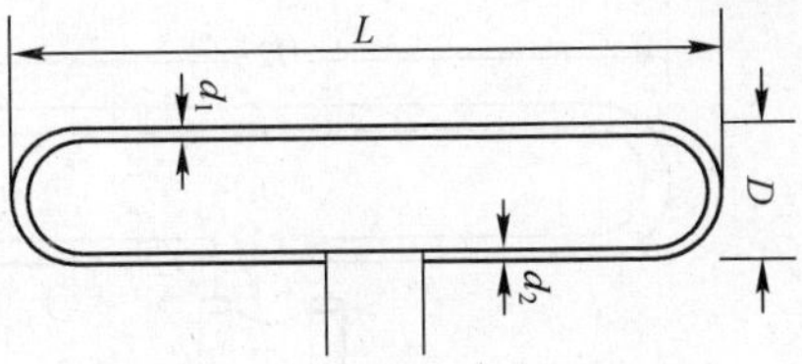

图 3-6　半波振子和折合振子

过它还有其独特的一些特点：输入阻抗高、工作频带宽。因而在 CATV 系统中广为采用的引向天线的有源振子，通常都用折合半波振子。

根据互阻抗理论，当存在两个以上的振子时，每个振子的辐射阻抗不仅有振子自身的辐射阻抗（自阻抗），还有另一个振子对它的影响而形成的辐射阻抗（互阻抗）。在折合振子中，由于两个振子离得很近，耦合很强，互阻抗与自阻抗相等，因此每个振子的辐射阻抗是该振子单独存在时辐射阻抗的 2 倍，整个折合振子的辐射阻抗为两个振子辐射阻抗之和，即为一个基本半波振子单独存在时辐射阻抗的 4 倍。即折合半波振子的输入阻抗等于基本半波振子的输入阻的 4 倍，可近似认为是 300 Ω。

由于折合半波振子天线的输入阻抗高，当天线工作频率变化或接收的电视频道改变时，天线输入阻抗的相对变化少，易于与馈线匹配。在制作材料上，振子天线直径越粗，天线通频带就越宽。折合半波振子的等效直径可由下式计算：

$$d = \sqrt{(d_1 + d_2) \times D} \tag{3-6}$$

式中，d_1是折合半波振子天线上振子的直径；d_2是折合半波振子天线下振子的直径；D 是折合半波振子天线两根振子间的距离，一般取 $D = 80$ mm。折合半波振子的等效直径比基本半波振子的直径大，它就像是加粗了直径的基本半波振子。所以，折合半波振子天线的工作频带比基本半波振子天线频带要宽，因而提高了接收图像的清晰度。这也是折合半波振子被广泛使用的原因。

折合半波振子通常选用直径较粗（10 ~ 20 mm）的硬铝管或铜管制成。

3.2.3　天线与馈线的连接

天线与馈线的连接，是安装天线时十分重要的问题。若连接不正确，将直接影响接收效果。其连接方式取决于天线中有源振子的形状和馈线的种类。一般常用的有以下几种情况。

1. 折合振子天线与馈线的连接

（1）折合振子天线与 300 Ω 扁馈线的连接

连接馈线采用 300 Ω 扁平馈线时，由于折合半波振子的输入阻抗为 300 Ω，而且是平衡对称的，其连接方式最简单，即将馈线的两根导线分别接在有源振子中间开口处即可，如图 3-7a所示直接连接，并能实现良好的匹配。

（2）折合振子天线与 75 Ω 同轴电缆的连接

由于折合半波振子的输入阻抗是 300 Ω，而且是对称的，而 75 Ω 同轴电缆是不对称的，显然不能直接连接，必须在二者中间加平衡变换器完成阻抗匹配和平衡变换。其连接方式需要把半波折合振子 300 Ω 阻抗变换与同轴电缆 75 Ω 匹配。常用方法是截取 1/2 波长的同轴电缆制作成 U 形变换器，如图 3-7b 所示。先将 $\lambda/2$ 的同轴电缆中间芯线的两端接在半波折合振子天线的开口处，其外层屏蔽网相连；主馈线的芯线接天线开口处的任一端，其屏蔽网连接 U 形变换器的屏蔽网。

在阻抗方面，从图 3-7b 可知，由于 A、B 两点的对地阻抗均为 150 Ω，那么合成在一起后，B 点的阻抗应为两馈电点的并联值即 150 Ω/2 = 75 Ω，所以阻抗是匹配的。馈电点 A 和

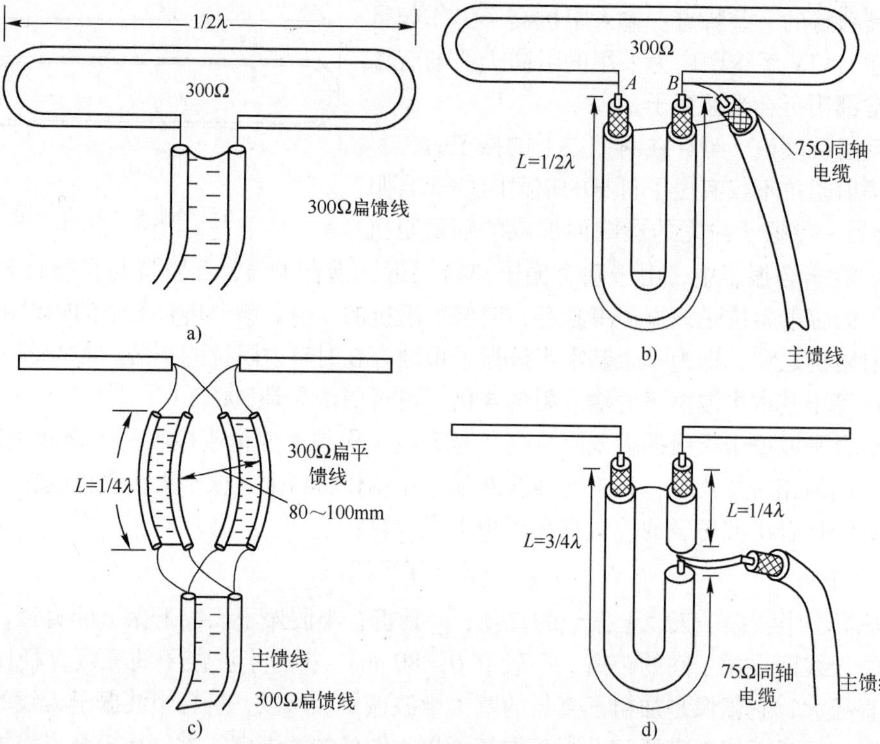

图 3-7　振子天线与馈线连接图

B 的对地阻抗为 $300\ \Omega/2=150\ \Omega$，信号从主馈电缆传至 B 点分成两路，分别供给振子左右两边的负载。由于 A、B 两馈电点的波程差为 $\lambda/2$。因此，A、B 两馈电点的电源大小相等，方向相反，从而达到了平衡变换的目的。

2. 天线的有源振子为半波振子（阻抗 75 Ω）

当馈线采用 300 Ω 扁平馈线时，需进行阻抗变换，方法是用 1/4 波长的扁平馈线两根制成阻抗变换器，接法如图 3-7c 所示。

当馈线采用 75 Ω 同轴电缆时，就只需要进行平衡—不平衡转换，可采用 75Ω 同轴电缆作 U 形变换器，接法如图 3-7d 所示。取一根 $\lambda/2$ 的同轴电缆，将两端接于天线开口处并将外层相连好；再在 U 形变换器 $\lambda/4$ 处截断，其主馈线的芯线接在 $\lambda/4$ 处的同轴线芯线，其外层屏蔽线接在 $3/4\lambda$ 处的同轴线芯线。

3. 传输线变压器式阻抗变换器

前面所述 $\lambda/2$ 阻抗变换器，由于所取长度和波长有关，因此只适用于单频道天线和馈线的连接，在多频道接收时，为了满足宽频带范围内的匹配，可采用传输线变压器式阻抗变换器。对于宽频带天线则宜采用 4∶1 的传输线变压器进行连接。

3.3　引向天线

电视接收天线的种类很多，例如引向天线、环形天线、鱼骨天线、对数周期天线等。在有线电视系统中用得最多的是引向天线。

引向天线也称“八木天线”，它是由日本的八木秀次与宇田新太郎在 20 世纪 20 年代研究发明的。在第二次世界大战期间，英国将其用作雷达天线，后来美国发现这种天线的方向性强，首先成功将它用于电视信号接收。

3.3.1　引向天线的结构

引向天线既可以单频道使用，也可以多频道共用；既可作 VHF 频段接收，也可作 UHF 频段接收。引向天线具有结构简单、牢固、成本低、方向性较强、增益高、馈电方便、易于制作等特点，是一种强定向天线。在有线电视系统中，广泛采用引向天线接收空间开路电视信号。引向天线的结构如图 3-8 所示（五单元引向天线）。

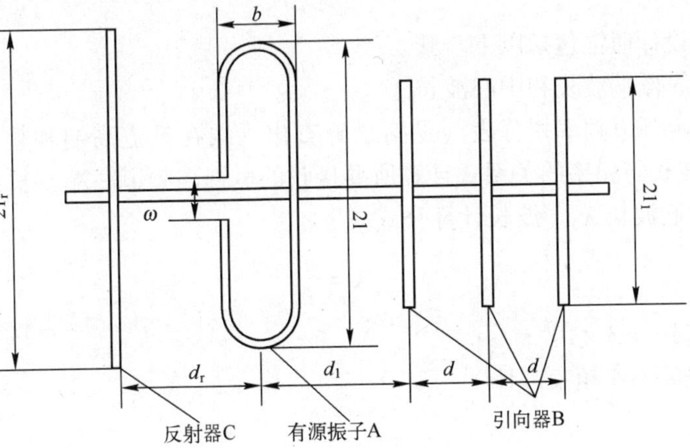

图 3-8　引向天线的结构

引向天线是由一个长度约等于半个波长的有源振子和一个长度略大于 1/2 波长的反射器和 n 个长度略小于 1/2 波长的引向器组成，称为 $n+2$ 单元天线。所有的振子都平行配置在同一个平面上，其中心用一金属杆固定。有源振子通常采用折合半波振子，用以接收电磁波。

有源振子可以是基本半波振子，也可以是折合半波振子，它是引向天线的核心，直接与馈线连接，把接收到的空间电磁波转换成高频电流并通过馈线送至系统前端。引向天线在使用中，只有有源振子通过馈线和发射机（作为发射天线时）或接收机（作为接收天线时）相连；反射器、引向器与馈线（或有源振子）之间无直接的电流通过，故反射器和引向器都称为无源振子。

反射器的长度比有源振子稍长 5% ~15%，间距为 $\lambda/4$。反射器可以反射从天线后方传来的电磁波，抑制天线后方的接收能力，增加天线的前后比，提高了方向性。

引向器也是无源振子，它的长度比有源振子短 5% ~10%，引向器与有源振子间的距离或引向器之间的间距都为 $\lambda/4$。引向器可以引导从天线前方传来的电磁波，加强天线前方的接收能力，使天线的方向性更强，主瓣更尖锐，提高天线的增益。

尽管反射器和引向器不与馈线相连，但在它们中也有电流分布，这是由电磁波在导体中激发出来的。例如在把引向天线作为发射天线时，有源振子中从发射机流来的高频电流要向外辐射电磁波，这些电磁波必然要在无源振子中感应出高频电流，这个电流也会向外辐射。若无源振子向外辐射的电磁波与有源振子向外辐射的电磁波在我们希望的方向上互相加强，在其他方向上互相削弱，就可达到提高增益、改善方向性的目的。

实验证明，在有源振子后方多加几个反射器，对提高天线的增益作用不大，但是在有源振子前面多加几个引向器，天线的增益却能显著提高，所以，一般多单元引向天线由一个有源振子、一个无源反射器和若干个引向器组成。但是八木天线的引向器数目达到一定数量时，再继续增加引向器对天线的增益的增加作用不大，反而使天线的通频带变窄，输入阻抗降低，造成匹配困难。在一般的情况下，VHF 频段接收天线为 10 单元以内的八木天线，UHF 频段天线可以做到 20 个单元左右。

3.3.2 引向天线的设计

八木天线的设计通常包括以下步骤。

（1）计算高、低端波长和中心波长

根据我国电视频道频率划分表（见附录）查出天线在频道高端和频道低端的工作频率 f_1 和 f_2，再依据波长与频率的关系式计算所要接收的电视高频道高端波长 λ_1、低频道低端波长 λ_2 和它们的中心波长 λ_0。波长计算公式如下：

$$\lambda = \frac{c}{f} \tag{3-7}$$

式中 c——光速，$c = 3 \times 10^8$ m/s；

f——天线的工作频率（Hz）。

中心波长为

$$\lambda_0 = \sqrt{\lambda_1 \lambda_2} \quad (\text{单位:m}) \tag{3-8}$$

（2）确定天线的单元数目 N

振子数目可根据天线的增益算出，引向天线的增益 G 与单元数目 N 的关系如图 3-9 所示，利用该曲线，根据要求的天线增益值。可确定所需引向天线的单元数目 N。当振子数超过 5 个之后，其增益增加得不多。

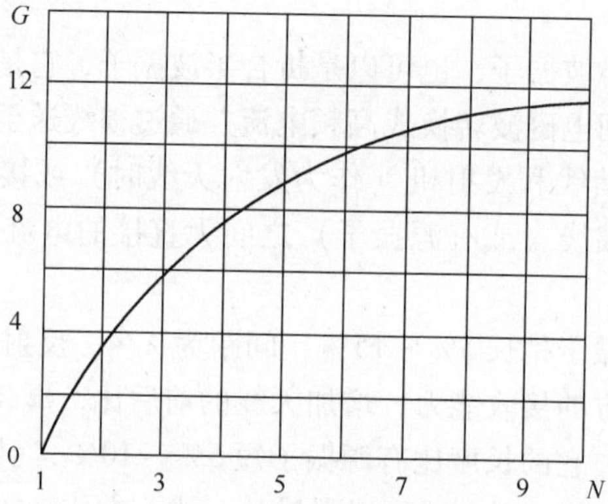

图 3-9 天线方向性与振子的关系

（3）确定有源振子长度 $2l$，宽度 b 和接口宽度 w

有源振子长度 $2l$ 通常取 $(0.45 \sim 0.49)\lambda_0$，有源折合振子宽度 b 取 $(0.01 \sim 0.08)\lambda_0$，$b$ 值

增大，有利于加宽频带，但 b 若取得太大，天线的增益会下降。通常在 VHF 频段选 $b=0.02\lambda_0$，在 UHF 频段选 $b=0.08\lambda_0$。

有源振子的接口宽度 w 在 VHF 频段一般取 50～80 mm，在 UHF 频段一般取 20 mm。

（4）确定引向器的长度和间距

引向器的长度 $2l_1$ 可取 $(0.4\sim0.45)\lambda_2$；引向器的数目越多，所取长度越短。当引向器的数目多于 3 个时，可取 $2l_1=0.4\lambda_2$。

引向器之间的距离可按式（3-9）选取：

$$d=(0.15\sim0.4)\lambda_2 \tag{3-9}$$

理论上引向器之间的间距应相等，但第一根引向器距有源振子之间的距离 d_1 应取得小一些，有利于增加频带宽度，可取：

$$d_1=(0.6\sim0.7)d \tag{3-10}$$

一般在 VHF 频段，取 $d\leqslant0.3\lambda_2$，$d_1=0.7d$；在 UHF 频段，取 $d=(0.2\sim0.25)\lambda_2$，$d_1=0.6d$。

（5）确定反射器的长度和间距

反射器的长度 $2l_r$ 一般按式（3-11）选取，实际长度可以通过实验调整确定。

$$2l_r=(0.5\sim0.55)\lambda_1 \tag{3-11}$$

反射器与有源振子之间的距离 d_r 通常取：

$$d_r=(0.15\sim0.23)\lambda_1 \tag{3-12}$$

d_r 取得较大时，有源振子的输入阻抗较高，天线与馈线匹配的频带较宽，但缺点是方向性图的前后比较小。在有线电视接收天线中，一般情况下取 $d_r=0.2\lambda_1$。

（6）确定振子的直径和材料

振子的直径通常总是尽量取粗些，因为振子越粗，天线的工作频带就越宽。一般在 VHF 频段取直径 $\Phi=8\sim20$ mm 的金属管材；在 UHF 频段取直径 $\Phi=3\sim6$ mm 的金属管材，材料通常为铜或铝管，在铜管外部镀一层银，则效果更好。

最后，根据估算的天线各部分尺寸，画出引向天线的结构图，并标注数据，如图 3-8 所示。

3.3.3　组合天线

单一天线的方向性是有限的，当引向天线的振子数增加到一定程度时，增益的增加和方向图的改善都不太明显，而且会由于天线纵向尺寸的增加给安装带来一定困难。为了进一步提高增益以满足边远山区对微弱电视信号接收的要求，可用几副天线按照一定的要求进行馈电和空间排列构成天线阵列，也叫天线阵。

1. 均匀排列天线阵

均匀排列的天线阵是由若干副相同的天线（一般是两副或四副），按相同间隔排列而成，并等距离向主电缆馈电。

这种天线阵排列的方法有三种。一种为水平排列，即将几副结构相同的引向天线在同一水平面内，按相等间距排列，称为“列”，也称为水平天线阵，如图 3-11a 所示；二是垂直排列，即几副结构相同的天线按相等的距离在垂直的方向上排列，即面对电视信号的方向上下排列，称为“层”，也称为垂直天线阵，如图 3-11b 所示；三是混合排列，即由水平排列和垂直排列混合而成，如图 3-11c 所示。

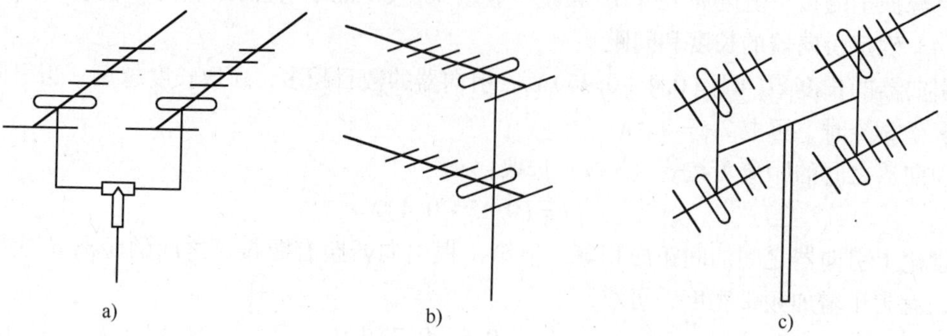

图 3-10　组合天线

a）水平天线阵列　b）垂直天线阵列　c）混合天线阵列

水平天线阵能提高天线的增益，天线数目越多，天线阵的增益也越高。水平天线阵还能改变天线的水平方向性，水平方向性越尖锐，抗水平方向的干扰能力越强。同理，垂直天线阵也能提高天线的增益，天线数目越多，天线阵的增益也越高。垂直天线阵能改变天线的垂直方向性，而且天线数目越多，抗垂直方向的干扰能力越强。

2. 分集接收天线

分集接收天线的优点是对直射波的接收效率最高。但在水平距离 d 确定后，只能对来自某一方向某频道的反射波起有效的抑制作用，对来自同一方向的其他频道反射波的抑制作用较差。

图 3-11 是由两副结构完全相同的天线在水平面内左右排列组成的分集接收天线。两副天线中心连线与直射波方向垂直，它们之间的水平距离 d 可以进行调整，使两副天线收到的反射波互相抵消，达到抑制重影的目的。

3. 差值天线

图 3-12 是由两副结构完全相同的天线在水平面内排列组成的差值天线。两副天线的输出用同样长的馈线接入合成器，两副天线除水平方向要保持一定距离外，前后也要有一定的距离，并使两副天线的连接与干扰信号波的方向垂直。

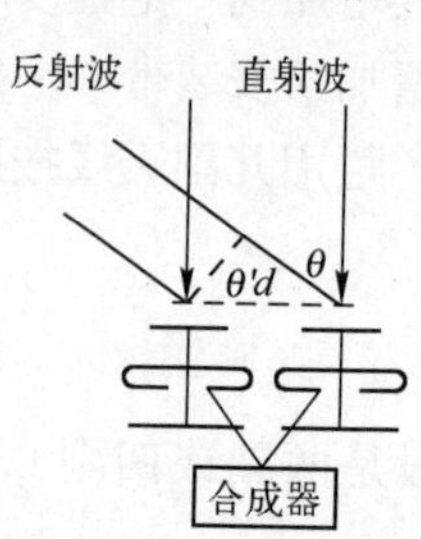

图 3-11　分集接收天线

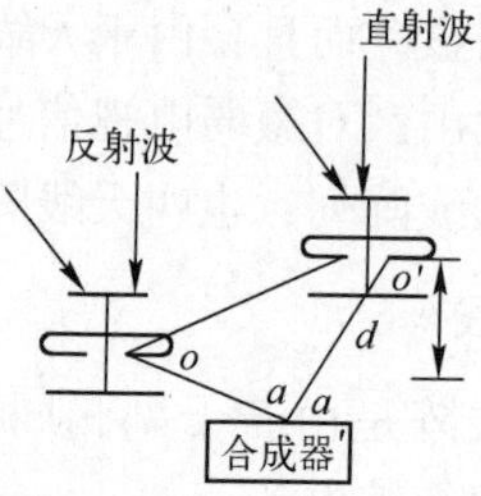

图 3-12　差值天线

由于反射波的方向与两副天线馈电端的连线垂直，反射波同时到达两副天线，其幅度和相位均相同，在合成器中来自两副天线的反射波进行反相相加，合成输出为零。因此，这种天线能有效地消除反射波形成的重影。因为两副天线反相馈电，直射波到达两副天线的相位相反，故直射波到达合成器的相位相同，得到加强。

差值天线的优点是对来自同一方向的各个频道的反射波都能进行有效抑制，但对来自同一方向的某些频道的直射波的接收有一定影响。因为直射波一般强度较大，有一点损失没多大关系，故采用差值天线比分集接收天线抑制重影的效果要好一些。

4. 移相天线

前面两种方法都只对某一频道才能真正起到加强直射波、抑制反射波的目的，对别的频道或别的方向，则需要改变两副天线的相对位置，这在实际中是很不方便的。移相天线则是在其中一副天线至主电缆的通路中加接一个可变移相器，通过改变两副天线到达主电缆的相位差而起到加强直射波、抑制反射波的作用。这种移相器常常是通过调整移相天线中某个引向天线的馈线长度来实现的。因为电磁波在电缆中传输时，沿波的传播方向随传输距离相位逐点落后，长度越长，落后越多，当分电缆长度不同时，两副天线接收到的同相电磁波传到主电缆的相位也就不同，改变两根分电缆的长度差，就可以改变它们在主电缆中的相位差，实现在主电缆中直射波同相相加，反射波反相相加，达到增强直射波、抑制反射波的目的。对于来自不同方向的不同频道的反射波，都可通过选择不同的电缆长度来解决。显然，这是比较方便的。图 3-13 为移相天线示意图。

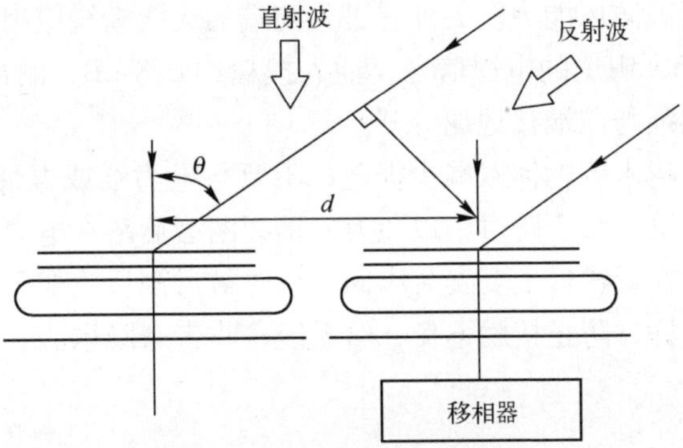

图 3-13　移相天线原理示意图

3.4　接收天线的选择与安装

有线电视系统可以使用共用接收天线，实际中需要根据不同的接收频道、场强及系统规模大小等因素综合考虑来选择天线。

1. 有线电视系统对接收天线的要求

为保证有线电视系统的接收质量，要求接收天线具有良好的电气性能、力学强度和安全保证。

1）接收天线要有较高的增益，以提高系统的接收质量；有较好的方向性，以提高系统接收的抗干扰能力；有良好的阻抗匹配特性，以减少反射干扰。

2）接收天线的结构、材料要满足规定的力学强度要求，以提高天线抗风和抗冰负荷和防腐蚀等能力。

3）接收天线要有安全的防范措施，例如避雷击要符合国家《建筑物防雷设计规范》（GB 50057—1994）中的有关规定。

2. 接收天线的架设

目前我国无线电视台发射的信号通常是水平极化方式，因此，天线的架设应保持水平方向，不能向上或向下倾斜，以保证最大接收方向对准电视信号传来的方向。最底层天线与基础平面的最小垂直距离不小于天线的最长工作波长，一般为 3 ~ 4 m，否则会因基础平面对电磁波的反射，使天线受到干扰而产生重影。

天线尽可能架设到高处，使电波传播距离增加。架设天线要避开周围障碍物，力求做到在通信方向上无阻挡。对输电线铁塔等小障碍物要离开天线一定的距离，最好不要位于通信方向上；对高地的陡峭斜坡、金属、石头和钢筋混凝土建筑等大障碍物，则要求离开天线的距离越远越好。

天线通常架设在竖杆和横杆上，高频段天线一般架设在天线杆上部，低频段天线架设在天线杆下部，各天线间安装距离在 1 m 以上，接收低频段信号的天线间距应较大。上部天线必须在避雷针的保护角内（一般为 45°内），且两者间距离不小于 3 m。天线夹板应夹于天线内部接线器部分，不应该夹于天线发射体上，以免影响天线的性能。

天线到前端的连接馈线要选用屏蔽性能好、低损耗的 75 Ω 同轴电缆，其长度要尽可能短，并且要固定好以提高防风能力。另外，进入前端的天线馈线应串接避雷器，天线避雷器一般要求能通过 45 ~ 750 MHz 的电视信号，插入损耗约 0.8 dB，耐冲击电压为 1.5 kV，具有接地端，其接地端必须与前端接地端分开。

馈线应远离金属、树木等物体以减少损耗；不要与电力线或电话线等平行或离得太近，以减少干扰；更不要在电力线上跨过，以免万一馈线断裂后落在电力线上造成损害和危险。

另外，将天线架设在天线杆上要安装牢固，以防被风刮后改变天线接收方向。天线有源振子引线端与馈线要接好，防止接触不良，给系统接收带来隐患。

本章小结

接收天线是电视信号进入有线电视系统的大门，直接影响电视信号的质量。本章首先介绍了接收天线的基本原理、功能及主要参数；然后在常用天线中介绍了基本振子和半波振子天线，重点讲解了八木天线的原理和设计。对几种组合天线分别进行了描述、对比，最后给出了天线选择和安装的要求及注意事项。

1. 天线是一种向空间辐射电磁波或者从空间接收电磁波能量的装置。根据互易原理，通常一副天线既可作为发射天线，也可作为接收天线。

2. 天线的性能是影响电视信号接收质量的一个重要因素，一副天线性能的好坏，主要用天线技术参数来描述。常用的参数有输入阻抗、频带宽度、天线增益、电压驻波比、方向性等。

3. 半波振子天线结构简单，制作方便，在强场强区的电视信号接收中得到广泛应用，也是组成更复杂、更高级的天线的基本单元。它主要分为基本半波振子天线和折合半波振子天线两类。

4. 在有线电视系统中用得最多的是引向天线。引向天线既可以单频道使用，也可以多频道共用。引向天线的结构包括有源振子和无源振子，设计中需要根据要求的增益、接收的频率选择各振子的长度及间距。

5. 天线阵可以进一步提高增益，满足偏远山区对微弱电视信号接收的要求。天线阵主要有均匀排列天线阵、分集接收天线、差值天线、移相天线等形式。

习题

1. 接收天线的主要作用是什么？
2. 引向天线由哪几个部分组成？相互之间的关系怎样？
3. 简述可变方向性天线阵降低反射波、同频干扰波的原理。
4. 怎样选择电视接收天线？
5. 已知彩电塔高为 305 m，用户接收天线为 25 m，试计算该用户的最远接收距离。
6. 设计一副 10 ~ 12 频道增益不低于 9 dB 的引向天线。

第4章　卫星电视

有线电视系统的重要节目来源之一，是通过卫星传送的众多的卫星电视节目。卫星电视已经成为我国有线电视系统中重要的节目信号源。到目前为止，我国通过卫星转发的电视节目已多达百套，仅中央电视台就已拥有十套以上节目。今后随着卫星电视广播事业的发展，全国各省市会有更多的电视节目通过卫星传送。

4.1　卫星电视广播概述

卫星电视广播的历史，开始于20世纪60年代，以1964年美国通过同步通信卫星传输东京奥运会实现电视节目的成功为标志。早在1945年英国学者克拉克就在其著作中指出，利用人造卫星可以实现人们梦寐以求的全球通信。他设想以三个间隔为120°的人造卫星，等距离地设置在赤道上空大约36000 km的轨道上，即可实现全球通信。这三颗卫星在同样轨道上旋转，但必须分秒不差地与地球同步旋转。这样从地球表面看这些卫星，它们就像永远静止在太空中，即卫星公转与地球自转同步，如图4-1所示。

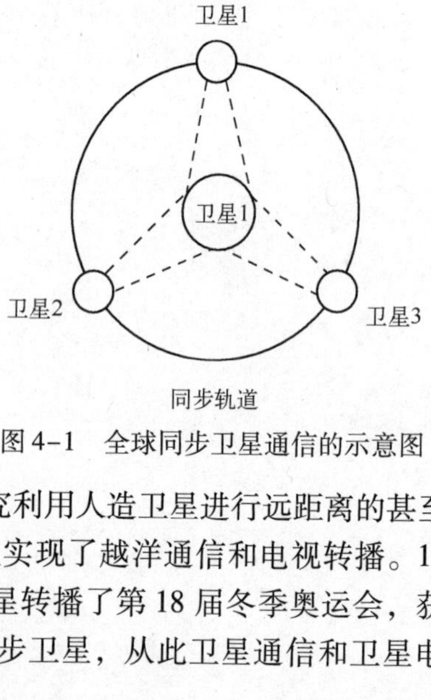

图4-1　全球同步卫星通信的示意图

1957年10月4日，前苏联成功发射了人类历史上的第一颗人造地球卫星，开创了人类走向太空的新纪元，同时为实施克拉克的设想迈出了坚实的一大步。人造地球卫星发射成功以后，科学家们就开始研究利用人造卫星进行远距离的甚至越洋的宽频带通信和电视节目的转播，并于1963年第一次实现了越洋通信和电视转播。1964年美国向太平洋上空发射“同步3号”卫星，并利用该星转播了第18届冬季奥运会，获得成功。1965年4月国际通信卫星组织发射了“Intel”同步卫星，从此卫星通信和卫星电视转播便进入了实用阶段。

我国1970年4月24日发射了第一颗人造地球卫星——东方红一号，1984年4月8日，我国成功发射了一颗试验同步通信卫星——东方红2号，从而揭开了我国卫星通信史的新的一页。通信卫星的发射成功大大改善了我国通信系统的状况，同时对于扩大我国广播电视覆盖面积起到了极大的作用，使新疆、西藏、内蒙古等边远地区能通过卫星转播收看到中央电视台的节目。

4.1.1　卫星电视广播

卫星电视广播是指利用卫星来转发电视节目的广播系统，通过卫星先接收地面发射站送出的电视信号（上行信号），再利用转发器把电视信号送回到地球上指定区域（下行信号），从而实现电视信号的传播。

为了使卫星地面接收站能够采用方向性很强的高增益天线，长时间稳定地接收来自卫星的微弱电视信号，用于电视广播的卫星必须是地球同步卫星。同步卫星的运行轨道是地球赤道平面内的圆形轨道，距离地面约35860 km。它的运行方向与地球自转的方向相同，绕地球旋转一周的时间正好等于地球自转的周期，从地球上看，同步卫星就像是在空中永远静止不动的，故也称为“静止卫星”。

卫星电视广播与地面电视广播相比具有很多的优点。

1. 覆盖范围大，传输距离远

一颗同步卫星好似在距地球表面36000 km的高空竖立起的一座电视发射塔，其辐射的电波可以覆盖一个国家或几个国家。我国幅员辽阔，也只需一颗位置合适的同步卫星，就可以实现电视广播的几乎百分之百的覆盖。过去，为了解决电视覆盖问题，所采取的办法主要是增加发射台的数目，加大发射功率，最大限度地提高发射天线的高度，并且建设大量的差转台，增设微波中继线路等。但是，对于我国地形复杂、幅员辽阔的情况，即使这样也无法解决全部领土的覆盖问题。卫星电视广播的出现有效地解决了上述问题。

2. 图像质量高

卫星电视广播信号从卫星直接发射到地面接收站，中途不需要转播，并且场强分布均匀。地面站直接接收卫星电视信号，天线仰角较大，与地面微波传送或电视差转等多环节相比较，卫星电视广播传输环节少，信号电波自上而下，不易受山峰或高大建筑的阻挡，也没有电波反射造成的重影等问题，因此传送质量高，而且稳定可靠。

3. 频带宽，传输容量大

由于卫星通信使用微波频段，信号所用带宽和传输容量要比其他频段大得多，因此可容纳多路电视信号。例如亚洲卫星1号、中星5号、亚太卫星1号和东方红3号卫星等均有24个转发器，可以传送几十套节目，节目内容丰富多彩。同时利用卫星转发器还可进行通信、数据广播、高保真度声音广播、静止画面广播、高清晰度电视和立体电视广播等。

4. 投资省，见效快

发射卫星需要较多投资，但与地面建设一个功效相同的电视覆盖网相比，却是既省又快。我国幅员辽阔，地形复杂，要实现广播电视的全国覆盖十分困难，而且建设周期长，维护管理十分困难。根据亚洲广播联盟提供的资料，对于像我国这样幅员广大的国家来说，采用卫星电视比建地面电视广播网节约50%以上的经费。

4.1.2 卫星电视广播系统的组成

利用人造地球卫星进行声音广播和电视广播所用各种设备的组合，称为电视广播系统。卫星电视广播系统由上行发射站、电视广播卫星、地球控制站、地球接收站等几部分组成，如图4-2所示。

1. 上行发射站

上行发射站的主要任务是把电视中心的电视信号，通过主发射与控制站传送给广播电视卫星，同时接收卫星转发的广播电视信号，以监测信号发射质量并控制上行站天线指向。上

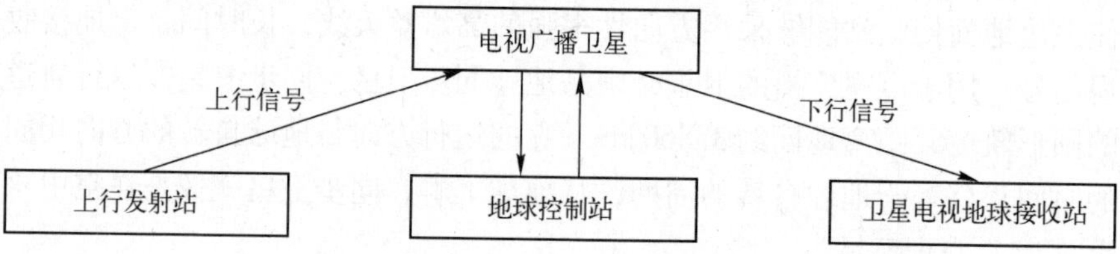

图 4-2　卫星电视广播系统组成

行发射站可以是一个或多个，其中主发射站是固定的发射中心，其他发射站可以是固定的，也可以是移动的。移动的发射站一般用于现场实况转播。

2. 地球控制站

控制站一般与主发射上行站设置在一起，它的主要任务是使卫星在轨道上正常工作。控制站随时了解卫星在轨道上的位置和工作状态，必要时向卫星发出遥控指令，调整卫星的姿态和调整天线或者切换星上设备等工作状态。

3. 电视广播卫星

广播卫星是卫星电视广播系统的核心。星体对地面应当是静止的，要求其公转一周时间与地球自转周期严格地保持同步，而且还要保持正确的姿态。它的主要任务是接收地面上行发射台发送的电视广播信号，并向服务区转发。卫星的星载设备一般由天线、太阳能电源、电视转发器和控制系统等组成。

（1）星载转发器

星载转发器是卫星电视广播的重要设备，主要作用是把接收到的上行电视信号经放大、变频后向地面接收站转发，即下行信号。为避免转发器的发射信号干扰接收信号，总是将发射频率和接收频率错开，保证收、发信号有足够的隔离度。星载转发器的工作原理如图 4-3 所示。星载天线接收来自地面发射的频率为 f_1 的电波（f_1 称为上行频率）。由星载转发器的低噪声放大器放大后，由下变频器变为中频 f_2，将 f_2 信号放大后，再经上变频器变为指定的下行发射频率 f_3，经过功率放大器把功率放大到额定功率后，信号送至天线并朝波束覆盖区定向发射，地面卫星电视接收站就可以收到来自卫星转发的电视信号。

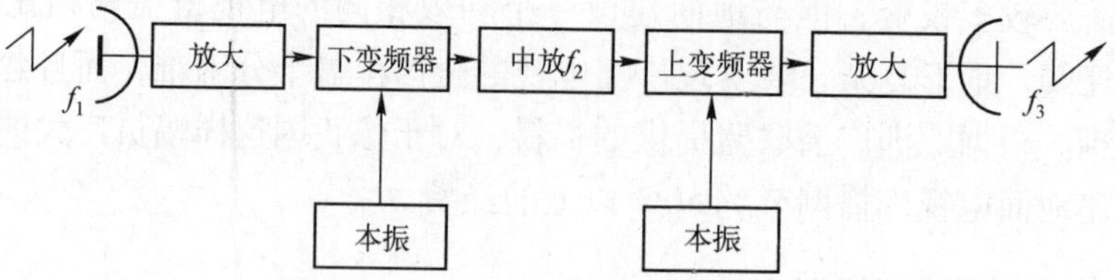

图 4-3　星载转发器的原理框图

（2）卫星天线

卫星天线有两种类型。一种是用于遥测、遥控和信标信号的全向天线，接收地面的指令及向地面发送遥测数据。另一种是用于通信的微波定向天线（广播天线），为减少卫星的重量和体积，广播天线，信标、遥测和遥控天线大多是收发共用一个天线。广播天线使用微波频段，信标、遥测和遥控天线分别使用 VHF、SHF、UHF 频段。广播卫星通常以某一区域作为服务区，所以，广播卫星一般采用点波束或区域波束天线。

（3）姿态控制和位置控制系统

广播卫星对于地面应当是相对静止的，但是很多因素使卫星偏离它的轨道位置。位置控制系统负责保持和控制轨道位置，通过喷射装置使卫星重新回到原来的轨道。姿态控制系统使卫星相对地球或其他基准方向保持正确的姿态。

（4）电源系统

星体上装载的各种电子仪器设备要保持正常工作，都需要电源系统提供能量。星上电源除了要求体积小、重量轻、可靠性高外，还要求效率高，并长期保持高功率输出。广播卫星的电源包括太阳能电池和蓄电池。

4. 地球接收站

地球接收站的主要任务是接收卫星下行的节目信号，用作地面传播用的节目源，也可以通过有线电视系统分配给用户。集体或个体的卫星电视接收是卫星电视广播的服务对象，构成一个广大的接收网。主要接收设备有卫星接收天线、高频头、卫星电视接收机等。

4.1.3 卫星电视广播的频率范围和频道划分

随着卫星通信和直播技术的发展，同步卫星兼有电视广播、通信、电话等业务，为避免无线电通信与电视广播互相干扰，加强频率管理，国际电联把世界划分为三个频率区域：第一区包括非洲、欧洲、土耳其、阿拉伯半岛及原苏联亚洲部分和蒙古区域；第二区包括南北美洲区域；第三区包括亚洲的大部分、大洋洲和南太平洋洲区域。我国属于第三区。

国际电联在 1971 年举行的世界无线电行政大会（WARC），第一次对卫星广播业务使用的频率进行了分配。在 1977 年和 1979 年初召开的 WARC 会议上，对卫星通信业务科使用的频段进行了分配。表 4-1 列出了卫星广播下行线路使用的各个频段。

表 4-1　卫星广播下行频率分配

波　段	频率范围/GHz	带宽/MHz	分配区域
L	0.62~0.79	170	全世界
S	2.5~2.69	190	全世界
C	3.4~4.2	800	全世界
Ku	11.7~12.2	500	第二、三区
	11.7~12.5	800	第一区
	12.5~17.75	250	第三区
Ka	22.5~23	500	第三区
Q	40.5~42.5	2000	全世界
W	84~86	2000	全世界

为了充分利用各频段内的无线电频谱，并防止互相干扰，通常将频段分成若干个频道。划分频道时，要确定每个频道的带宽，还要确定相邻频道的间隔及频段两端的保护带。目前世界各国卫星电视广播普遍采用 C 频段和 Ku 频段。Ku 频段和 C 频段的频道划分见表 4-2 和表 4-3。

表 4-2　C 波段频道划分

频道	中心频率/MHz	频道	中心频率/MHz	频道	中心频率/MHz	频道	中心频率/MHz
1	3727.48	7	3842.56	13	3957.64	19	4072.72
2	3746.66	8	3861.74	14	3976.82	20	4091.90
3	3765.84	9	3880.92	15	3996.00	21	4111.08
4	3785.02	10	3900.10	16	4015.18	22	4130.26
5	3804.20	11	3919.28	17	4034.36	23	4149.44
6	3823.38	12	3938.46	18	4053.54	24	4163.62

表 4-3　第二、三区 Ku 波段频道划分表

频道	中心频率/MHz	频道	中心频率/MHz	频道	中心频率/MHz	频道	中心频率/MHz
1	11727.48	7	11842.56	13	11957.64	19	12072.72
2	11746.66	8	11861.74	14	11976.82	20	12091.90
3	11765.84	9	11880.92	15	11996.00	21	12111.08
4	11785.02	10	11900.10	16	12015.18	22	12130.25
5	11804.20	11	11919.28	17	12034.36	23	12149.44
6	11823.38	12	11938.46	18	12053.54	24	12168.62

Ku 频段的频率范围为 11.7 ~ 12.2 GHz，总带宽为 500 MHz，每个电视频道传输所要求的带宽为 27 MHz。而且，为了克服邻频干扰，要求相邻两个正在使用的频道间有 18 ~ 20 MHz 间隔。即使不考虑邻频干扰等因素，500 MHz 带宽也不可能分出互不重叠的 24 个带宽为 27 MHz 的频道。因此，在卫星广播电视中常常采取正交极化技术使频谱复用，目前在区域性的卫星广播业务中，通常采用水平极化和垂直极化这两种正交极化方式。实际每个频道的频道间隔为 19.18 MHz。在实际应用中，为了减少邻频干扰和非线性失真，卫星转发器的频道配置都是采用隔频道方式的，也就是说不存在邻频应用的可能。

我国的卫星广播电视最早使用通信卫星的 C 频段传输模拟广播电视信号，随着 Ku 频段卫星技术日臻成熟，从 1996 年起，我国逐步开始利用较大功率的 C、Ku 频段的卫星转发器传输数字广播电视节目。我国卫星电视目前 C 波段主要使用的频率范围是 3.4 ~ 4.2 GHz，Ku 波段为 11.7 ~ 12.2 GHz。通常情况下，直播卫星都采用 Ku 波段进行传输信号。

4.2　卫星电视地面接收设备

标准的卫星电视地面接收系统由天线、馈源、高频头、功分器、接收机等多种设备组成。这些设备的性能和种类各不相同。下面分别介绍各种常用设备。

4.2.1　卫星电视接收天线

卫星转发器发射的信号（C 频段或 Ku 频段）经过空间进入地面卫星电视接收系统，地面卫星电视接收天线的作用是接收从空间传播到地面的微弱卫星信号，并将其转换为高频电流，送至高频头和接收机进一步放大和处理，最终在电视机上获得图像和伴音。因而，接收

天线性能的优劣，直接影响到地面接收的质量。卫星电视信号的接收如图 4–4 所示。

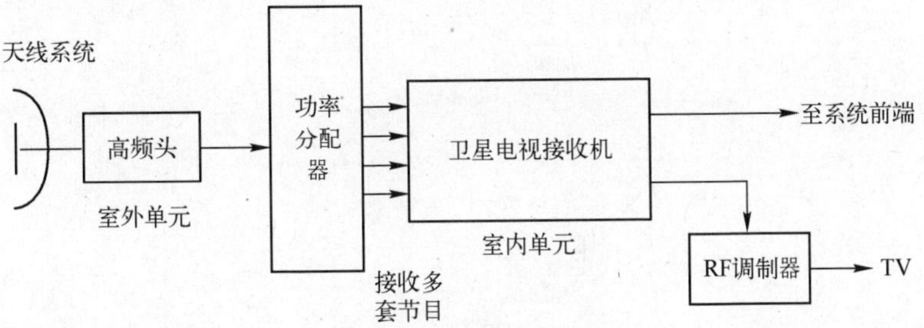

图 4–4　卫星电视信号的接收

卫星接收天线多种多样，最常用的接收卫星电视信号的天线是抛物面天线（俗称“锅”）。抛物线天线根据馈源的安装位置，可分为前馈式天线和后馈式天线两种。

1. 前馈抛物面天线

前馈（正馈）抛物面卫星接收天线类似于太阳灶，为一次反射型天线，由抛物面形状的反射面和馈源组成。抛物面发射面的几何形状是按特定的抛物线绕轴线旋转而成的。当卫星转发空间电磁波（平面波）到达金属反射面，经过一次反射变为球面波并汇聚于焦点上，即馈源处，馈源再将电磁波转换为高频电流后，传输到下一级设备。前馈抛物面天线的增益和天线的口径成正比，主要用于接收 C 波段的信号。由于这种天线便于调试，所以广泛应用于卫星电视接收系统中。其基本结构如图 4–5 所示。

图 4–5　前馈抛物面天线结构图

前馈抛物面天线的馈源是背向卫星的，当反射面对准卫星时，馈源方向指向地面，会使等效噪声温度升高。又由于馈源的位置在反射面以上，要用较长的馈线，这也会使噪声温度升高。馈源位于反射面的正前方，它对反射面产生一定程度的遮挡，使天线的口径效率有所降低。

2. 后馈抛物面天线

后馈抛物面天线又称为卡塞格伦天线，它是二次反射型天线，克服了前馈抛物面天线的缺陷，由主反射面、双曲面副反射面和馈源组成。天线抛物面的焦点与双曲面的虚焦点重合，而馈源则位于双曲面的实焦点处，双曲面汇聚抛物面反射波的能量，再辐射到抛物面后馈源上。它多用于大口径的卫星接收天线或反射天线。其基本结构如图 4-6 所示。

图 4-6　后馈式抛物面天线

与前馈抛物面天线相比，后馈抛物面天线的效率可提高 10% ~15%，主要用于卫星电视信号很弱的地区或大型有线电视系统中。此外，后馈式的高频头装在主反射面的背后，缩短了馈线长度，减少了传输损耗，还可防止阳光照射；利用短焦距抛物面实现了长焦距抛物面的性能，缩短了天线的纵向尺寸，改善了天线的电性能。

3. 偏馈天线

偏馈天线是相对于正馈天线而言，是指偏馈天线的馈源和高频头的安装位置不在与天线中心切面垂直且过天线中心的直线上。因此，就没有所谓馈源阴影的影响，在天线面积、加工精度、接收频率相同的前提下，偏馈天线的增益大于正馈天线。其基本结构如图 4-7 所示。

图 4-7　偏馈天线结构图

偏馈天线主要用于接收 Ku 波段的卫星信号，偏馈天线的主要优点如下：

1）卫星信号不会像前馈天线一样被馈源和支架遮挡而有所衰减，因此天线增益略比前馈高。

2）在北方经常下雪的区域因天线较垂直，所以盘面一般不会积雪。

3）由于口径小，重量轻，所以便于安装、调试。

4.2.2　高频头

通常高频头紧紧连接着馈源，又称为室外单元或低噪声下变频器，常用 LNB（Low Noise Block）表示，其作用是将来自馈源的微弱信号进行低噪声宽带放大、下变频到第一中频信号和进行中频放大，最后通过射频电缆送至卫星电视接收机（室内单元）。

第一中频的频率范围：C 频段为 0.95 ~1.45 GHz；Ku 频段为 0.95 ~1.75 GHz 和 0.95 ~2.15 GHz。其基本组成如图 4-8 所示。

为了减小损耗，高频头通常和馈源紧连在一起，因此位于室外。有的产品将高频头和馈源合成为一个整体，称为一体化馈源高频头，可免除两者之间的连接和调整，如图 4-9 所示。

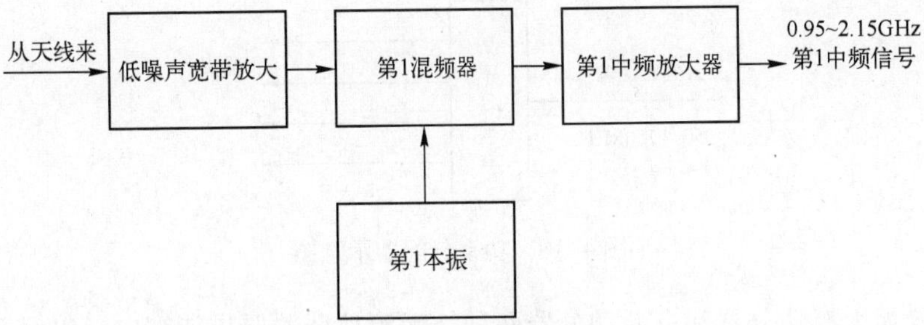

图 4-8　高频头原理框图

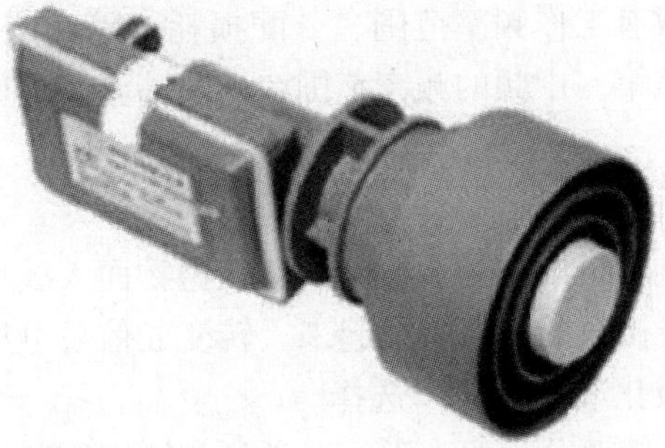

图 4-9　高频头与馈源

高频头按频段可分为 C 频段和 Ku 频段高频头；按极化方式可分为单极化和双极化高频头。选择高频头要依据卫星电视下行信号的频率和电磁波极化方式。C 频段单极化高频头为 5150 MHz，C 频段双极化高频头为 5150 MHz（水平极化）和 5150 MHz（垂直极化）。Ku 频段高频头如表 4-4 所示，我国采用 11. 30 GHz。

表 4-4　常用的 Ku 波段本振频率

本振频率/GHz	接收频率范围/GHz	第一中频范围/MHz
9. 75	10. 70 ~ 11. 20	950 ~ 1450
10. 25	11. 45 ~ 11. 70	1200 ~ 1450
10. 75	11. 70 ~ 12. 20	950 ~ 1450
11. 25	12. 20 ~ 12. 70	950 ~ 1450
11. 30	11. 25 ~ 12. 75	950 ~ 1450

高频头的输出阻抗为 75 Ω，同轴电缆作为馈线将第一中频信号引入功率分配器或卫星接收机。馈线的长度应在 30 m 以内，衰减以不超过 12 dB 为宜。

4. 2. 3　功率分配器

功率分配器简称功分器，是将一路卫星电视第一中频输入信号分成几路信号输出的设备，使一副卫星接收天线能同时带多台卫星电视接收机，即功率分配器将每一路输出接一台卫星电视接收机。功分器有二功分、四功分和八功分等多种，图 4-10 所示为功率分配器示意图。

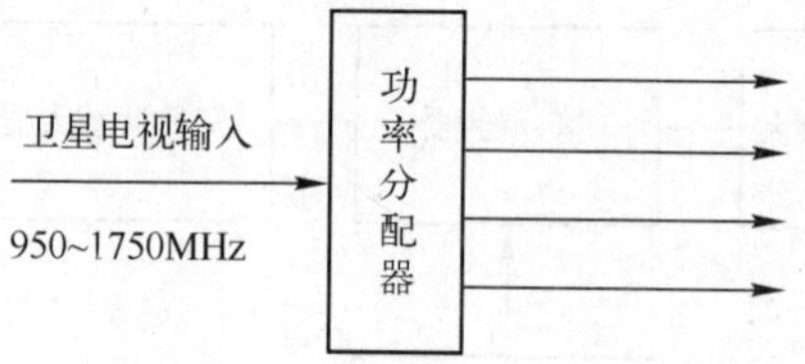

图 4-10 功率分配器示意图

功分器分为无源功分器和有源功分器两种。无源功分器要求能馈电，以保证卫星电视接收机能向高频头供电。有源功分器实际上由无源功分器加上相同工作频段的放大器组成，其提供的增益用于补偿分配损耗，也可同时向水平极化和垂直极化的高频头供电。

功分器的主要技术参数有工作频率范围、分配损耗、隔离度（要求在 20 dB 以上）等。功分器的工作频率应能覆盖第一中频的频率范围，即与高频头的输出频率范围一致。

4.2.4 馈源

馈源是抛物面天线的重要组成部分。馈源安装在抛物面天线反射面的焦点上。馈源的主要功能有两个，一是将天线接收的信号收集起来，转变成信号电压，供给高频头；二是对接收的电磁波进行极化（圆极化或线极化）选择。

根据天线结构的不同，馈源分为两大类。一类是前馈型馈源，适合于普通前馈式抛物面天线使用。常用的前馈型馈源有环形槽馈源和单环槽馈源。另一类为后馈型馈源，适合于卡塞格伦天线使用。常用的后馈型馈源有圆锥喇叭馈源、阶梯喇叭馈源、变张角喇叭馈源和圆锥介质加载喇叭馈源等。完整的馈源系统由这样几部分组成：馈源喇叭、90°移相器、圆矩变换器，如图 4-11 所示。

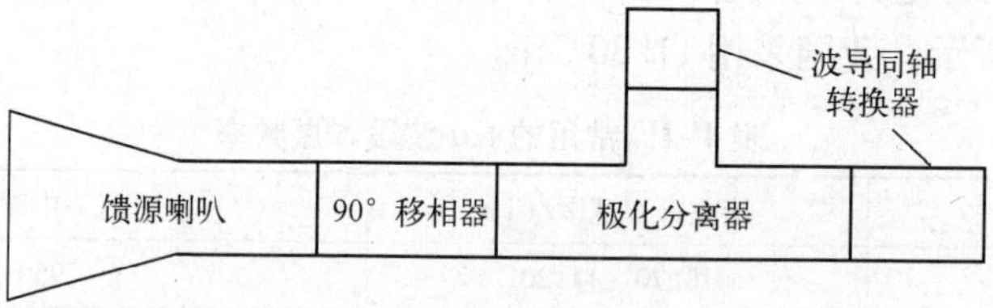

图 4-11 馈源结构框图

1. 前馈馈源

前馈馈源中使用最多的是波纹槽馈源。波纹槽馈源由带有扼流槽的主波导、介质移相器和一个阶梯圆矩波导变换器组成。主波导是直径为 0.6 ~ 1.1λ 的一段圆波导，在口部配有四圈扼流槽，产生一个平而宽（即在波束轴线两边 60°范围内幅度和相位变化都不大）的辐射方向图。

2. 后馈馈源

后馈馈源喇叭常用的是介质加载型的喇叭。它是在普通圆锥喇叭里面加上一段聚四氟乙烯衬套构成的，由它激励起一个高次模（TE11）。如果在开口处适当选择 TM11 与基模 TE11

模的相对振幅，并能同相相加，则 E（电场）面的主瓣宽度就会展宽，并达到与 H（磁场）面主瓣宽度相等，而且旁瓣彼此抵消，从而提高传输效率。介质加载喇叭的示意图如图 4-12 所示。

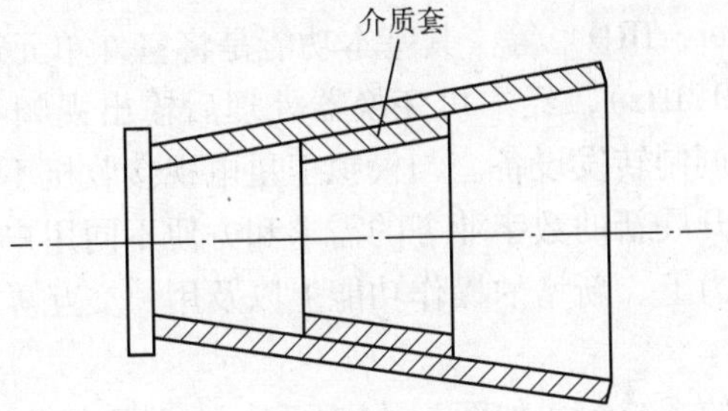

图 4-12 介质加载喇叭示意图

4.2.5 卫星电视接收机

卫星电视接收机是卫星电视地面接收系统的关键设备之一，高频头输出的第一中频信号送入卫星电视接收机，经过卫星电视接收机的处理，输出的是标准的视频信号和音频信号。

卫星电视接收机分为模拟式和数字式两种。

1. 模拟卫星电视接收机

模拟电视机接收机接收的是模拟信号，其主要功能是将来自高频头（或功率分配器）的第一中频信号进行放大、变频（下变频为第二中频信号）和解调处理后输出视频、音频信号送至系统前端。接收机的输入电平范围为（-45 ± 15）dBmV。模拟卫星接收机结构如图 4-13 所示。

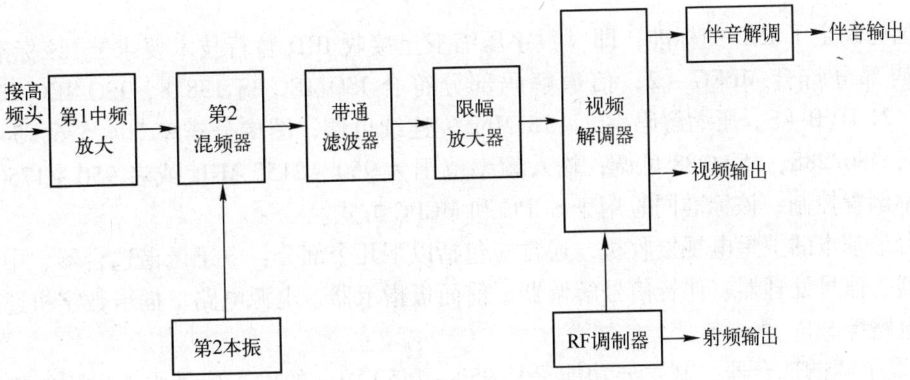

图 4-13 模拟卫星接收机结构图

常用的模拟接收机是既能接收 C 频段又能接收 Ku 频段的 C/Ku 兼容卫星电视接收机。一般的卫星电视接收机在同一时间只能输出一套节目，若想同时接收多套节目送至前端，就必须使用多台接收机；有的接收机能同时输出 2 ~4 套节目，成为多信道卫星电视接收机。

目前因为大部分信号均已经数字化，模拟卫星电视接收机基本已经被淘汰了。

2. 数字卫星电视接收机

数字卫星电视接收机是指数字卫星电视接收系统中放置于室内的那一部分设备，故又称为室内数字接收单元，或称为数字卫星电视机顶盒（Set - Top - Box），又称综合接收解码器（Integrated Receiver Decoder，IRD）等。其基本功能是将室外单元通过射频电缆传送下来的第一中频信号（950 ~ 2150 MHz），经本机变换器处理后输出视频和音频信号，提供给用户的电视机、监视器或其他调制转发设备。与模拟卫星电视接收机不同的是，为了适应卫星电视广播技术的发展、满足开展新的数字业务的需求和方便不同用户的使用，数字卫星电视接收机在接收和处理数据能力上、新增的操作功能上以及用户交互界面的设计上都有了很大的进步。

数字卫星电视接收机的系统组成如图 4-14 所示。由卫星接收天线接收的数字卫星电视信号，经高频头进行下变频得到频率较低的第一中频信号，通过射频电缆送给数字卫星接收机。输入接收机的数字电视信号经过信道解码和信源解码，将接收的数字码流转化为压缩前的分量数字视频信号，再经 D - A 转换和视频编码转换为模拟电视信号，送到普通的电视接收机。

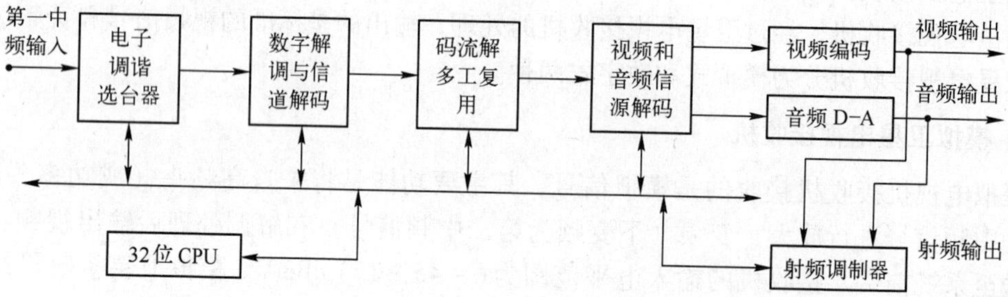

图 4-14 数字卫星电视接收机系统的基本组成框图

我国已确定了 IRD 的标准，即《数字压缩卫星接收 IRD 暂行技术要求》。该标准规定：信源编码部分符合 MPEG - 2；信道解码部分符合 ISO/IEC IS 13818，ISO/IEC IS11172，ETS300 421 DVB - S。压缩解码率 2 ~ 15 Mbit/s 连续可调；图像分辨率 704/576，544/576，480/576，480/288，352/288 可调；输入频率范围为 950 ~ 2150 MHz 或者 950 ~ 1750 MHz，具有频率倒置控制，该标准同时用于 SCPC 和 MCPC 方式。

一台最基本的卫星电视接收机，通常应包括以下几个部分：电子调谐选台器、中频放大与解调器、信号处理器、伴音信号解调器、前面板指示器、电源电路。插卡数字机还包括卡片接口电路等。

1）电子调谐选台器。其主要功能是从 950 ~ 1450 MHz 的输入信号中选出所要接收的某一电视频道的频率，并将它变换成固定的第二中频频率（通常为 479.5 MHz），送给中频放大与解调器。

2）中频 AGC 放大与解调器。它将输入的固定第二中频信号滤波、放大后，再进行频率解调，得到包含图像和伴音信号在内的复合基带信号，同时还输出一个能够表征输入信号大小的直流分量送给电平指示电路。

3）图像信号处理器。它从复合基带信号中分离出视频信号，并经过去加重、能量去扩散和极性变换等一系列处理之后，将图像信号还原并输出。

4）伴音解调器。它从复合基带信号中分离出伴音副载波信号，并将它放大、解调后得到伴音信号。

5）面板指示器。它将中频放大解调器送来的直流电平信号进一步放大后，用指针式电平表、发光二极管陈列式电平表或数码显示器，来显示接收机输入信号的强弱和品质。

6）电源电路。它将市电经变压、整流、稳压后得到的多组低压直流稳压电源，为本机各部分及室外单元（高频头）供电。

数字卫星电视接收机的面板与背板如图4-15所示。

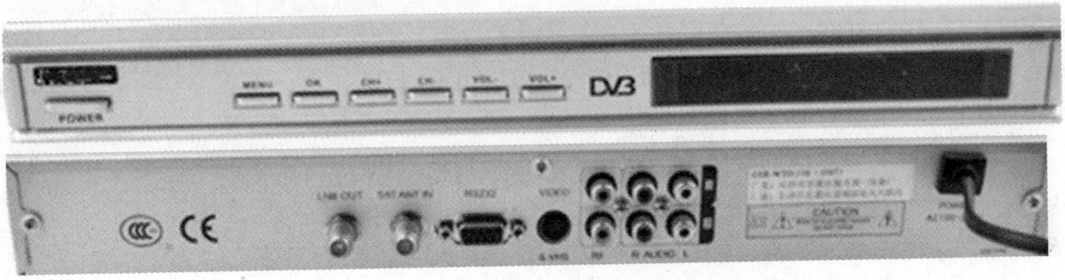

图4-15 数字卫星电视接收机的面板与背板

4.3 卫星电视接收系统的主要参数

在卫星通信中，常用的性能指标参数主要有自由空间传播损耗，卫星转发器的有效全向辐射功率，卫星电视接收机的载噪比、信噪比等。

1. 有效全向辐射功率（EIRP）

有效全向辐射功率（Effective Isotropic Radiated Power，EIRP）也称为等效全向辐射功率，它是卫星通信和无线网络中的一种重要参数。在卫星通信中，一般卫星发射天线为有方向性的天线，通常把卫星和地球站发射天线在波束中心轴向上辐射的功率称为发送设备的有效全向辐射功率。它是天线发射功率P_T与天线增益G_T的乘积，通常用EIRP（单位W）表示，即

$$\mathrm{EIRP}=P_T\times G_T \tag{4-1}$$

用分贝表示，也记为

$$\mathrm{EIRP(dBW)}=P(\mathrm{dBW})+G(\mathrm{dBW}) \tag{4-2}$$

显然，在同样输入的条件下，有方向性天线在其最大方向所产生的场强将比参考天线的要大，这是因为有方向性天线辐射的功率更集中了。

一般在卫星的参数中，给出了卫星对接收站所在地的有效全向辐射功率EIRP值（dBW）。

2. 自由空间传播损耗

由于卫星通信中电磁波主要在大气层以外的自由空间传播，电磁波在穿透任何介质的时候都会有损耗，这部分损耗在整个传输损耗中占绝大部分。

自由空间损耗描述了电磁波在空气中传播时的能量损耗，信号由卫星至地面接收站的自

由空间传输损耗 L_f 为

$$L_f = 92.44 + 20\lg d + 20\lg f \ (\text{dB}) \tag{4-3}$$

式中 d——卫星至地面接收站的距离（km）；

f——工作频率（GHz）。

上式算出的只是信号在真空中的传输损耗。由于空间传播条件很复杂，全部损耗要大于 L_f。

3. 载噪比

卫星电视接收机输入端的载噪比为

$$C/N = \text{EIRP} - L + G - 10\lg(kTB) \tag{4-4}$$

式中 EIRP——卫星有效全向辐射功率（dBW）；

L——卫星至地面接收站的自由空间传播损耗（dB）；

G——卫星电视接收天线的增益（dB）；

k——波兹曼常数，$k = 1.38 \times 10^{-23}\text{W}/(\text{Hz}\cdot\text{K})$；

T——总噪声温度；

B——接收系统带宽（MHz），$B = 27\ \text{MHz}$。

4. 信噪比和图像质量

通常我们用卫星接收机输出端的视频传号的信噪比 S/N 作为衡量图像传输质量的标准。信噪比为

$$S/N = C/N + I_{FM} + I_D \ (\text{dB}) \tag{4-5}$$

式中 C/N——接收系统的总载噪比（dB）；

I_{FM}——调频改善系数（dB）；

I_D——去加重系数，约为 2 dB。

在进行图像质量评价时，在 5 MHz 频带内测得的视频信噪比 S/N 与主观质量等级 Q 之间存在着下列关系：

$$(S/N) = 23 - Q + 1.1Q^2 \tag{4-6}$$

按计算结果，可得如表 4-5 所示 S/N 与 Q 的关系。

表 4-5 S/N 与 Q 的关系

图像等级（Q）	S/N/dB	电视画面的主观评价
5	45.5	优异的图像质量（无雪花等）
4	36.6	良好的图像质量（稍有雪花）
3	29.9	可接受的图像质量（稍令人讨厌的雪花）
2	25.4	差的图像质量（令人讨厌的雪花）
1	23.1	很差的图像质量（很令人讨厌的雪花）

以上计算的 S/N 为未加权信噪比，即没有考虑人眼的视觉特性对不同频率噪声的敏感程度不同，如果考虑人眼对噪声感觉的特点，即对频率低的噪声易察觉，频率高的噪声不易察觉，则有

$$(S/N)_{加权} = (S/N)_{未加权} + I_w \tag{4-7}$$

式中　I_w——视觉加权系数，取11.5 dB。

5. 接收系统的优值 G/T

接收系统的优值 G/T 又称品质因数，是描述整个接收系统总性能的一个重要参数。我国国家标准规定卫星接收系统的 G/T 值见表4-6。

表4-6　卫星接收系统的 G/T 值

天线口径/m	G/T			条件要求	备　注
	优等	一等	合格		
3	20.5	19.4	18.3	天线仰角20°必测	接收频段3.7～4.2 GHz
4	22.8	21.8	20.7		
4.5	24.3	23.2	22.2		
5	25.2	24.2	23.1		
6	26.8	25.7	24.7		

接收系统的优值为

$$G/T=\frac{G_R}{T_a+T_R} \tag{4-8}$$

式中　G_R——接收天线的增益（dB）；

T_a——接收天线的噪声温度（K）；

T_R——高频头的噪声温度（K）。

4.4　卫星电视接收系统的安装与调试

4.4.1　卫星电视接收天线的安装

选择好卫星电视天线架设地点，安装好卫星电视天线，是接收好卫星电视的前提条件。

1. 天线安置地点的选择

在有线电视系统中，架设卫星接收天线，首先需要考虑的是安置地点的选择，它关系到图像质量和日常维护等多方面的问题。

在选址过程中，根据接收卫星的轨道位置，需要考虑如地理位置、视野范围、电磁干扰、地质和气象情况等多种因素。不仅要进行实地勘察和测试，还要进行综合分析，最终确定接收天线基座的位置。

（1）天线仰角及方位角计算

仰角是指天线对准卫星时，波束主轴与地平面之间的夹角，即

$$仰角=\mathrm{arctg}\frac{\cos\beta-0.1513}{\sin\beta}\quad（单位：（°）） \tag{4-9}$$

方位角是指波束主轴在地面上的投影与天线架设点的正南（特指北半球）方向线之间的夹角，即

$$方位角=\arctan\frac{\tan\varphi}{\sin\theta}\quad（单位：（°）） \tag{4-10}$$

式中 φ——接收站经度与卫星经度之差；

θ——接收站纬度；

β——arccos（$\cos\varphi\times\cos\theta$）。

计算结果是正角为正南偏西角度，负角则为正南偏东角度。

【例 4-1】在北京（东经 116°27′，北纬 39°55′）接收亚洲 3S（105°30′E）卫星电视节目，计算天线的仰角及方位角。

解：

$$\cos\beta=\cos\varphi\times\cos\theta=\cos(116°27'-105°30')\times(\cos 39°55')$$

$$=\cos10°57'\times\cos39°55'=0.7529$$

$$\beta=41°10'$$

$$\sin\beta=\sin41°10'=0.6582$$

$$\text{仰角}=\arctan\frac{\cos\beta-0.1513}{\sin\beta}=\arctan\frac{0.7529-0.1513}{0.6582}\approx42°26'$$

$$\text{方位角}=\arctan\frac{\tan\varphi}{\sin\theta}=\arctan\frac{\tan(116°27'-105°30')}{\sin39°55'}\approx16°47'$$

计算结果为天线的仰角为 42°26′，方位角为正南偏西 16°47′。

（2）天线指向前方应视野开阔

当已知天线的仰角和方位角后，观察接收前方视野是否开阔空旷，要求无树木、高压线、铁塔、建筑物和高山等障碍物阻挡。

（3）选址应避开干扰

目前我国的地面微波中继通信干线所采用的波段（4 GHz）与卫星 C 波段重合。因而，在选址时应注意周围是否存在地面微波站、微波通道、雷达站或其他电气设备的干扰，特别要注意避免同频干扰。一般要用微波干扰场强仪进行测试，要求干扰信号比最小的接收信号低 30 dB 以上，这样才能保证卫星地面接收系统的正常工作。

（4）选址应考虑安全因素

选址尽量避开多雷区、强风口区。应重视接收天线的避雷措施，以保证接收的安全可靠；天线基座位置要避开风口和地质松软的地方，若天线架设在建筑物顶上，天线基座应尽可能选在有梁（承重梁）部位。

2. 天线口径的选择

在选择卫星接收天线的口径时，应根据所接收卫星电视信号的波段及 EIRP 值、信噪比要求等因素来确定。

由于 C 波段卫星电视转发器发射的 EIRP 值较小，有线电视系统接收时需要使用 3 m 左右的天线才能满意地接收卫星电视节目；Ku 波段转发功率较强，天线口径可以小些。

在满足信噪比的条件下，口径大的天线由于半功率角小使其方向性强，而对卫星的定位要求较高。当因风或雨雪原因造成天线晃动时，就会偏离卫星方向，使信号明显变差。而口径小的天线，如 3 m 天线的半功率角是 6 m 天线的两倍，对卫星的定位要求就低一些。但也不是天线口径越小越好，天线口径太小时，输入信号载噪比达不到门限值，就无法正常收视卫星电视节目，这涉及一个最小允许口径，所谓最小允许口径是指图像画面上基本不出现拖尾噪点时的天线口径。

从目前情况看，有线电视系统集体接收C波段卫星电视节目选用3～4.5 m口径的天线较为合适，超过6 m时，需要加卫星自动跟踪装置。家庭个体接收，只要不小于最小允许口径即可。

3. 防雷和接地

卫星接收天线的防雷与接地要符合国家有关规定。

当卫星接收天线位于开路电视接收天线避雷针保护范围之外，或单独位于空旷之处，则要单独竖一根比卫星接收天线高出2～3 m的避雷针，并使卫星接收天线在其45°角的保护范围之内。避雷针接地电阻要不大于4 Ω。

位于建筑物顶层上的卫星接收天线，其防雷与建筑物的防雷可使用同一防雷系统。所有引下线及天线基座应与建筑物顶部的避雷网可靠连接，并至少有两个不同方向的泄流引下线。在多雷地区，主反射面上沿或副反射面顶端应加装避雷针。

当卫星接收天线安装在地面上时，由于离建筑物（前端机房）较近且高度低，可不装避雷针，而通过天线基座直接与大地相连形成地线，但要求接地电阻不大于4 Ω。

4.4.2 卫星电视接收系统的调试

1. 检查高频头

高频头和馈源一旦安装在天线上，拆卸均不方便，安装前应进行检测，以便测试能顺利进行。在无测试条件的情况下，可采用下面一种简单的方法来判断高频头能否正常工作。用一条1 m长的同轴电缆把高频头的输出与带有信号强度指示功能的卫星电视接收机连接起来，接通电源观察接收机指示器的噪声电平应与接收机正常工作时的大小相当，再用金属板将高频头波导口封闭，其指示的大小会发生相应变化，就可以确认高频头工作正常。高频头检查之后，即可连同馈源一起安装到天线的焦点处。

2. 接收机频道存储

调试前应按照卫星电视接收机使用说明书介绍的方法，将欲接收卫星电视的频率数据一个一个地存储到接收机内。若卫星电视接收机已经存储数据，也要进行核对。

3. 天线极化方式的调整

所谓极化调整是使天线的极化同卫星发射时采用的极化相一致。对于线极化，卫星发射时所采用的极化是以卫星轴系为基准的，电场矢量与卫星运动轨道方向一致，则为水平极化，电场矢量与卫星运动轨道垂直，则为垂直极化。而地面接收天线的极化是以地平面为基准的，馈源矩形波导口窄边垂直于地平面的是水平极化，宽边垂直于地平面的是垂直极化。由于地面天线所在位置与卫星位置有经度差，接收站馈源波导口相对地面需要有一定的倾斜角度（称为极化角），才能与卫星极化达到匹配，此极化角为

$$\Delta\alpha = \arctan\left(\frac{\sin\Delta\phi}{\tan\theta}\right) \tag{4-11}$$

式中 $\Delta\phi$——卫星经度与地面站经度差；

θ——地面站纬度。

在调整天线馈源极化方向时，可按如下方法进行。以水平极化为例，当 $\Delta\alpha$ 为正值时，

先置馈源矩形波导口窄边与地面平行，再逆时针转动 $\Delta\alpha$；当 $\Delta\alpha$ 为负值时，要顺时针转动 $\Delta\alpha$ 角。

4. 调整天线的仰角和方位角

对接收天线的方位角作 12° ~ 15°的调整，同时观察电视机（监视器）有无图像。如收到电视图像再微动天线方位，直到图像最佳为止。然后，固定方位；再微调仰角，直到图像最清晰（无雪花点、画面干净）、伴音最宏亮（无噪声）时为止。固定方位角、仰角的位置，然后调整馈源的位置，使其准确置于天线反馈面焦点处，同时细调极化角度，最终使卫星接收机输入信号指示电平为最大值，图像、伴音均达到最佳。

将已调整过的方位角、仰角位置及馈源位置全部固定，并将现场调试的设备撤除，按前端设计方式进行恢复，至此，卫星接收系统的调试工作结束。

本章小结

卫星电视是我国有线电视系统中重要的节目信号源。本章首先介绍了卫星电视的相关概念以及卫星电视传输的优点；详细介绍了卫星电视的组成、工作频段范围以及频道划分，讨论了卫星电视地面接收设备的工作原理，介绍了在卫星通信中常用的接收系统性能指标参数等。

1. 卫星电视广播是指利用卫星来转发电视节目的广播系统，卫星电视节目已成为我国有线电视系统的重要节目源。

2. 卫星电视广播的特点有覆盖范围大，传输距离远，图像质量高，频带宽，传输容量大，投资省，见效快等。

3. 卫星电视广播系统由上行发射站、电视广播卫星、地球控制站、地球接收站等几部分组成。卫星电视信号主要使用 Ku 频段和 C 频段。为了加强频率管理，国际电联把世界划分为三个频率区域，我国属于第三区。

4. 卫星地面接收系统主要由天线、馈源、高频头、馈线、功率分配器、卫星电视接收机等组成。

5. 接收天线的类型有前馈式、后馈式抛物面天线和偏馈式天线；抛物面天线主要由金属抛物面和馈源两部分构成。

6. 高频头的作用是将来自馈源的微弱信号进行低噪声宽带放大、下变频为第一中频和进行中频放大，然后通过射频电缆送至卫星电视接收机。

7. 卫星电视接收机是卫星电视地面接收系统的关键设备之一，由卫星接收天线接收的数字卫星电视信号，经高频头进行下变频得到频率较低的第一中频信号，通过射频电缆送给数字卫星接收机。

8. 在有线电视系统中，架设卫星接收天线，要根据接收卫星的轨道位置，考虑如地理位置、视野范围、电磁干扰、地质、气象情况等多种因素；同时要考虑避开微波线路、高压线、雷达等干扰源。根据安装地点的经度、纬度和卫星轨道计算出接收天线的方位角和仰角。

习题

1. 简述卫星电视广播系统的组成及功能。

2. 什么是卫星电视广播？卫星电视广播的优点。

3. 现阶段卫星广播主要工作在哪几个波段？各自工作在什么频率范围？

4. 我国属于世界卫星广播电视业务的第几区？

5. 比较前馈式天线和后馈式天线的优缺点。

6. 卫星电视接收系统常用的性能指标参数。

7. 卫星接收天线安装点的选择应注意哪些问题？

8. 已知长沙市的地理位置为东经112°59′，北纬28°5′，欲接收92°卫星转发的电视节目，计算天线的仰角及方位角。

第5章　有线电视系统的前端设备

前端系统是有线电视传输系统的开端，也是有线电视系统的中心，它不仅是单向广播电视信号的接收、汇集、处理、控制及发送设备系统，而且是双向数据交互信道的调度、控制中心。前端信号质量的高低直接影响到用户端信号的好坏。

前端系统主要的组成设备有天线放大器、频道放大器、调制器以及混合器等。它主要对信号进行分离、放大、调制、变频、混合等处理，还对各信号电平进行调整控制，对干扰信号进行抑制或滤除，以得到用户满意的电视图像和声音。

5.1　邻频前端系统组成

在有线电视的发展早期，电视节目不是很多，因而可以采用隔频前端。一般要求在V频段每相隔一个频道安排一套节目；U频段每相隔两个频道安排一套节目。对于450 MHz的有线电视系统一般只有12～15个频道的节目，这样传送的电视节目的量就受到限制，不能充分利用每一个频道。

随着广播电视事业的发展，传送十几套电视节目已不能满足用户的需要。同时，频道内容的细化，各省市电视台节目的增多，多频道、大规模、多功能、高质量成为有线电视发展的必然趋势。因此要解决有线电视的扩容问题，为用户提供越来越多的节目，其中一个解决办法是采用邻频传输。

所谓邻频传输就是连续每隔8 MHz频率安置一个频道，对于我国的电视频道划分在48.5～958 MHz的频率范围内，可依次排列68个标准频道和35个增补频道。要能实现邻频传输，最主要的是要求各频道之间不能相互干扰。因此一方面要求前端对本频道以外的各种信号都能大大抑制；另一方面，要求本频道信号的频谱很纯，使其不干扰其他频道。

5.1.1　邻频前端系统的结构

邻频前端系统的结构如图5-1所示。与隔频前端比较，最重要的是采用了中频调制器和频道处理器，以保证邻频处理的效果。对于开路电视信号，为了更有效地抑制频道以外的干扰，增加了带通滤波器，并通过频道处理器，变换信号到指定的电视频道。此外，由于信号源的增加，微波电视信号、光缆传输的上级台站信号、卫星电视信号等都加入进来。

5.1.2　频道处理器

频道处理器的作用是将某一频道的射频电视信号变换到中频并进行信号波形的调整，使输出的信号电平稳定，降低对相邻频道的干扰等，它由下变频器、中频处理器和上变频器三部分组成，如图5-2所示。

由图中可以看出，下变频器先将信号下变频为中频信号，然后在中频处理器里对信号进行调整处理以便适应邻频系统的需要。图中的中频信号经放大后通过分配器把它分成两路，

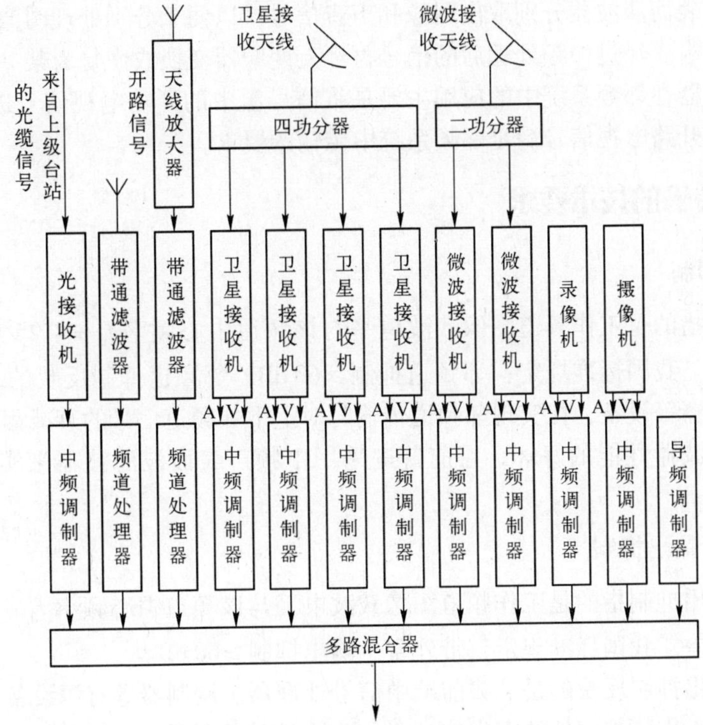

图5-1 邻频前端的结构图

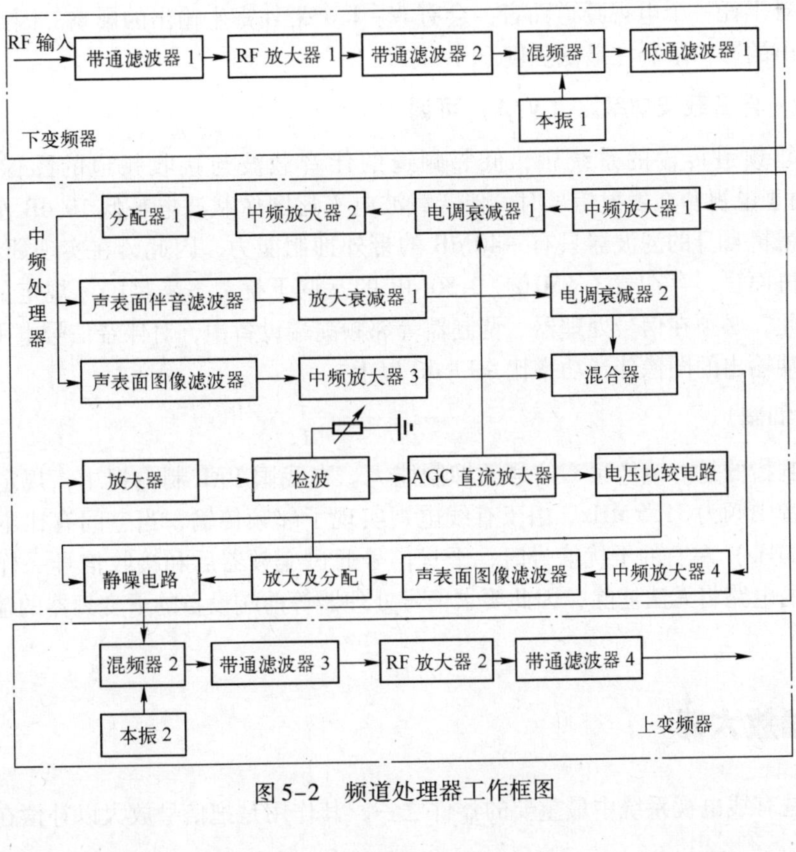

图5-2 频道处理器工作框图

然后经过两个声表面滤波器分别取出图像和声音信号，以便于分别处理图像和伴音信号，以满足邻频传输要求。经过中频处理后的信号再经上变频器变换或恢复为某一频道的射频电视信号。频道处理器在邻频系统中的应用主要是将信号源中的开路电视信号进行处理的设备，它可以使空中的开路电视信号满足邻频系统中传输的要求。

5.1.3 邻频传输的技术要求

1. 邻频道抑制

邻频道抑制指的是工作频道图像载波电平与该频道中心频率 $f_0 \pm 4.25$ MHz 频率点处无用信号电平之差。我国标准规定：邻频道抑制≥60 dB。邻频道抑制反映的是邻频前端中信号处理器、调制器等设备，在实现邻频道传输时对上下邻频道信号的衰减程度，即实现邻频传输的设备中滤波器性能的好坏，目前普遍采用中频声表面波滤波器来实现带外的 60 dB 衰减。

2. 带外寄生输出抑制

带外寄生输出抑制指的是工作频道图像载波电平与该频道中心频率 $f_0 \pm 4$ MHz 以外寄生输出信号电平之差。我国标准规定：带外寄生输出抑制≥60 dB。

带外寄生输出抑制反映的是邻频前端中信号处理器、调制器等有源设备，在输出信号的同时，也会输出工作频带以外的寄生信号（如高次谐波信号等），这些寄生输出的信号虽然对本频道输出信号不会产生影响，但是会对其他频道的输出信号产生影响。若邻频前端有 N 个频道，则对于任一个电视频道而言，会有 $N-1$ 个带外寄生输出的影响。因此必须将这些带外寄生输出的影响限制在最低程度。

3. 图像 - 伴音载波功率比（V/A）可调

在实现邻频道传输的系统中，低邻频道的伴音载波与接收频道的图像载波仅相差 1.5 MHz。由于电视台在发射信号时，伴音载波电平比图像载波电平低 10 dB 左右，又由于目前用户电视机自身的滤波器只有 -40 dB 的带外抑制能力，因此，在实现邻频道传输时，对用户电视机而言，存在着 1.5MHz、-50 dB 的互调干扰，不满足国标规定的 IM≥57 dB 的要求。因此，必须在信号处理器、调制器等邻频前端设备中，对伴音信号电平再压低7 dB 左右，使前端输出的图像伴音功率比≥17 dB 以上。

4. 镜像抑制

镜像抑制指的是对镜像频率信号的抑制能力。在我国 PAL 制电视中，规定图像中频为 38 MHz，伴音中频为 31.5 MHz。由于有线电视实现了邻频传输，当空间有比本振频率高一个中频（38 MHz）左右的干扰信号时，干扰信号通过变频器后和接收信号一样落在中频范围内，后面的电路将无法滤除，因此要求信号处理器等前端设备的下变频器的输入滤波器质量要好。

5.2 前端放大器

放大器是有线电视系统中最重要的器件之一，其作用是把信号放大以补偿在传输过程中的损耗，保证用户端电平足够高、失真和噪声尽可能小。

放大器根据不同的特性有多种分类，按照使用场合来分，有天线放大器、前置放大器、干线放大器、延长（支干）线放大器和分配（楼栋）放大器；按照传输带宽来分，有频道放大器、频段放大器、宽带放大器（300、450、550、750、860 MHz）；按放大器的结构来分，有分支放大器、分配放大器等。而在前端系统中使用的放大器一般有天线放大器、频道放大器和宽带放大器。

1. 天线放大器

天线放大器是安装在接收天线上用于放大空间微弱信号的低噪声放大器。通常当接收天线输出的信号电平低于 60 dB 时，一般才考虑安装天线放大器。天线放大器又可以分为单频道放大和宽带放大两类。

一般在有线电视系统中，多采用单频道天线放大器，它只对某一特定频道进行放大，可有效地抑制邻频干扰；而在边远山区，由于远离电视台，则需使用宽带天线同时接收若干个节目，因接收信号比较弱而采用天线放大器，使收到的信号质量相对改善。

由于天线放大器位于系统的最前面，而第一级放大的噪声对系统载噪比的影响最大。为了提高系统的载噪比，往往将天线放大器安装在天线杆上，离天线大约 1 m 的距离。当然安装在天线杆上就要注意它的安全可靠，能够保证它长期正常工作，要有较强的防水、防潮、防晒等性能，而且又是远地供电，还要注意防止供电电源同高频信号的互相干扰。

天线放大器的工作原理如图 5-3 所示。由天线输入的射频电视信号，通过滤波器选取所要放大的信号，经过三级放大，再由电缆送至前端设备或用户电视机；同时，还通过电缆从前端或用户端为放大器提供工作电源。

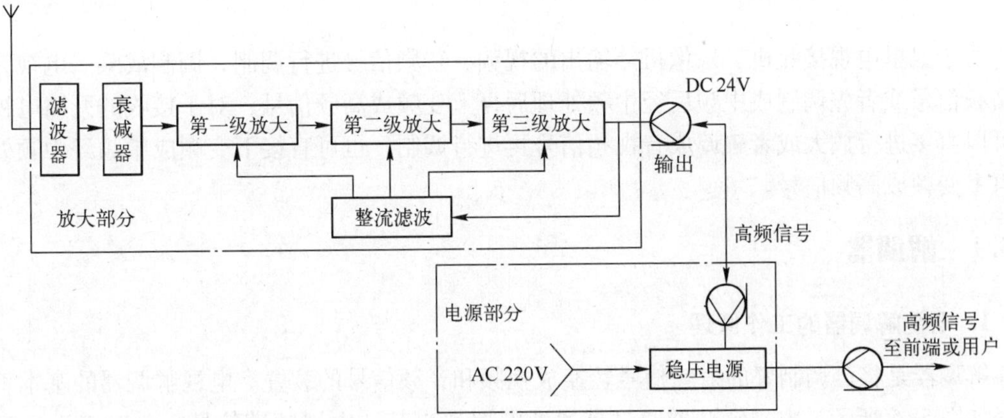

图 5-3　天线放大器的工作原理图

2. 频道放大器

一般用在进入混合器前，对每一个频道的信号分别进行放大。在前端系统中，频道放大器只放大一个特定频道的信号，其工作原理与天线放大器类似，但又有自己的特点：

1）输入电平低（约 60 dB），而输出电平较高，要达到 120 dB 左右，需要用 3 ~ 4 级放大电路来完成 60 dB 增益。

2）只对一个频道信号进行放大，则要求带通滤波器的滤波特性要好，具有选择性高、抑制邻频干扰能力强的特点等。其工作原理图如图 5-4 所示。

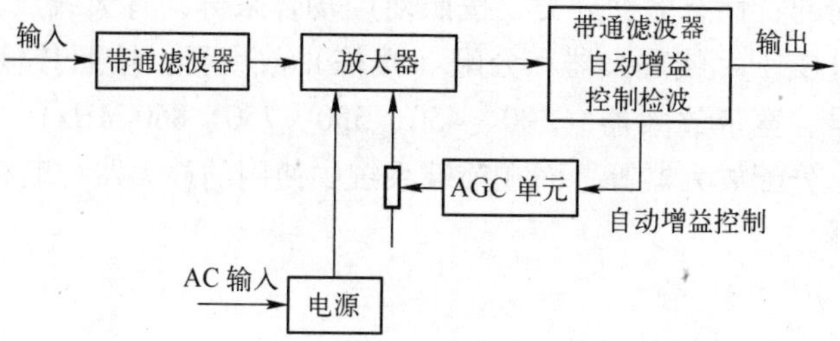

图 5-4 频道放大器工作原理图

在输入端首先通过一个带通滤波器取出某一特定频道，然后对信号进行放大。在该原理图中设有自动 AGC 电路，以控制稳定的输出。

3. 宽带放大器

在邻频前端放大电路中，无源混合器插入损耗很大，当混合器输出端信号电平偏低时，需要设置宽带放大器来放大信号，该放大器可以作为前端电路的主放大器，也可以认为是干线传输部分的第一台放大器，通常该放大器与后续干线放大器同型号，仅输出高于干线放大器的输出电平，输出电平的高低，主要取决于前端分配的非线性失真指标。宽带放大器在很宽的一段频带中放大倍数都一样，都能正常工作。干线放大器、分配放大器都属于宽带放大器。

5.3 解调器与调制器

对于卫星电视接收机、录像机等输出的视频、音频信号进行调制，调制成某一电视频道的高频信号或者先调制成中频后经中频处理后再上变频成高频信号；对于接收的开路电视信号可以直接进行放大或者解调成音视频信号再进行调制，也可直接下变频成中频经中频处理后再上变频成高频信号。

5.3.1 解调器

1. 电视解调器的工作原理

解调器是将已调制好的射频信号转换成视频和音频信号的装置。电视解调器的基本工作过程如图 5-5 所示。电视解调器通过带通滤波器选出某一电视频道信号，并对其进行高频放大，然后通过混频解调为中频信号，再对中频信号进行放大、检波，分离出 0 ~ 6 MHz 视频信号和 6.5 MHz 的伴音信号。对 6.5 MHz 的伴音载波再进行放大、限幅和鉴频，取出音频信号。电视解调器在有线电视系统中也是常用的，例如将某一频道的射频信号先解调为视音频信号，再将它们调制到另一电视频道上，以避免干扰或安排频道。

2. 电视解调器的主要技术参数

输入频道：电视解调器输入的是空间开路电视信号，输入频率范围很宽，通常 VHF、UHF、Z1 ~ Z37 频率段的电视信号均在其工作频率范围之内。

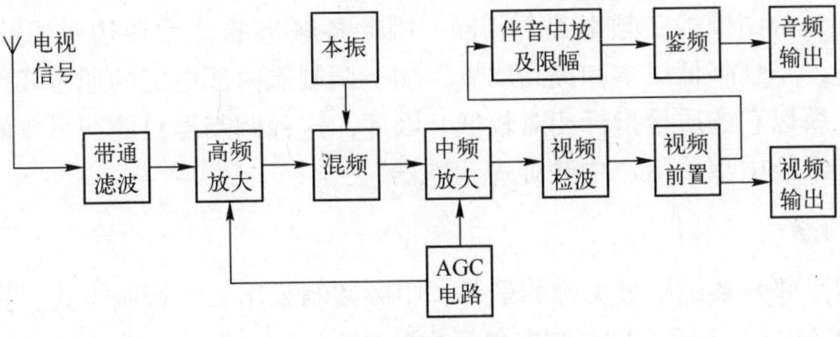

图 5-5　电视解调器框图

射频输入电平：电视解调器的输入电平范围一般比较宽，在此工作电平范围之内的电视信号，解调器经过内部调整，均可输出标准幅度的视频、音频信号。解调器射频输入电平范围多数在 50～85 dBμV 之间。

视频输出信号幅度与极性：电视解调器输出的视频信号电平幅度均为 1 V（峰 - 峰值）。即视频信号的最大亮度电平与同步头电平之差为 1 V，正极性。

音频输出电平：幅度为 0 dBmW，即 1 mW。按 600 Ω 阻抗计算，为 755 mV。

输出阻抗：视频输出阻抗为 75 Ω 不平衡输出，音频输出阻抗为 600 Ω 不平衡输出。

信噪比：视频信噪比≥50 dB，音频信噪比≥50 dB。

微分增益：电平在发生变化时，所引起的彩色副载波增益变化，国标规定微分增益≤5%。

微分相位：是视频信号的亮度信号电平在发生变化时，所引起的彩色副载波相位变化，国标规定微分增益≤5°。这个指标对色调的影响很大，解调器的微分增益、微分相位指标变化后，将会导致用户电视画面出现彩色失真。

色亮度时延差：是在视频信号中，色度信号与亮度信号之间的时延差，国标规定≤45 ns。

5.3.2　调制器

调制器是将有线电视系统中本地制作的视频节目信号、录像节目信号、卫星电视信号及音频信号转换成为已调制好的射频信号的装置。

1. 调制器的分类

调制器可以分为数字调制器、射频调制器；射频调制器按频率间隔来分可分为邻频调制器、隔频调制器；按频率处理方式来分可分为中频调制器、高频调制器；按频率可调来分可分为捷变频调制器，固定频调制器；按级别来分可分为标准级调制器、专业级调制器、广播级调制器；按集成路数来分可分为单路 ITS－T8001 调制器、4 路 ITS－T8004 调制器、16 路 ITS－T8016 调制器。

2. 高频调制器

高频调制器是视频信号直接对某频道频率的高频信号进行调制，成为这个频道的图像载频；音频信号则首先调制成 6.5 MHz 的调频信号，再和上述高频信号进行混频处理，成为比图像载频高 6.5 MHz 的伴音载频。然后将两个信号相加混合成某频道的全电视信号。

由于各个频道的图像载波频率都不相同，因此各频道的“残留边带滤波器”都必须专门分别设计制造，不易降低成本和提高质量，加上调制器内部电路的通带频率很高，质量指标也难以提高，所以它的质量指标相对较低。因此，这种调制器只能在早年的隔频系统中使用，近年的邻频系统中都采用“中频处理调制器”。

3. 中频调制器

中频调制器是邻频系统中最关键的设备，中频调制采用二次调制方式，先将视频信号调制在图像中频 38 MHz、音频信号调制在伴音中频 31.5 MHz 上，然后再通过上变频器将中频信号调制成某一频道上的高频电视信号。中频调制器的原理框图如图 5-6 所示。

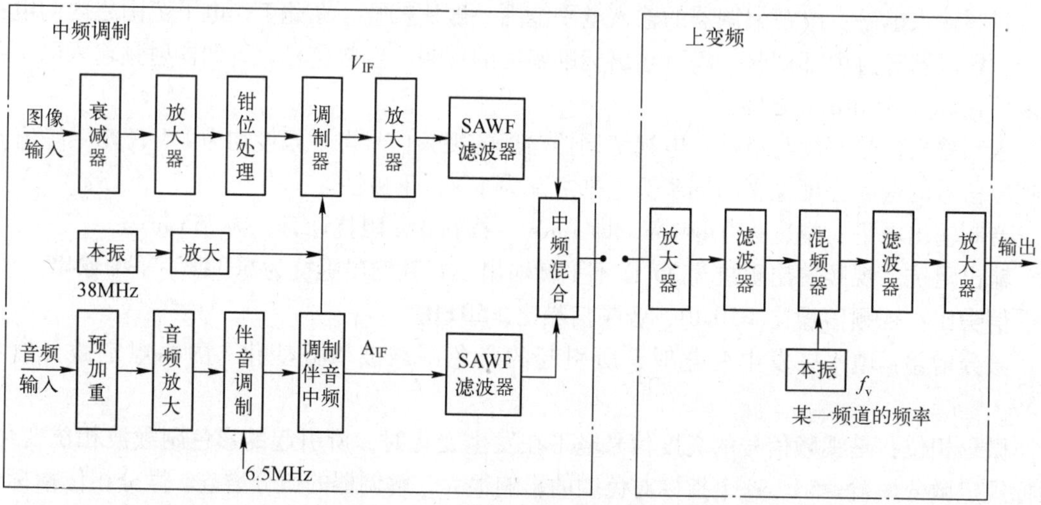

图 5-6 中频调制器原理框图

中频调制器实际上可以分为两个部分：中频调制单元和上变频单元。在中频调制中又可以分为图像中频调制和伴音中频调制两个部分。图像中频调制的主要功能是把输入的视频信号放大后，以调幅的方式调制在特定的、由晶体振荡器产生的 38 MHz 中频 VIF 上，经放大、钳位、白电平切割、同步整形等处理，并通过声表面波滤波器电路，使输出的信号具有良好的残留边带抑制和带外抑制，最后送至中频混合器，与伴音中频混合。伴音中频调制主要是把输入的电视伴音信号以调频的方式调制在伴音中频上。根据电视原理，伴音中频选为 38 MHz − 6.5 MHz = 31.5 MHz。输入音频信号经预加重、放大等处理后，经调制、变频形成 AIF（31.5 MHz）的伴音中频信号。伴音中频放大倍数可变，使 *A/V* 比可调。该信号经声表面滤波器滤除及抑制无用成分后，送到中频混合器与图像信号的中频混合。中频调制器输出的电视中频的频谱如图 5-7 所示。上变频单元是把由中频混合器输出的中频已调波信号放大后，经上变频电路变换为某一频道的射频电视信号，最后通过滤波器及功率放大器输出。

中频调制器通常设置有中频信号输出接口和输入接口，用于插入控制、加扰信号，不使用插入功能时，可以直接用短电缆将两个接口连接起来，调制器出厂时，都配备这种连接电缆。

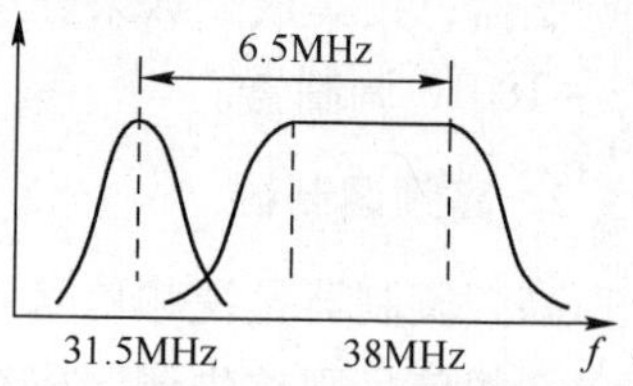

图 5-7 中频输出信号频谱

4. 捷变频调制器

捷变频调制器也是一种中频处理调制器，只是它的上变频器的频率是可以变换的，因此能够根据使用者的需要，变换输出各种频率频道输出。由于它的电路结构复杂，价格要比固定频道调制器贵得多。但是，因捷变频调制器采用宽带滤波器输出，不能像固定频道调制器那样设置多级固定频道滤波器，因此输出信号的“带外抑制比”相对较低，有可能对相邻频道造成某种程度的干扰、降低信号的质量指标。所以在系统中尽量不要采用捷变频调制器，只作为备件保存，哪台固定频道坏了，随时用上去顶替。分前端的自办节目，通常在总前端送来信号的留空频道中设置，适宜采用捷变频调制器，当上级原来的留空频道变了，可以随时变更频道，以便将自办节目插入新的留空频道。

5. 调制器的主要技术指标

视频输入信号幅度与极性：国标规定视频的输入信号电平幅度均为 1 V（峰 - 峰值）。即视频信号的最大亮度电平与同步头电平之差为 1 V，正极性。

音频输入电平：幅度为 0 dBmW，即 1 mW。按 600 Ω 阻抗计算，为 755 mV。

带外杂散输出：在邻频系统中最要紧的是不能有干扰其他频道包括邻频道在内的杂散信号。因此带外杂散输出越小越好，国标规定带外杂散输出电平必须比图像载波电平低 60 dB 以上。

调制度：国标规定为 87.5%。

视频信噪比：≥50 dB。

图像伴音功率比（V/A）：在调制器电路中，视、音频处于两个独立的通道，需要将音频信号电平进一步压低，以免伴音干扰图像。国标规定 V/A≥17 dB 以上。

频率精度和频率稳定度：频率精度是在基准温度（+20℃）时器件输出信号载波频率和标称频率之差。频率稳定度是指由于电子器件本身的原因，以及外界因素（温度、电压等）的影响，会造成调制器输出载波的偏移。国标规定频率精度为≤5 kHz、频率稳定度≤25 kHz。在调制器中采用锁相环技术，可以有效地抑制输出频率的变化。

输出电平：通常在 110 ~ 125 dBμV 之间，可调，波动最好在 ±5 dBμV 以下。

图像伴音载频差：(6500 ±5) kHz。

5.4　混合器

有线电视系统是通过一根同轴电缆同时传送多频道电视节目，因而在前端系统中，要把多个电视信号混合在一起输出，这样的装置称为混合器。与混合器的作用相反的是分波器，它是将一路信号分成不同频率的几路信号。分波器的原理与混合器的基本相同，只要将混合器的输出、输入端互换即可。混合器具有滤除干扰杂波的作用，因此有一定的抗干扰的能力。

5.4.1　混合器的种类

根据混合器的电路结构可分为：滤波器式混合器、分配器式混合器和宽带传输线变压器式混合器。根据混合器对信号的放大能力可分为：无源混合器、有源混合器。目前有线电视前端均采用无源混合器，有源混合器很少采用。

5.4.2 混合器的工作原理

1. 滤波器式混合器

频道型或频段型混合器一般由带通滤波器、高通滤波器和低通滤波器组成。其原理图如图 5-8 所示。混合器中的滤波器可以是 LC 滤波器、腔体滤波器或者是声表面滤波器中的任何一种。对于频道型混合器，每一个带通滤波器的带宽为 8 MHz，而对于频段型的带宽则根据具体的频宽而定。这种滤波器式混合器的特点是插入损耗小，一般≤4 dB。但制造工艺复杂，调试麻烦，不适宜邻频信号的混合，目前已经基本上不用了。

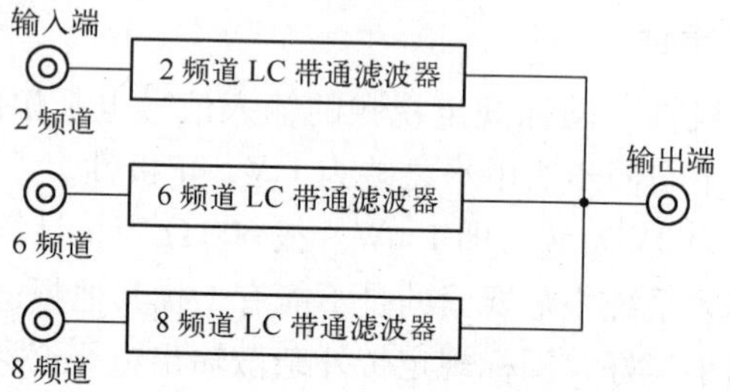

图 5-8 频道型混合器

2. 宽带传输变压器式混合器

有线电视系统中的分配器和分支器都是宽带耦合器件，在信号分配系统中，它们用来进行信号分配，当反向使用时，便可作为宽带混合器，各路输入口容许输入其频带范围内的任意频道的电视信号，当前邻频系统中普遍采用这种类型的混合器。

宽带混合器由分支器和分配器组成，它的频带能覆盖整个电视频段。最为主要的优点就是每一路都是宽带的，不需要区分输入接口，频道变化也不需要调整，较多地应用于邻频前端的信号混合。但与由 LC 回路组成的混合器相比，它的插入损耗大，而且接入的频道数越多，损耗越大。宽带传输变压器式混合器的结构如图 5-9 所示。这是采用二分配器组成的宽带型混合器。采用分支器组成的混合器的隔离度要好些，但各输入端口的插入损耗不相等，采用分配器组成的混合器各输入口的插入损耗完全相等，但相互隔离度稍差。

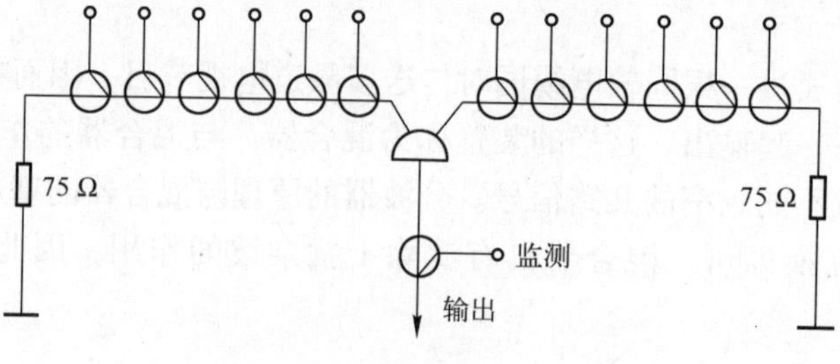

图 5-9 宽带传输变压器型混合器

3. 分配器式混合器

当前制造的高隔离度分配器，具有较高的隔离度（二分配器在 28 dB 左右），用它制成的分配器式混合器，各输入端仍保持良好的隔离，因此这类混合器在邻频系统中使用相当广泛。由于分配器反接的“插入损耗”和正接时的“分配损耗”是一样的，所以，2 路混合器的插入损耗是 4 dB，4 路混合器的插入损耗是 8 dB，8 路混合器的插入损耗是 12 dB，12 路混合器的插入损耗是 14 dB，16 路混合器的插入损耗是 16 dB，偏差范围大约 ±1 dB。

分配器式混合器的结构图如图 5-10 所示。

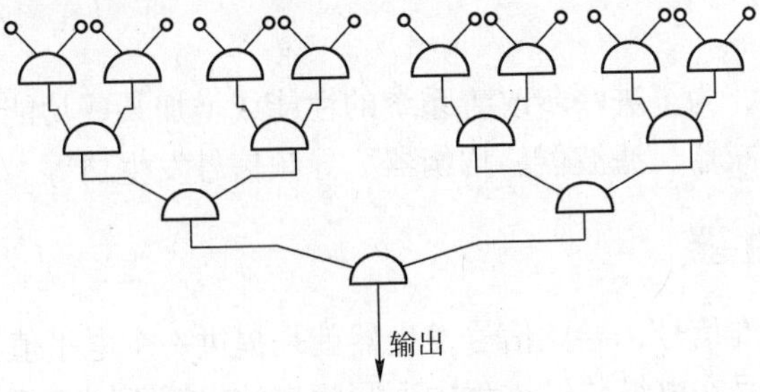

图 5-10　分配器式混合器

5.4.3　混合器的主要参数

频道混合器主要是要保持每一路信号的频率特性，使各路信号间避免出现各种干扰。其主要的性能指标如下。

1. 工作频率

混合器的工作频率因不同的需要而不同。尤其用带通滤波器组成的混合器其工作频带必须要与所混合的频道信号的频率段相对应。

2. 插入损耗

是指混合器输入功率与输出功率之比，通常用分贝表示。频道型混合器的插入损失一般在2 ~4 dB 之间。宽带型混合器的插入损失较大，且与混合的频道数有关，一般 8 个频道的混合器损耗约为 11 dB，16 个频道的约为 15 dB。

3. 带内平坦度

主要是指工作频带内的幅频波动，也用分贝表示。频道型混合器的带内平坦度是指频道内（8 MHz）的幅频波动，一般要求在 1 dB 以内；宽带型混合器的带内平坦度是指整个频段的幅频波动，要求在 2 dB 以内，对任意 10 MHz 带宽内的幅频波动仍要求在 1 dB 以内。

4. 相互隔离度

在理想情况下，混合器任一输入端加入信号时，其他输入端不应出现该信号；任一输入端有开路或短路现象时也不应影响其他输入端。但实际上总有一定的影响，在某一输入端加入一信号，该信号电平与在其他输入端出现的该信号电平之分贝差，称为相互隔离度，用 dB 表示，一般要大于 20 dB。

5. 带外衰减

指对频带外信号的衰减值，以 dB 表示。该值越大说明混合器受带外频道的干扰越小，一般要求大于 20 dB。

6. 反射损耗

输入信号与反射信号电平之比，以 dB 表示。反射损耗表示在混合器的工作频带内输入、输出阻抗与规定的 75 Ω 匹配程度。

5.5 其他设备

在有线电视系统中，为了进一步改善系统的性能或增加某些功能而增加的设备，本书统称为辅助设备。如：衰减器、滤波器、均衡器、导频信号发生器等。

5.5.1 导频信号发生器

导频信号是一个基准信号，导频信号发生器就是提供一个电平值稳定不变的信号。在有线电视系统中，射频信号在电缆传输过程中不同频率的损耗不同，而且会随着环境温度的变化，损耗量也会发生变化，例如温度的升高使衰减量也变大，从而导致系统信号不稳定，于是在干线放大器中往往设有自动增益控制电路（AGC）和自动斜率控制电路（ASC），而这两者都是以导频信号作为基准信号的，所以在前端需提供某一固定频率的导频信号。一般导频信号的频率有三个：低频段的 65. 75 MHz 或 77. 25 MHz；第二导频为 110. 0 MHz；高频段的 296. 25 MHz 或 448. 25 MHz。

图 5-11 为导频信号发生器的结构框图，它主要由晶体振荡器、带通滤波器、可调衰减器、放大器和 AGC 电路组成，能够输出固定频率并且幅度稳定的导频信号。

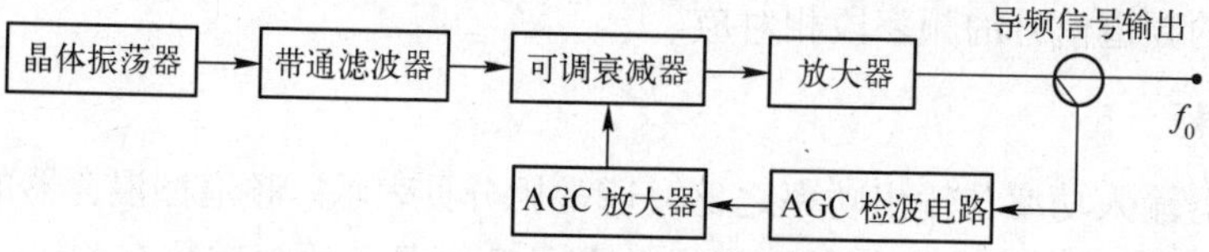

图 5-11 导频信号发生器方框图

5.5.2 衰减器

在有线电视前端电路中，当天线输出电平过高，超过了后续设备（如解调器、信号处理器等）的上限输入电平范围；或多路信号同时输入宽带混频器，要求各个输入信号电平基本一致时，都需要采用衰减器适当调节信号电平，使其满足设备要求和设计要求。在干线传输网络中，放大器的输入端、输出端也常接入衰减器，用来控制放大器的输入端、输出端电平。在分配系统中，有时也要采用衰减器来调节信号电平。总之，在有线电视系统里广泛使用衰减器以便满足多端口对电平的要求。

1. 衰减器的分类

衰减器有无源衰减器和有源衰减器两种。有源衰减器与其他热敏元件相配合组成可变衰减器，装置在放大器内用于自动增益或斜率控制电路中。无源衰减器有固定衰减器和可调衰减器。

固定衰减器由电阻组成，由于没有电抗元件，因此只有幅度衰减而没有相移，能在很宽的频率范围内工作。常用 T 形或 π 形网络组成（见图 5-12）；可调衰减器由电位器组成，在调试中及电平调整中使用。

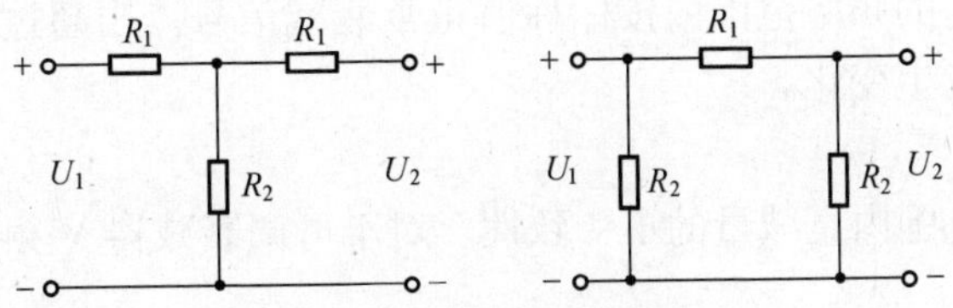

图 5-12 衰减器等效电路

a）T 形等效电路 b）π 形等效电路

T 形衰减器的电阻计算公式为

$$R_1 = \frac{75(\alpha' - 1)}{\alpha' + 1} \quad （单位：\Omega） \quad (5\text{-}1)$$

$$R_2 = \frac{150\alpha'}{\alpha'^2 - 1} \quad （单位：\Omega） \quad (5\text{-}2)$$

式中 α'——衰减器的衰减量（倍）。

π 形衰减器的电阻计算公式为

$$R_1 = \frac{75\ (\alpha'^2 - 1)}{2\alpha'} \quad （单位：\Omega） \quad (5\text{-}3)$$

$$R_2 = \frac{75\ (\alpha' + 1)}{\alpha' - 1} \quad （单位：\Omega） \quad (5\text{-}4)$$

通常衰减量 α 用 dB 表示，即

$$\alpha = 20\lg\alpha' \quad (5\text{-}5)$$

固定衰减器是指在一定频率范围固定比例倍数的衰减器，主要有 3 dB、6 dB、9 dB、12 dB、15 dB、20 dB 等固定衰减量的多种型号衰减器。这种衰减器体积小，性能稳定，安装便捷，可制成插件结构，插入放大器内。

可调衰减器是以一定固定值等间隔可调比例倍数的衰减器，可调范围一般是 0 ~ 20 dB，常用于衰减量需要经常改变的场合。可调衰减器与固定衰减器相比，衰减量有时会随频率发生变化，对高频信号衰减量往往小于低频信号。在系统调试过程中，可采用可调式衰减器，当调试完毕后，可改用相同衰减量的固定式衰减器。

2. 衰减器的技术参数

（1）衰减量

衰减器的衰减量表示的是输入端与输出端的电平差，即

$$\alpha = U_1 - U_2 \quad (5\text{-}6)$$

式中 α——衰减器的衰减量（dB）；

U_1——输入电平（dB）；

U_2——输出电平（dB）。

（2）插入损耗

对于连续可调式衰减器而言，存在着附加的插入损耗。当衰减器的衰减量调至最低（理论上无衰减量）时，衰减器输入端与输出端电平之差。通常小于 1 dB。

(3) 工作带宽

衰减器通常在一定的频率范围内按标称值正常衰减信号。当超过了这个范围，衰减量、带内平坦度等参数会发生变化。

(4) 带内平坦度

表示在工作频率范围内衰减量的不一致性。对于可调衰减器 V 频段一般为 ±1dB，U 频段一般为 ±1.5 dB。

5.5.3 均衡器

均衡器是有线电视系统必不可少的一个常用器件，它是由电感、电容和电阻构成的一个桥 T 形四端高通网络，通过调整电抗元件可以改变幅频特性的倾斜度，即对低频信号衰减大，高频信号衰减小，正好与电缆的衰减特性相反，在 CATV 传输系统中，正是用均衡器来弥补电缆衰减造成的高、低频信号衰减的不同，以达到高、低频道输出电平大体相同的目的。

1. 均衡器分类

(1) 按工作频率分

按工作频率（即截止频率）可分为 300 MHz、550 MHz、750 MHz 均衡器，300 MHz 均衡器已无市场，在具体使用时应根据实际的系统容量选择合适的均衡器。

(2) 按工作方式分

按工作方式均衡器可分为有源均衡器和无源均衡器。有源均衡器即电调均衡器，是在电调衰减器的基础上增加了电抗支路而构成的，有源均衡器在普通放大器中较少应用，但在 ASC 放大器中，有源均衡器却是一个至关重要的器件。无源均衡器由电感、电容和电阻等无源器件组成，在 CATV 系统中广泛应用。

(3) 按均衡量调节方式分

按调节方式均衡器可分为固定均衡器和可调均衡器。固定均衡器应用较广泛、线路简单、成本低廉、均衡量固定，靠换用不同的均衡量的均衡器来实现均衡调整。可变均衡器能实现定阻抗条件和不同均衡量要求，在具体设计时可调均衡器在实现大均衡量调整，定阻抗条件不易实现，VH 段出现鼓包现象，在目前市场上，可调均衡器的用量略少，即一般也和固定均衡器配合作为微调器件使用。

(4) 频率响应均衡器

在实际系统中有时会出现中间某个频道电平比其他频道电平高的情况，这时用上述均衡器就不能解决问题，而应采用针对某点频率的频率响应均衡器。

2. 均衡器的主要技术参数

(1) 插入损耗

在工作频率的上限频率处，均衡量输入电平与输出电平之差，即为插入损耗。国标规定：V 频段插入损耗≤1.5 dB 以内；U 频段插入损耗≤2 dB。

(2) 均衡量

均衡量就是该均衡器工作频率范围内的下限频率和上限频率衰减量之差（dB）。

(3) 均衡偏差

由于均衡器特性不能和电缆损耗特性完全互补，有一定的均衡偏差。均衡偏差为工作频段内规定频率点均衡值与理论均衡值的差，均衡偏差值越小，补偿的效果越好，国标规定为±0.5 ~ ±1 dB。

(4) 反射损耗

它是衡量均衡器输入端和输出端匹配好坏的指标。反射损耗越大，说明端口匹配越好。

5.5.4　滤波器

有线电视前端设备中，很多设备内部都有滤波器，如天线放大器、混合器、信号处理器、解调器、调制器等等，根据其对滤波器性能的要求，有些采用 LC 滤波器、螺旋滤波器，有些采用声表面波滤波器，由于这些滤波器均在设备内部，其性能参数已经包含在设备的性能、参数之中，本节不做讨论。本节介绍的是在前端电路中作为独立器件设置的滤波器，通常应用最多的是频道滤波器，即只通过一个频道的带通滤波器。这种滤波器一般设置在天线输出端，其作用是滤除天线接收的开路信号中的带外杂波干扰。这种滤波器一般由 LC 滤波器或螺旋滤波器组成，其性能指标不高，在邻频前端电路中很少使用，通常用于非邻频的全频道前端电路中。

1. 滤波器分类

按所处理的信号分为模拟滤波器和数字滤波器两种。

按所通过信号的频段分为低通、高通、带通和带阻滤波器四种。如图 5-13 所示。低通滤波器允许信号中的低频或直流分量通过，抑制高频分量或干扰和噪声。高通滤波器允许信号中的高频或交流分量通过，抑制低频或直流分量。带通滤波器允许一定频段的信号通过，抑制低于或高于该频段的信号、干扰和噪声。带阻滤波器抑制一定频段内的信号，允许该频段以外的信号通过。

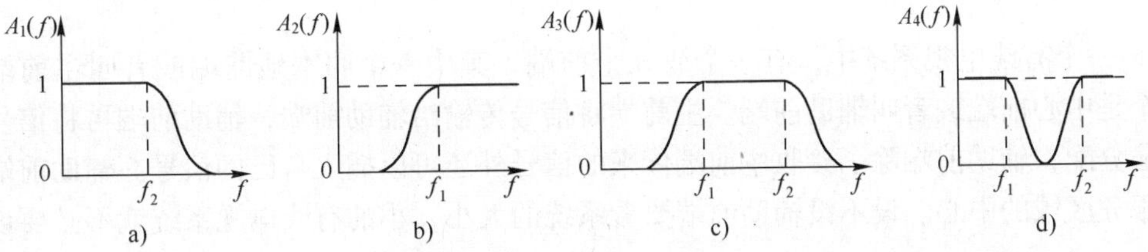

图 5-13　滤波器的幅频特性
a) 低通　b) 高通　c) 带通　d) 带阻

按所采用的元器件分为无源和有源滤波器两种。无源滤波器是仅由无源元件（R、L 和 C）组成的滤波器，它是利用电容和电感元件的电抗随频率的变化而变化的原理构成的。这类滤波器的优点是电路比较简单，不需要直流电源供电，可靠性高；缺点是通带内的信号有能量损耗，负载效应比较明显，使用电感元件时容易引起电磁感应，当电感 L 较大时滤波器的体积和重量都比较大，在低频域不适用。有源滤波器由无源元件（一般用 R 和 C）和有源器件（如集成运算放大器）组成。这类滤波器的优点是通带内的信号不仅没有能量损耗，而且还可以放大，负载效应不明显，多级相连时相互影响很小，利用级联的简单方法很容易构成高阶滤波器，并且滤波器的体积小、重量轻、不需要磁屏蔽（由于不使用电感元件）；缺点是通带范围受有源器件（如集成运算放大器）的带宽限制，需要直流电源供电，可靠性不如无源滤波器高，在高压、高频、大功率的场合不适用。

根据滤波器的安放位置不同，一般分为板上滤波器和面板滤波器。板上滤波器安装在线路板上，如 PLB、JLB 系列滤波器。这种滤波器的优点是经济，缺点是高频滤波效果欠佳。滤波阵列板、滤波连接器等面板滤波器一般都直接安装在屏蔽机箱的金属面板上。由于直接安装在金属面板上，滤波器的输入与输出之间完全隔离，接地良好，电缆上的干扰在机箱端口上被滤除，因此滤波效果相当理想。缺点是必须在设计初期考虑安装所需的配合结构。

2. 滤波器的技术参数

（1）带外衰减

滤波器的带外衰减可分为≥60 dB、≥30 dB、≥20 dB 三个档次。声表面波滤波器的带外衰减可≥60 dB，LC 滤波器、螺旋滤波器的带外衰减只能做到 20 ~ 30 dB。

（2）插入损耗

一般要求带通滤波器的插入损耗小于 2 dB。插入损耗是滤波器的一项重要指标，在系统中为了增强抗干扰能力，改善信号传输质量，通常天线输出端加接带通滤波器，此时应选择插入损耗特别小的滤波器，这样可以避免该频道的载噪比降低。

（3）带内平坦度

V 频段：±0.5 dB 以内；FM 和 U 频段：±1 dB 以内。带内平坦度越好，说明滤波器的幅频特性越好。

（4）反射损耗

反射损耗越大越好，V 频段≥12 dB；U 频段≥10 dB。

本章小结

1. 一个有线电视系统中，有一个或几个前端，其中一个叫本地前端或者叫主前端，其余几个是中心前端或者叫辅助前端。主前端将信号传输给辅助前端，辅助前端再将信号向用户传输分配，辅助前端除了接收主前端传来的信号外还可以插入自己的信号。辅助前端通常设在服务区域的中心。设不设辅助前端要看系统的大小，小的有线电视系统就不必要设辅助前端。

2. 接在天线或其他信号源（如卫星电视接收机、录像机）与有线电视系统的干线部分之间的设备叫前端，它用于处理要传输的信号。天线放大器是专门用来放大天线接收信号的放大器，由于要放大的信号比较微弱，因此放大器的噪声系数一定要小。有线电视系统使用的天线放大器都带有频道滤波器。频道放大器是一种单频道高电平放大器，其输入接天线放大器或调制器等所提供的信号，输出经混合后提供给干线。它只能在某一个指定的频道中工作，在这个频道以外放大倍数急剧下降，因而能抑制这个频道以外的信号。在很宽的一段频带中放大倍数都一样，都能正常工作的放大器叫宽带放大器。干线放大器、分配放大器都属于宽带放大器。混合器是一种将两个或两个以上的信号混合在一起的器件，有宽带的和选频的两种。宽带混合器用分支器或定向耦合器构成，插入损耗比较大。选频混合器由滤波器构成，插入损耗比较小，选频混合器倒过来用就是分波器。

习题

1. 什么是前端?
2. 一个有线电视系统中前端由哪几部分组成?
3. 什么是天线放大器?
4. 什么是频道放大器?
5. 什么是宽带放大器?
6. 什么是混合器?
7. 设计衰减量为 11 dB 的 T 形或 π 形固定式衰减器。

第6章　传输系统

干线传输系统是有线电视的重要组成部分，位于前端和用户分配系统之间，其作用是将前端输出的各种信号稳定而且不失真地传输至用户分配系统。干线传输的传输媒介主要包括：电缆、光缆和微波。大多数有线电视系统并不只单独使用一种传输媒介，而是多种传输媒介混合使用，例如光缆和电缆混合传输、微波和电缆混合传输等。

现代有线电视系统最根本的目的是要解决覆盖问题，因此，由前端产生的复合射频信号最终必须通过合理的传输分配网络才能被准确、优质地传送到千家万户。传输分配网络在现代有线电视系统中扮演着极为重要的角色。同时也是系统规划、设计的重点和难点。

从目前采用的传输媒介来看，传输分配网络主要有以下三种实际应用模式：即 HFC 网（光纤同轴电缆混合网，传输干线内光纤传输系统组成，而用户分配网则仍然采用同轴电缆）、同轴电缆网（传输分配均采用同轴电缆）和 MMDS（多路微波分配系统），MMDS 通常只作为辅助或补充手段，在一些地形特殊、用户分散、不便于铺缆架线的地区使用。本章对三种介质组成的干线传输系统分别进行介绍。

6.1　同轴电缆传输系统

同轴电缆网络在有线电视发展过程中曾占据绝对统治地位，现在仍大量的存在于实际系统中，将来也还可能在局部场合继续得到应用，至少，HFC 网络中用户分配网部分仍将采用同轴电缆作为传输媒介。根据我国国情，全光网络在短期内不可能成为现实。因此，在今后相当长的一段时间内，同轴电缆仍是有线电视网络不可或缺的组成部分，了解由同轴电缆构成的传输分配网络体系具有十分重要的意义和价值。

6.1.1　同轴电缆结构

同轴电缆由内导体、绝缘介质、外导体（屏蔽层）和护套（保护层）四部分组成，绝缘体使内、外导体绝缘且保持轴心重合。其结构如图 6-1 所示。

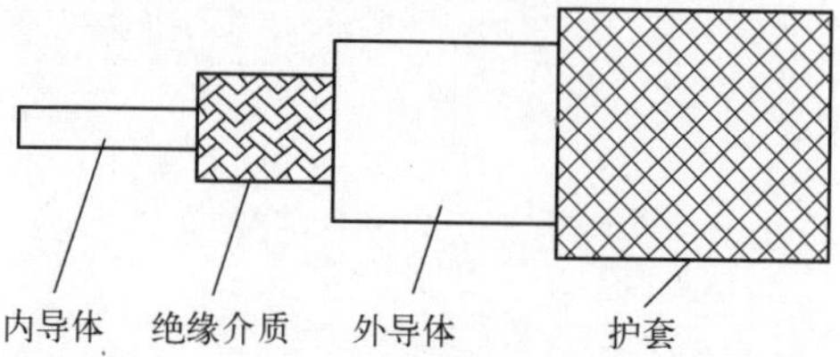

图 6-1　同轴电缆结构

内导体（也称芯线）一般由铜线、镀铜铝线、镀铜钢线等金属线材制成。内导体的任务是传输高频电流。由于高频电流在导体中流过时存在趋肤效应，即只沿导体表面流过，在导体内部没有电流，因而可以把其中心部分去掉，做成空心金属管。或者用刚性好的金属作芯，在表面覆盖一层导电性能优良的金属。镀铜钢线具有铜的导电性和钢的高强度，适用于移动较频繁的场所，一般用户网采用。镀铜铝线兼有铜的导电性和铝的重量轻，可用于分配网或主干线。

外导体（也称屏蔽层）一般由铜丝编织网或镀锡铜丝编织网内加一层铝箔制成，也可采用金属管。外导体除了传输高频电流外，还担负着屏蔽的任务，要使电缆内部的电磁场不受外界的干扰，也不影响外界的电磁场，特别要防止空中的电磁波直接从电缆窜入系统。

外导体与内导体之间是绝缘介质。它的作用是阻止沿径向的漏电电流，同时也要对内外导体起支撑作用，使整个电缆构成稳定的整体。绝缘介质电特性在很大程度上决定着电缆的传输和损耗特性，经常使用的绝缘介质有干燥空气、聚乙烯、聚丙烯、聚氯乙烯等。

电缆的最外层是护套，常采用聚乙烯或乙烯基类塑料材料做成，用以增强电缆的抗磨损、抗机械损伤、抗化学腐蚀的能力，对电缆起保护作用。用于室外的干线或支干线电缆应选择抗紫外线的塑料；用于室内的电缆，其防护套则应选择阻燃的塑料。同轴电缆实物如图6-2所示。

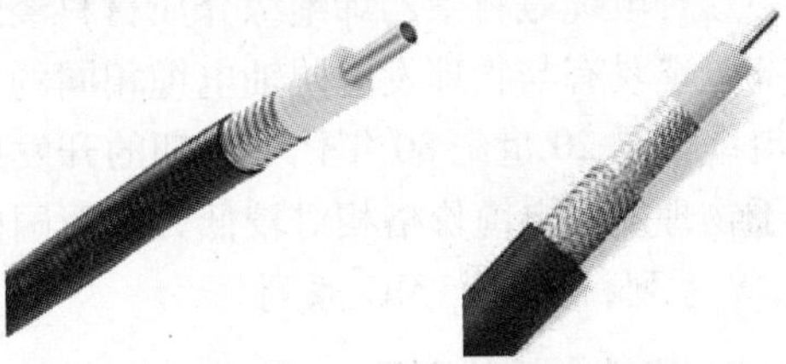

图6-2 同轴电缆

有些同轴电缆还针对机械损伤和腐蚀采取了额外的保护措施。为了防止机械损伤（如鼠咬、挖掘设备对其损伤及埋地挤压等），有些电缆常常用一层铅装外护套；为了防腐有些电缆外面再加一层特殊塑料护套；有些带外护套的电缆在外护套和外导体之间加有一种叫做复合流动物（如聚异丁烯）的黏性流体。当外护套受损时大量的复合流动物暴露到空气中便会凝固，从而使护套的受损部分“自愈”；还有的电缆在外护套外装了附加的金属悬缆丝，以增加机械强度。

6.1.2 同轴电缆分类及型号

1. 同轴电缆的分类

同轴电缆的种类具有很多类型，根据对内、外导体间绝缘介质的处理方法不同可分为以下几种。

（1）实心同轴电缆

第一代电缆采用实心材料作为填充介质，电缆的内、外导体间填充以实心的聚乙烯绝缘材料，虽然制造工艺简单，阻抗均匀，机械性能较好，但由于它对高频衰减大，传输损耗大，现在已基本淘汰，国产常用型号为SYV系列。

（2）化学发泡同轴电缆

第二代电缆在聚乙烯绝缘介质材料内加入化学发泡剂，利用化学发泡遇热分解释放出氮气的特性，在聚乙烯绝缘体内形成均匀气泡而成为半空气绝缘介质。由于介电常数变小，电气性能得以改善，但发泡度低（约在50%以下），残留在介质中极易吸潮，当工作频率很高时，会使传输损耗陡增，另外其机械性能和防潮性能也不理想，这种电缆在目前已很少使用。国产常用型号为SYFV系列。

（3）藕芯同轴电缆

第三代电缆是将聚乙烯绝缘介质材料经过物理加工，使之成为纵孔状半空气绝缘介质。

信号在这种介质电缆中的传输损耗比前两种电缆要小得多，但它的最大缺点是由于存在纵孔，纵向防水性能较差，孔内容易积水，从而使性能变差影响传输效果。国产常用型号为SYKV、SDVC 系列，目前常在有线电视分配网络中使用。

（4）物理发泡同轴电缆

第四代电缆是在聚乙烯绝缘介质材料中注入气体（如氮气），使介质发泡，通过选择适当工艺参数使之形成很小的互相封闭的均匀气泡。这种电缆性能稳定，不易受潮，使用寿命长，传输损耗低，已广泛应用到有线电视及通信网中。国内常用型号为 SYWV、SDGFV 等系列，美国产 QR 系列。

（5）竹节电缆

这种电缆是将聚乙烯绝缘介质材料经过物理加工，使之成为竹节状半空气绝缘的结构。竹节电缆具有与物理发泡同轴电缆相同的优点，其他性能也均很好。这种电缆与物理发泡同轴电缆都是 20 世纪 80 年代中后期的开发成果，代表着目前世界上电缆生产的最高水平。但由于物理发泡电缆价格相对较低. 因而国内外都在竞相开发生产。竹节电缆国内常用型号为SYDV 系列，美国产 MC^2 系列。

2. 同轴电缆的型号

射频同轴电缆的种类和规格很多，我国对同轴电缆的型号与规格实行了统一的命名，具体编制方法如图 6-3 所示。

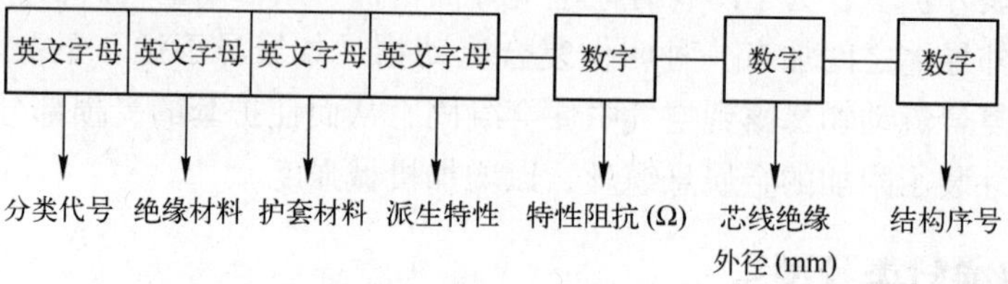

图 6-3　同轴电缆的命名方法

型号命名通常由四部分组成：第一部分用英文字母表示，分别表示同轴电缆的分类代号、绝缘材料、护套材料和派生特性，具体含义见表 6-1。

表 6-1　国产同轴电缆型号的含义

分类代号		绝缘材料		护套材料		派生特征	
符号	含　义	符号	含　义	符号	含　义	符号	含　义
S	同轴射频电缆	Y	聚乙烯	V	聚氯乙烯	P	屏蔽
SE	对称射频电缆	W	稳定聚乙烯	Y	聚乙烯	Z	综合
SJ	强力射频电缆	F	氟塑料	F	氟塑料		
SG	高压射频电缆	X	橡皮	B	玻璃丝编制浸硅有机漆		
ST	特性射频电缆	I	聚乙烯空气绝缘	H	橡皮		
SS	电视电缆	D	稳定聚乙烯空气绝缘	M	棉纱编织		

第二、三、四部分均用数字表示，分别表示同轴电缆的特性阻抗（Ω）、芯线绝缘外径（mm）和结构序号。例如“SYV－75－3－1”的具体含义是：S 表示该电缆为射

频同轴电缆，Y 表示绝缘材料为聚乙烯，V 表示护套材料为聚氯乙烯，特性阻抗为 75Ω，芯线绝缘外径为 3 mm，结构序号为 1。又例如，目前在有线电视系统中被大量采用的 SYWV 型电缆，S 表示为射频同轴电缆，YW 表示绝缘材料为物理发泡聚乙烯，V 表示护套材料为聚氯乙烯。随着新技术和新材料的应用，新型电缆代号可能会超出表中所列含义。

6.1.3 同轴电缆性能参数

下面介绍同轴电缆的几个主要技术参数。

1. 特性阻抗

电缆分配系统中的同轴电缆首先要考虑的主要参数就是特性阻抗。

特性阻抗是指在同轴电缆终端匹配的情况下，电缆上任意点电压与电流的比值，通常与内、外导体直径和绝缘材料的相对介电常数有关。有线电视系统中同轴电缆的标准特性阻抗为 75 Ω。特性阻抗取决于电缆的结构尺寸和绝缘材料的介电常数。

2. 衰减常数

衰减常数反映了电磁能量沿电缆传输时的损耗程度，它是同轴电缆的主要参数之一。为了提高传输效率，通常要求电缆的衰减系数尽可能小。

衰减常数（α）定义为单位长度（如 100 m）电缆对信号衰减的分贝数。衰减常数与同轴电缆的结构尺寸、介电常数、工作频率有关。电缆的内、外导体直径越大，衰减常数就越小。衰减系数 β 与传输信号频率之间的关系可近似表示为

$$\beta=\frac{3.56\sqrt{f}}{z_0}\left(\frac{k_1}{D}+\frac{k_2}{d}\right)+9.13f\sqrt{\varepsilon_r}\tan\delta \qquad (\text{单位:dB/km}) \qquad (6\text{-}1)$$

式中，f 为工作频率（MHz）；Z_0 为特性阻抗（Ω）；D 为外导体内径（cm）；d 为内导体外径（cm）；k_1，k_2 是由内、外导体的材料和形状决定的常数；ε_r 为绝缘介质的相对介电常数；$\tan\delta$ 为绝缘介质损耗角的正切值，频率越高，$\tan\delta$ 值越大。

由上式可以看出，射频信号在同轴电缆中传输时的衰减是由内、外导体的损耗与绝缘材料的介电损耗共同引起的，公式的前项是电缆导体直径对衰减的影响，为主要项，因它与 $\sqrt{f}$ 成正比；后项是介质对衰减的影响，为次要项，但它与 f 成正比。两者叠加的结果，在传输频率的低端，衰减常数基本由电缆直径决定，介质影响很小，但随着频率升高，介质影响会越来越明显。显然，电缆直径越大，则衰减值越小。

在目前城市有线电视系统的工作频率范围内，由于传输频率较低，衰减常数与频率之间的关系近似为线性。

工程上为了计算方便，通常认为衰减常数 β 与工作频率的平方根 $\sqrt{f}$ 成正比，频率越高，衰减常数越大；频率越低，衰减常数越小。即

$$\beta\approx K\sqrt{f} \qquad (\text{单位:dB/km}) \qquad (6\text{-}2)$$

需要注意，当频率较低时，这种计算与实际值较接近，当频率较高时，这种计算有一定的误差。通常在电缆产品说明书中以表格或曲线形式给出了在 20℃ 常温下的衰减常数与频率之间的对应关系。表 6-2 为国产部分电缆在不同频率下的衰减常数。

表 6-2 国产 SYKV 纵孔电缆和 SYWV 高发泡电缆的衰减常数（20℃，dB/100 m）

型号频率/MHz	SYKV-75				SYWV-75						
	-5	-7	-9	-12	-5	-7	-9	-12	-13	-15	-17
5	1.6	1.0	0.8	0.55	1.37	0.83	0.66	0.51	0.45	0.40	0.36
83	6.6	4.4	3.6	2.7	5.44	3.48	2.80	2.18	1.94	1.70	1.49
211	11.0	7.0	5.8	4.5	8.84	5.69	4.58	3.58	3.20	2.82	2.49
300	13.0	8.6	7.1	5.4	10.64	6.87	5.54	4.34	3.89	3.44	3.04
450	16.1	12.0	9.0	6.9	13.21	8.56	6.92	5.44	4.87	4.32	3.84
500	17.0	12.6	9.3	7.5	13.98	9.06	7.42	5.77	5.19	4.61	4.09
550	17.8	13.2	10.0	8.0	14.72	9.55	7.73	6.09	5.48	4.86	4.33
860	24.0	15.2	12.5	10.0	18.82	12.28	9.98	7.89	7.12	6.35	5.68
1000	26.0	17.0	14.0	11.5	20.39	13.32	10.85	8.58	7.76	6.93	6.21

由于同轴电缆具有频率特性，当系统中同时传输若干个频道信号时，频率高的频道传输损耗大，频率低的频道传输损耗小，信号经一定长度的电缆传输后，必然导致高低频道电平有差值，这种差值称为斜率。

【例 6-1】 已知某同轴电缆在频率为 300 MHz 时衰减常数为 13 dB/100 m。求：

1）频率为 860 MHz 时的衰减常数；

2）150 m 长的电缆在 300 MHz 和 860 MHz 时的传输损耗各为多少 dB？

解： 1）$\beta_2 = K\sqrt{f_2} = \frac{\beta_1}{\sqrt{f_1}}\sqrt{f_2} = \frac{13}{\sqrt{300}} \times \sqrt{860}$ dB/100 m = 22 dB/100 m

2）在 300 MHz 时的传输损耗为 (13×1.5) dB = 19.5 dB

在 860 MHz 时的传输损耗为 (22×1.5) dB = 33 dB

可见，电缆的损耗是有斜率的，因此，在有线电视系统中必须进行频率补偿。常用的补偿方法有：在放大器的输入端外加斜率均衡器，利用均衡器随着频率的增加均衡量下降的特性，来补偿同轴电缆的频率特性；采用本身具有斜率均衡功能的放大器内均衡。

3. 温度系数

同轴电缆的衰减量随着温度的变化而变化，温度系数表示温度变化对电缆损耗值的影响。通常温度增加，电缆损耗增大；温度降低，电缆损耗减小。

温度系数定义为温度每升高（或降低）1℃，电缆对信号衰减增加（或减小）的百分数。例如，温度系数为 0.2%/℃，表示温度每升高（或降低）1℃，电缆损耗值在原基础上增加（或减小）0.2%，如果温度变化 ±25℃，电缆损耗值在原基础上变化 ±25 ×0.2% = ±5% dB。例如工作环境温度变化范围为 ±30℃时，衰减量便会产生 ±6% dB 的变化，即对衰减量为 100 dB 的电缆来说，会有 ±6 dB 的变化。因此采用同轴电缆实现长距离传输时必须要有补偿措施来弥补由于温度变化带来的影响（上述衰减量随温度的变化一般对传输的最高频率处而言）。

同轴电缆的衰减量随频率的不同是存在斜率的，温度变化不仅会引起衰减量的变化，而且会引起斜率的变化。

【例 6-2】 某电缆在常温时（20℃），频率为 52 MHz 时的衰减为 40 dB/100 m，频率为 800 MHz 为时的衰减为 100 dB/100 m，求 -20℃、40℃时的衰减常数。

解：-20℃时，$\alpha_{52\,\mathrm{MHz}}=[40+40\times0.002\times(-40)]\,\mathrm{dB}=36.8\,\mathrm{dB}$

$$\alpha_{800\,\mathrm{MHz}}=[100+100\times0.002\times(-40)]\,\mathrm{dB}=92\,\mathrm{dB}$$

40℃时，$\alpha_{52\,\mathrm{MHz}}=[40+40\times0.002\times(+20)]\,\mathrm{dB}=41.6\,\mathrm{dB}$

$$\alpha_{800\,\mathrm{MHz}}=[100+100\times0.002\times(+20)]\,\mathrm{dB}=104\,\mathrm{dB}$$

这种由于温度变化而引起的电缆衰减量斜率变化也必须采取相应的措施来进行补偿。电缆的温度特性正是干线放大器中装有 AGC 与 ASC 控制的原因。

4. 屏蔽性能

电缆的屏蔽性能是一项重要的指标。屏蔽性能好，不仅可防止周围环境中的电磁干扰影响本系统，也可防止电缆的传输信号泄漏而干扰其他设备。屏蔽特性以屏蔽衰减（dB）表示，屏蔽衰减越大，屏蔽系数越小，表示电缆屏蔽性能越好。一般来说，金属管状的外导体具有最好的屏蔽特性，采用双层铝塑带和金属网也能获得较好的屏蔽效果。现在为了发展有线电视宽带综合业务网，生产了具有四层屏蔽的接入网同轴电缆，其屏蔽特性很好。

5. 回路电阻

回路电阻定义为单位长度（如 1 km）内导体与外导体形成的回路的电阻值（以 Ω/km 表示）。干线放大器的供电是经电缆传送的，50 Hz 交流电流经过内导体到达放大器（作为电源的负载），再由放大器经过外导体返回电源，形成一个回路。当确定由电源到任一负载的电压降时，就需要考虑回路电阻的影响。回路电阻在 50 Hz 交流测得的值与直流回路电阻差别很小，可替代使用。一般要求回路电阻要小，可多供几级放大器。

6. 最小弯曲半径

铺设电缆时，若电缆某处弯曲程度太大或被挤压变形，特性阻抗就会变得不均匀，造成该处的驻波比增大，产生反射，收视效果变差甚至影响收看。因此，在弯曲电缆时，一定要参照产品说明书给定的最小弯曲半径，若未标明最小弯曲半径，则一般应为电缆直径的 6 ~ 10 倍。

此外，随着时间的推移，安装在室外的电缆会出现老化，各项性能指标都要发生变化，其中电线衰减特性改变很大，比如 3 年后，电缆衰减大约增加 1.2 倍，而 6 年后增加 1.5 倍，这一点在考虑系统使用寿命时必须注意。

6.1.4 电缆传输系统常用器件

1. 干线放大器

干线放大器的作用是用来弥补干线电缆的损耗和频率失真。通常干线放大器只用来对信号进行长距离的传输，而不用来带动用户终端。干线放大器与均衡器同时使用。高档的干线放大器往往设有自动斜率控制、自动增益控制以及自动温度补偿等功能。干线放大器的增益一般在 20 ~ 30 dB 之间，其供电方式有分散供电和集中供电两种方式。常用的干线放大器符号如图 6-4 所示。

干线放大器具有以下特点：

（1）增益可调

增益是指放大器输出电平和输入电平之差，用 dB 表示。通常放大器的增益是连续可调的。放大器的增益一般在20～30 dB之间。放大器的增益不能太小，太小了就失去放大的作用；同时增益也不能太大，太大了往往会产生较大的非线性失真，影响图像质量。

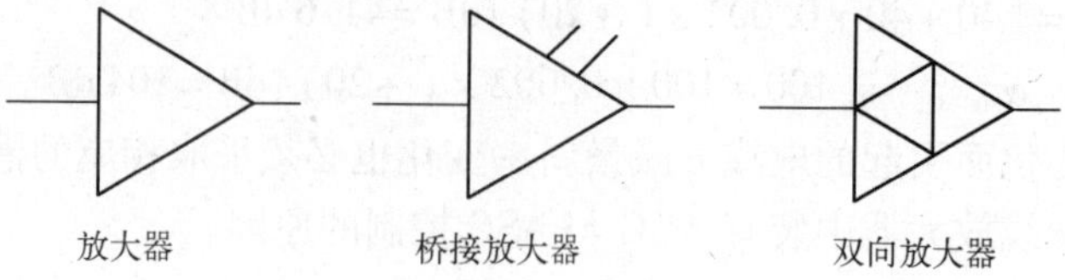

图6-4　常用的干线放大器符号

（2）斜率补偿

电缆对传输信号的衰耗与频率呈一斜率直线，放大器对电缆损耗的补偿，也包括斜率补偿。因此，要求放大器的幅频特性曲线的斜率正好与电缆的损耗相反，或者通过插入均衡器件来进行补偿。

（3）自动增益控制

为了适应长距离电缆传输的需要，要求干线放大器具有自动增益控制（AGC）功能，有的还具有自动斜率控制（ASC）功能，两者兼有的称自动增益斜率控制（AGSC）或自动电平控制（ALC）。这种干线放大器比较复杂，一般用于大型系统。对于传输干线比较短的小型系统，可采用手动增益控制（MGC）的斜率均衡，并加上温度补偿的方法来实现增益控制。

（4）双向功能

在具有双向传输的有线电视系统中，干线放大器配置为双向放大器，双向放大器中有双向分离器以分别处理正、反向信号。由于反向信号的频率范围常为5～30 MHz，其电缆损耗很小，因此反向放大器的增益比正向放大器要低。

（5）适应室外工作环境

由于干线放大器多安装在室外，要求采用压铸铝合金机盒，其在防水、耐腐蚀、耐气候变化、导热及避雷等方面性能良好，且重量轻、强度高、寿命长。

有关干线放大器详细内容在第7.3.3节中介绍。

2. 衰减器

衰减器通常由电阻组成，这种器件中由于没有电抗元件，因此只有幅度衰减，没有相移，能在很宽的频率范围内正常工作。其基本形式如图6-5所示。

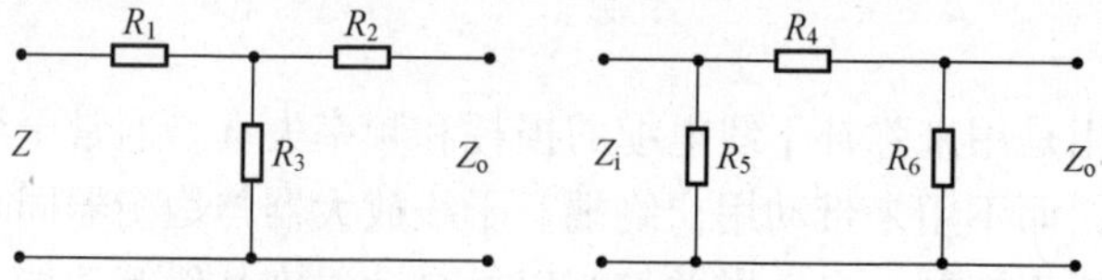

图6-5　T形和π形衰减器

在有线电视系统中，有些部位的输入或输出电平超过规定的范围就会影响传输信号的质量，使用衰减器可以适当调节电平，使其保持在合适的范围内。例如，在放大器的输入端或输出端常接入衰减器，用来控制放大器的输入、输出电平。

衰减器一般分为无源衰减器和有源衰减器两大类。有源衰减器的电路比较复杂，在有线电视系统中很少使用；而无源衰减器因为电路简单、制作方便、可靠性高，因而得到非常广泛的使用。无源衰减器一般分为固定式和可调式，在系统设计、调试时可根据情况选择使用。

3. 均衡器

在有线电视系统中，由于电缆对信号有衰减且衰减程度与所传输的信号频率的平方根成正比，即在信号频率的高端电缆损耗大，在信号频率的低端电缆损耗小，因此，电缆的损耗－频率曲线是倾斜的。均衡器就是用来补偿射频同轴电缆损耗倾斜特性的。要求均衡器的频率特性与电缆的频率特性相关，即对低频道信号损耗大，对高频道信号损耗小，只有这样才能补偿电缆对信号的损耗，使系统在整个频段上取得平坦的响应特性。

均衡器按工作频率可分为V段均衡器、U段均衡器、750 MHz均衡器，只有在相应的频率范围内，均衡器才具有相应的补偿特性，使用时应首先注意其工作频率。按均衡量可分为固定均衡器和可变均衡器。固定均衡器是电缆电视中使用最广泛的均衡器，线路简单、成本低、使用方便、均衡量固定。

6.1.5 有线电视系统对同轴电缆的要求

在有线电视系统的建设中，如果采用同轴电缆作为传输干线，则铺设传输电缆的费用在总投资中占的比例最大。电缆的性能将直接影响系统的寿命和质量。为了保证电视信号在同轴电缆中长期稳定、有效地传输，其电气特性和机械性能应符合如下的要求。

1. 频率特性要平坦

同轴电缆一般对射频信号在低频端衰减小，高频端衰减大。在传输过程中，由于电缆本身的频率特性，将产生电平的倾斜，而邻频传输系统要求各频道的输出电平要基本一致，这就要通过均衡器加以校正，以高频端的衰减量为参照，降低低频端的电平，达到平坦输出的目的。均衡量越大，对系统的载噪比影响也越大。因此，在同样传输距离和使用相同数量的干线放大器的条件下，采用在高频端衰减量小的同轴电缆传输信号可以得到更高的载噪比。

2. 电缆损耗要小

电视信号通过电线的衰减小，就可以在相同条件下，减少放大器的级数；若在相同放大器级数的条件下，有效传输距离可更远一些。

3. 传输稳定性要好

由于干线电缆安装在室外，要求电缆特性不随或少随时间和气候的变化而变化，即衰减常数稳定和温度系数小。一般用做干线传输的电缆的温度系数为0.18% ~0.1%(dB)/℃。

4. 屏蔽特性要好

有线电视系统传输要求同轴电缆本身具有良好的屏蔽性和无信号泄漏，以提高系统的抗干扰能力和避免干扰其他设备。

5. 回路电阻要小

干线传输系统小，干线放大器均采用集中供电，电缆回路电阻小，可多供几级放大器。

6. 电缆的防水性能要好

同轴电缆要能长期使用，最关键的问题就是性能要稳定不变。破坏性能的最主要因素是水分子的浸入，水分子会使电缆的损耗急剧增加，导致电缆失效。在电缆的防水性能方面，竹节式最好，高发泡次之，藕式的最差。

7. 机械性能

有线电视系统用同轴电缆分架空型和铠装型（埋地型）两类。它们要求电缆本身具有良好的机械性能，如抗拉、耐压、耐弯曲、不变形和良好的防护性能等。

6.2 光缆传输

传统有线电视系统一直以同轴电缆作为传输介质，随着光导纤维 - 光缆的问世，以及近年来有线电视光器件、光设备的应用开发等技术的迅速发展，使得光缆作为一种新型先进的传输媒质，在通信和电视传输方面得到了广泛的应用，出现了有线传输的新局面。随着光纤传输技术的发展与成熟，近年来我国大部分地区已经开通光缆电缆混合网（HFC）或正在进行传输网改造，少数城市或县区已逐步实现全光网络，光纤传输是有线电视发展的方向。

利用光纤传送有线电视，不仅大大扩展了传输距离，提高了信号质量，而且容易实现双向传输，能够适应不断增长的业务需求，从而带动了有线电视向双向综合业务网络发展。有线电视光缆传输与电缆传输相比具有以下优点：

1. 频带宽，传输容量大

频带的宽窄代表了可以传输信息容量的大小。目前，实用单波长光通信速率已达到10 Gbit/s。有线电视模拟光传输的带宽可达 1 GHz。可以在一根光纤内同时传输数十路模拟广播电视信号和几百路数字信号。

2. 传输损耗小，适合远距离传输

光纤在 1310 nm 波长处损耗为 0.35 dB/km 左右，在 1550 nm 波长处只有 0.2 dB/km 左右，远远小于同轴电缆的衰减量。采用直接强度调制的 1310 nm 系统可无中继传输 40 km；1550 nm 系统利用几个 EDFA 级连，可以将数十路电视信号传输达 200 km。而一般直径较大的同轴电缆每公里损耗达数十分贝。此外，还有两个特点：其一是在全部有线电视传输频道内具有相同的损耗（频率特性好），不需加入均衡器；其二是损耗几乎不随温度变化。

3. 保真度高

由于光纤传输不像同轴电缆那样需要相当多的中继放大器，因而没有噪声和非线性失真叠加。另外，光频噪声以及光纤传输系统的非线性失真很小，不需频率均衡，因而光纤多路电视传输系统的信噪比、交调、互调等性能指标都较高。加上光纤系统的抗干扰性能强，基本上不受外界温度变化的影响，从而保证了传输信号的质量。同时，光纤中传输的信号不易泄漏，保密性好。

4. 抗电磁干扰性能强

由于光纤由石英及其掺杂物质等非金属材料构成，因而它不受电磁场干扰，雷电、高压电也不会侵入而产生触电或毁坏设备等事故。同时，光纤抗化学腐蚀能力强，安全可靠。它是一种既抗干扰又不干扰其他电子设备的传输介质。

5. 重量轻，敷设方便

光缆细而轻，即使是多芯光缆，无论是出厂运输，施工中的搬运，都较电缆方便得多。光缆既能架空，又能埋设，容许的弯曲半径小，便于铺设。

6. 性能价格比高

光纤的主要原材料是石英，地球上的石英可以说是取之不尽的原料，因此它较之依赖于金属为原料的电缆而言在价格上极具竞争潜力。光端机的价格也在逐年下降，利用光缆传输已比电缆传输具有价格上的优势。

7. 维护简单

因光纤系统有源设备少，调试简单，减小了日常维护的工作量。而且，较先进的系统具有网络管理系统，可以自动采集、分析系统中各设备的工作状况，并传送回前端，能实现故障自动定位、告警。

6.2.1 光纤的传光原理及传输特性

光纤是由导光材料制成的纤维丝，基本结构包括纤芯和包层两部分。纤芯由高折射率（折射率为 n_1）的直径 5 ~ 10 μm（单模光纤）或 50 ~ 80 μm（多模光纤）的柔软玻璃丝制成，是光波的传输介质；包层（直径 125 μm）材料的折射率（n_2）比纤芯稍低一些，它与纤芯共同构成光波导，形成对传输光波的约束作用。其截面如图 6-6 所示。

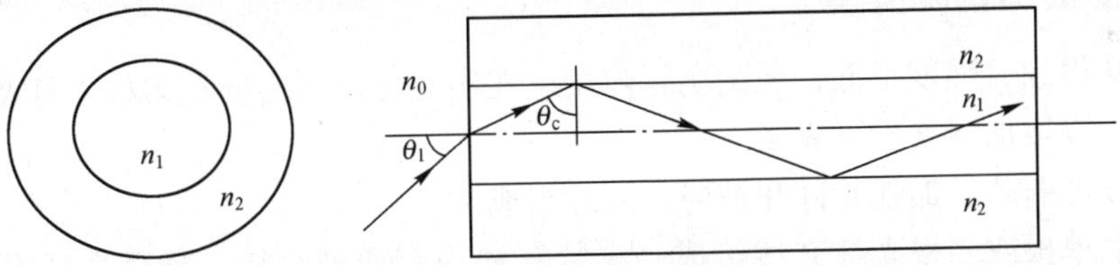

图 6-6　光纤剖面图

图中，$n_0=1$，为空气折射率，n_1为纤芯折射率，n_2为包层折射率，$n_1>n_2$。在光纤的端面，与光纤的轴线成 θ_1角度的光线，由端面入射进入纤芯，产生折射，折射角小于入射角。在纤芯内光线进入光纤中传播，在纤芯与包层界面处，为了不使光线射到包层中产生折射而发生能量衰减，必须使其在界面处产生全反射。其全反射的条件是两种介质交界的临界角为

$$\sin\theta_c=\frac{n_2}{n_1} \tag{6-3}$$

所以只有当光在纤芯与包层界面的入射角 θ 大于全反射临界角 θ_c时，将发生全反射，即必须是

$$\sin\theta>\frac{n_2}{n_1} \tag{6-4}$$

因此，当在光纤端面满足以下条件时：

$$n_0\sin\theta<\sqrt{n_1^2-n_2^2} \tag{6-5}$$

进入光纤的光线就能在芯线内来回反射，曲折向前传播。

光在光纤介质中传播，它的电磁场在光纤中将按一定的方式分布，这种分布方式称为模

式。按照光传输模式的不同，光纤可分为多模光纤和单模光纤。单模光纤是指只允许一种电磁场分布方式存在的光纤。多模光纤是指允许多种电磁场分布方式同时存在的光纤，按其折射率分布可分为两类，即阶跃折射率分布光纤和渐变折射率分布光纤。

多模光纤的制造、耦合、连接都比较容易，但由于存在多种模式传输，色散现象较为严重，进而使传输频带变窄，传播性能较差，不适合有线电视系统使用。单模光纤的芯线直径小，制造、耦合、连接都比较困难，但其频带宽，传输特性好，适于大容量信息的传输，有线电视系统均采用单模光纤。

光纤的传输损耗非常小，且不同波长的光在光纤中传输损耗是不同的。人们发现，在850 nm、1310 nm 和 1550 nm 三个值附近，普通光纤损耗有最小值，故称这三个波长为光纤通信的三个窗口。850 nm 波长的光损耗最大，约为 2.5 dB/km；1310 nm 波长的光损耗约为 0.35 dB/km；1550 nm 波长的光损耗最小，约为 0.2 dB/km。

色散是光纤传输的一个重要特性，色散是指输入信号中包含的不同波长或不同模式的光在光纤中传输时的速度不同，不同时到达输出端，从而使输出波形展宽变形，频带变宽，形成失真的现象。在有线电视系统中，色散的存在还与光源的调制特性一起产生组合二次失真（CSO）。

光的色散包括模式色散、材料色散和结构色散，单模光纤的模式色散为零，只有材料色散和结构色散。对于波长越长的光，材料色散越小，结构色散越大，在 1.31 μm 附近，合成色散为零，同 1.55 μm 相比，尽管 1.31 μm 的损耗较大，但因其在普通光纤中色散为零，失真较小，带宽很宽，在有线电视系统中应用最广。

6.2.2 光缆的结构和类型

单根光纤很细，强度很低，无法实际应用。在实际使用中需要把多根光纤及加强材料等制作成光缆，以增加强度和可靠度。

光缆一般由缆芯、加强元件和护层三部分组成。

缆芯：由单根或多根光纤芯线组成，有紧套和松套两种结构。紧套光纤有二层和三层结构。

加强元件：用于增强光缆敷设时可承受的负荷。一般是金属丝或非金属纤维。

护层：具有阻燃、防潮、耐压、耐腐蚀等特性，主要是对已成缆的光纤芯线进行保护。管道光缆的护层要求具有较高的抗拉、抗侧压、抗弯曲的能力。直埋光缆的护层要考虑地面的震动和虫咬等，要加铠装层。架空光缆的护层要考虑环境的影响，在森林地带使用时，还要加防弹层。水底光缆的护层所加装的铠装层，则要求具有更高的抗拉强度和更高的抗水压能力。一般来说护层分为填充层、内护层、防水层、缓冲层、铠装层和外护层等。几种典型的光缆结构如图 6-7 所示。

光缆的结构形式多种多样，具体可以根据其型号来识别。光缆型号由光缆形式的代号和规格的代号构成，中间用一空格隔开。如表 6-3 所示。

表 6-3　光缆型号示意图

Ⅰ	Ⅱ	Ⅲ	Ⅳ	Ⅴ	——	Ⅵ	Ⅶ
分类	加强构件	光缆结构特征	护套	外护层	——	光纤芯数	光纤类别

第一部分是分类代号，例如 GY 表示该光缆为通信用室外光缆，GJ 表示室内光缆，GH 表示为海底光缆，GR 表示为软光缆，GS 表示为设备内光缆，GT 表示为特殊光缆。

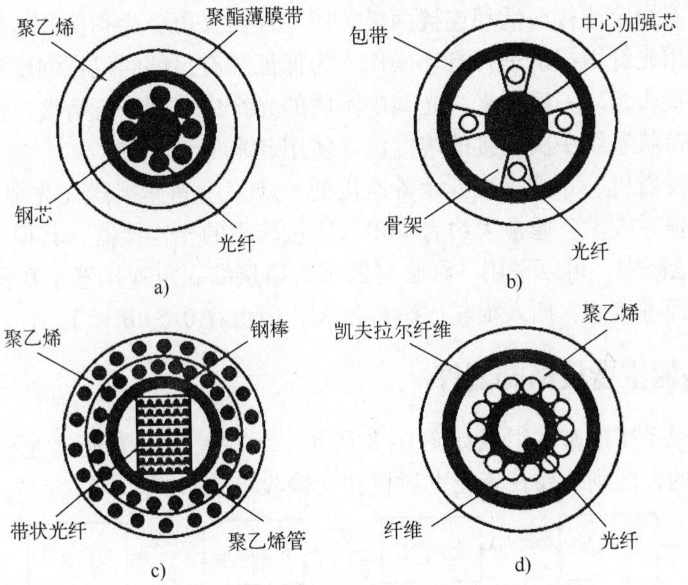

图6-7　几种典型的光缆示意

第二部分是加强构件，无符号表明为金属加强构件，F表示为非金属加强构件，G表示为金属重型加强构件，H表示为非金属重型加强构件。

第三部分是缆芯填充特征，无符号线是非填充型，T表示填充型。

第四部分是内护套类型，Y表示聚乙烯护套，A表示铝－聚乙烯粘接护套，Z表示聚乙烯－纵包皱纹钢带综合护套，V表示聚氯乙烯护套。

第五部分是外护套，03代表聚乙烯，53代表纵包搭结皱纹钢带铠装加聚乙烯，23代表双钢带绕包铠装加聚乙烯，33代表单细圆钢铠装加聚乙烯。

第六部分是光纤类型及芯数，中间的字母D表示为二氧化硅光纤，D前面的数字表示光纤芯数，D后面的数字表示光纤性质，例如0表示最佳工作波长为1.31 μm的多模光纤，1表示最佳工作波长为1.31 μm的单模光纤，2表示最佳工作波长为1.55 μm的单模光纤。最后一部分是光纤芯类型，光纤类型含义如表6-4所示。

表6-4　光纤类型代号

代　号	光纤类别	对应ITUT标准
A1a或A1	50/125 μm二氧化硅系渐变型多模光纤	G.651
A1b	62.5/125 μm二氧化硅系渐变型多模光纤	G.651
B1.1或B1	二氧化硅单模光纤	G.652
B4	非色散位移单模式光纤	G.655

例如：型号GYXTW－4B1表示室外中心束管式铠装4芯单模光纤。GYFTY04－24B1代号构成表明：松套层绞填充式、非金属中心加强件、聚乙烯护套加覆防白蚁的尼龙层的通信用室外光缆，包含24根B1.1类单模光纤。

厂家生产的光缆，每一盘的长度一般为2 km左右。线路长度较大（一般也不能超过4 km）或较小时，可以向厂家专门订做；线路长度太大时，需要把光纤连接起来，这就是光纤的接续。由于光纤很细，单模光纤的纤芯直径不到10 μm，使光纤的接续比电缆要困难得多。光纤的接续有固定连接与活动连接两类。固定连接又可分为粘接和熔接，但现在一般采用熔接方法，利用光纤熔接机进行自动操作。为保证具有足够的机械强度和密封性，熔接时应采用光缆护套接头盒。一般说来，光缆中不同的光纤应分别进行熔接，但现在已有可以把多根光纤做成的带状芯线一次熔接的熔接机，使用起来更为方便。

在光缆与光发射机、光接收机等设备连接处，应采用光连接器（光缆活动接头）。一般光连接器的插入损耗较大，通常大约为 1 dB，质量较高的光连接器，其损耗可低于 0.2 dB ~ 0.5 dB。在紧急抢修中，可以采用一种临时的不需熔接的固定连接器。在操作时不需电源和热源，只需几秒即可接好，插入损耗比熔接稍大，但也在 0.5 dB 以下。

6.2.3 光缆传输主要设备和器件

光缆有线电视系统的基本组成如图 6-8 所示。无论是数字系统还是模拟系统，其基本组成方式是一致的，区别主要在于光发射机和光接收机的不同。

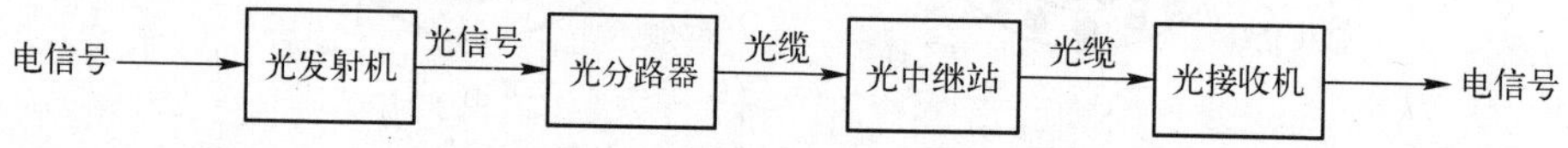

图 6-8　光缆有线电视系统的基本组成

电信号被加到光发射机中的激光器上，用于控制光信号的强弱，使其随着电信号大小而变化（光强调制）。光发射机实现电信号转变成光信号的过程，被调制后的光信号从发射机中输出，经光分路器分成几路，分别送至多条光缆线路中进行传输。若传输距离过远，中间应加有光中继站，对光信号进行放大后再继续传输。光接收机则将接收到的光信号转变成电信号。

1. 光发射机

光发射机的作用就是将电信号转换为光信号，并将光信号耦合进光纤中。其关键部件是激光器。激光器是光发射机的光源，目前有线电视系统常用的有分布反馈式半导体激光器（DFB）和 YAG 固体激光器（掺钕钇铝石榴石激光器）。激光器的输出功率随着驱动电流的变化而变化（在一定范围内），由于射频电视信号是宽频带模拟信号，因此对激光器性能要求很严格，特别是电 - 光变换非线性、相对强度噪声等。

在光纤传输中，激光是信号传输的载体，而普通光是不能作为载体的。激光是“利用光子受激辐射实现光放大”的简称，也属于电磁波。与普通光相比，激光具有非常独特的性质：

1）激光具有很强的方向性。

2）激光的单色性很高，频谱很窄。而普通光源除发出可见光外，还发出紫外线、红外线等，频谱很宽。

3）功率非常大。

正是由于这些特性，使得激光能够成为信号的传输载体。

（1）直接调制光发射机

直接调制光发射机常采用 DFB 激光器，在 DFB 光发射机中，是用模拟残留单边带（AM - VSB）信号经过相应处理后直接驱动激光器，完成光强调制，其激光的产生和调制是合在一起的。其基本组成如图 6-9 所示。

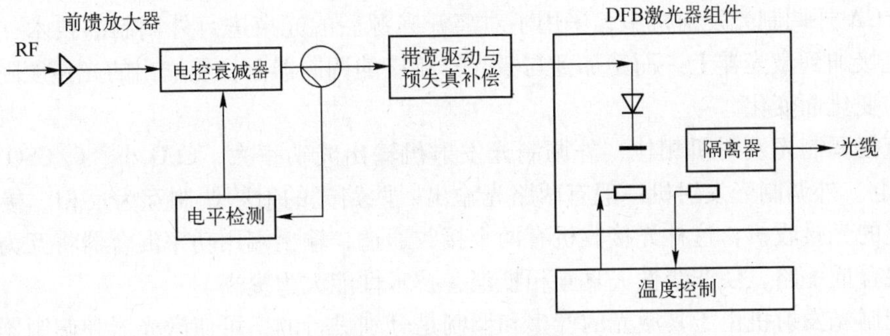

图 6-9 DFB 光发射机组成

射频电视信号首先由具有低噪声、低失真的前置放大器放大，经过自动电平控制电路使信号电平保持恒定；然后进行宽带驱动和预失真补偿，使信号达到 DFB 激光器所需的驱动电平，并校正其非线性；最后驱动 DFB 激光器，进行光强调制，将电信号转换为强度变化的光信号。光信号通过光活动接头送入光缆。

激光器的光输出功率除与射频驱动电流有关外，还受到环境温度的影响，在相同驱动电流条件下，随着温度的上升，光输出功率减小。因此光发射机中还设有用于自动温度控制（ATC）的半导体制冷器和热敏电阻。输出端有一个光隔离器可以大大减小光反射波对激光器的影响。

在直接调制光发射机中，射频信号驱动激光管，使光输出强度随着射频信号强度的变化而变化。同时，随着射频信号强度的变化，光频率（或波长）也发生变化，即附加的频率调制，这是不需要的调频效应，具有这些附加频率的光在光纤中传输时会引起色散，是光缆传输系统非线性失真的来源之一。因此，直接调制光发射机的二次失真产物特别是组合二次失真（CSO）较多，C/CSO 较低，大约 60 dB 左右。此外，直接调制光发射机输出的光功率也比较小，大多只有 10 mW 左右。但是由于它结构简单，制造成本低，在传输距离小于 30 km 的情况下使用广泛。

（2）外调制光发射机

外调制光发射机常采用 YAG 固体激光器，其激光的产生和调制是分别进行的。关键部件一个是等幅工作的 Nd:YAG 固体激光器，另一个是铌酸锂制成的电光调制器，基本组成如图 6-10 所示。

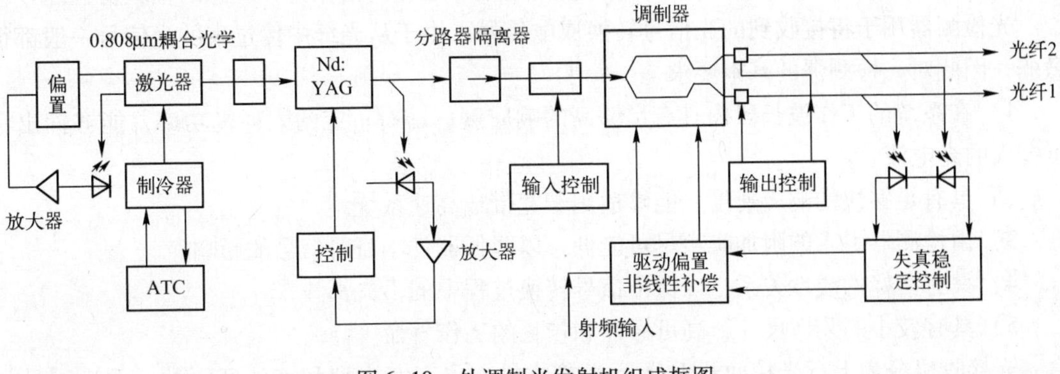

图 6-10 外调制光发射机组成框图

在 YGA 外调制光发射机中，采用了对离开光源后的光束进行外调制的技术，射频输入信号不直接加到激光器上，而是加到与激光器相接的调制器上，使输出的光强度随着射频信号强度的变化而变化。

与直接调制光发射机相比，外调制光发射机输出光功率大，CSO 小，C/CSO 大，可达 65 dB 以上。外调制光发射机一般有两路光输出，两路光的射频调制互为反相。接收端采用与其配套的光接收机，这种光接收机有两个接收通道，输出端用功率混合器将互为反相的射频信号混合成一路，使非线性失真互相抵消，技术性能大为提高。

外调制光发射机由于其激光的产生和调制是分别进行的，可使激光器和调制器性能最佳化，输出光功率较大，特别适用于传输距离远、规模大的有线电视系统。

2. 光接收机

光接收机是将光缆传送来的光信号还原成射频电视信号，即光 - 电转换，然后通过电缆分配网络送至各个用户终端。实现光 - 电转换的器件称为光电检测器。目前，在光通信系统中常用的光电检测器是 PIN 光敏二极管和雪崩式二极管（APD）。有线电视系统中一般都使用 PIN 光敏二极管。PIN 无增益，灵敏度低，但要求偏压小，暗电流小，动态范围大，适用于高速脉冲和模拟电视的光 - 电转换；APD 有增益，灵敏度高，但要求偏压高，适用于小信号检测和数字信号的光 - 电转换。

光接收机由光接收组件（光检测级）和干线放大器（包括信号放大级、输出放大等）两部分组成。光接收机的基本原理如图 6-11 所示。

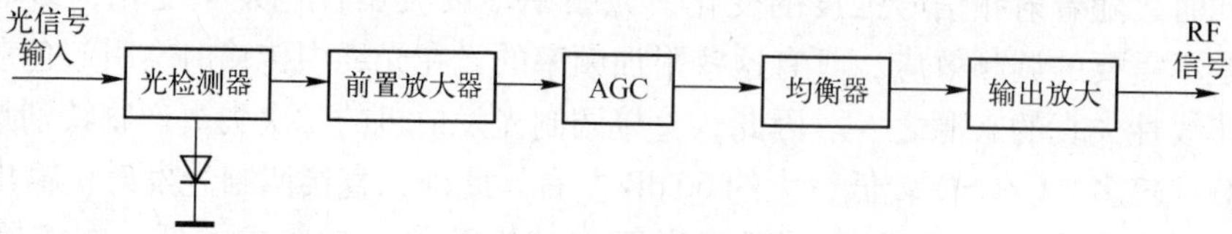

图 6-11　光接收机原理图

由光缆来的光信号输入到光敏二极管，利用半导体的光电效应实现对光信号的检测，使光信号还原为射频电视信号；再利用低噪声前置放大器对信号进行放大，自动增益控制电路（AGC）使后级放大器有一个稳定的输入电平，信号再经斜率均衡器和电调衰减器送给放大器放大，使输出射频电视信号达到合适的输出电平、足够的信噪比和理想的幅频特性。

光检测器用于将接收到的光信号转换成电信号。由于从光纤中传过来的光信号一般都很微弱，因此对光检测器的基本要求是：

1）在系统的工作波长段内具有足够高的响应度，即对一定的入射光功率，能够输出尽可能大的光电流。

2）具有足够快的响应速度，能够适用于宽带或高速系统。

3）由检测器引入的附加噪声尽可能低，以降低器件本身对信号的影响。

4）具有良好的线性关系，以保证信号转换过程中的不失真。

5）具有较小的几何尺寸，高可靠性和较长的工作寿命等。

光接收机分为上行光接收机和下行光接收机，也有室内型和室外型两种。无论哪种类型，其工作原理都相同，所不同的是其结构和供电方式。室外型是通过电缆 60 V 交流供电，结构上具有防雨、防雷击等功能，室内型是 220 V 市电供电。

3. 光放大器

光放大器有半导体激光放大器和光纤放大器两类。有线电视系统中常使用光纤放大器，光纤放大器有工作波长为 1550 nm 的掺铒（Er）光纤放大器（EDFA）和工作波长为 1310 nm 的掺镨（Pr）光纤放大器（PDFA）两种。以掺铒光纤放大器为例，其基本组成如图 6-12 所示。

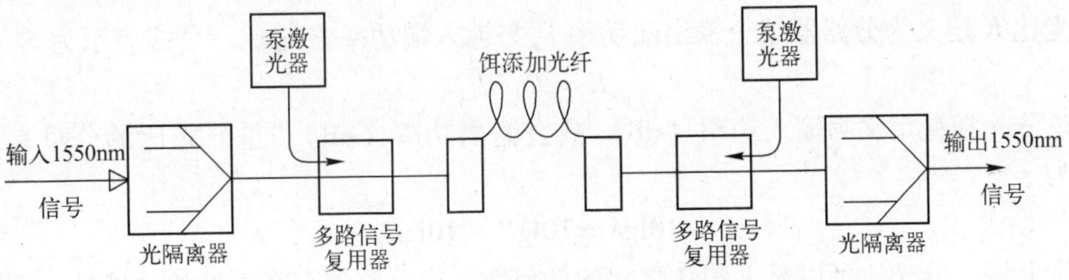

图 6-12　掺铒光纤放大器基本组成

光纤放大器作为中继放大器，用于远距离光缆传输系统。掺铒光纤放大器的工作原理是：光能被泵入后，通过光复用器进入一定长度的铒添加光纤，后者作为一种转化介质把光能加载在输入的 1550 nm 光信号上，光信号以某个功率进入单元，出去时功率便增大了。光隔离器的作用是把不需要的光反射信号滤除。

与半导体激光放大器相比，掺铒光纤放大器优点如下：工作波段为 1550 nm，与光纤低损耗波段一致；信号带宽可达 30 nm 以上，可用于宽带信号放大，特别是波分复用系统；有较高的饱和输出功率，可用于光发射机后的功率放大，噪声系统小。

4. 光分路器

与同轴电缆传输系统一样，光缆传输系统也需要将光信号进行耦合、分支和分配，实现这些功能的器件有星形光耦合器和树形光耦合器（即光分路器）。反之，利用它们也可以将多路光信号合成为一路。其工作原理如图 6-13 所示。

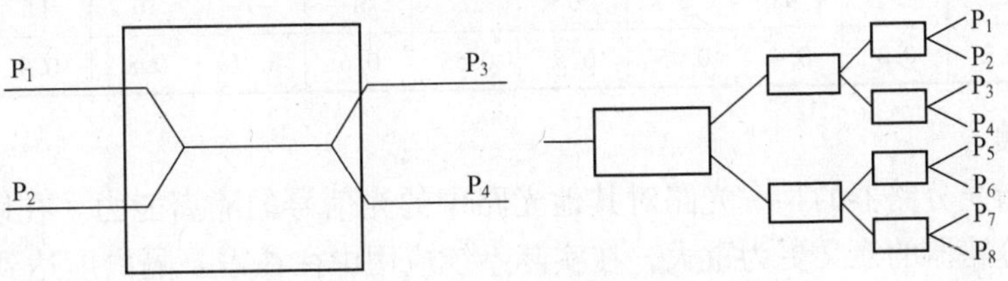

图 6-13　光分路器工作原理

星形光耦合器是光传输星形网的核心器件。根据传输光的途径，它有传输型和反射型两种。传输型星形光耦合器是指由耦合器一边的任一端口输入的光，可以均匀地分配到另一边的所有端口。在理想的情况下，同一边的端口是互相隔离的，这样可将信号发送至其他终端，也可以接收其他终端的信号。反射型星形光耦合器指由耦合器的任一端口输入的光，可以均匀地分配到所有端口中去。

树形光耦合器也称为光分路器，又称分光器。分路器是光纤链路中最重要的无源器件之一，它将一路光信号分为 n 路光信号，$n=2$ 称为光二分路器；$n=4$ 称为光四分路器，依次类推。一般1: n 的光分路器均由一分为二和一分为三的光分路器组合而成。

光分路器将一路光信号按不同功率比例分成多路的光信号输出，实际的光缆传输干线中，常用光分路器将一路光信号分成强度不等的几路输出，光强较大的一路传输到较远距离，光强较弱的一路传输到较近距离，使各个光节点的光功率近似相等。

光分路器的常用技术指标如下。

（1）分光比和理论分光损耗

分光比 K 定义为分路器某个输出端功率 P_o 与输入端功率 P_i 之比，公式表示为

$$K = P_o/P_i \tag{6-6}$$

理论分光损耗定义为输入功率（dB）减去输出功率（dB），是分光比的分贝表示。公式表示为

$$-10\lg K = 10\lg P_i - 10\lg P_o \tag{6-7}$$

理论上讲，分光比可以是1和0之间的任何数。光分路器存在着波长敏感性，即光波长的变化会使分光比发生变化。通常光分路器是在已知线路长度的条件下，预先设计好分光比后由厂家定做的。

（2）插入损耗

光分路器的插入损耗是指每一路输出相对于输入光损失的dB数，包括分光理论损耗和附加损耗两部分，表示为

$$\text{插入损耗(dB)} = -10\lg K\text{(dB)} + \text{附加损耗(dB)} \tag{6-8}$$

式中，K 为分光比。

（3）附加损耗

附加损耗定义为所有输出端口的光功率总和相对于输入光功率损失的dB数。附加损耗是指在制造分路器时所产生的额外损耗，反映的是器件制作过程的固有损耗，这个损耗越小越好。一般情况下附加损耗如表6-5所示。

表6-5 光分路器的附加损耗

分路数（n）	2	3	4	5	6	7	8	9	10	11	12	16
附加损耗/dB	0.2	0.3	0.4	0.45	0.5	0.55	0.6	0.7	0.8	0.9	1.0	1.2

（4）隔离度

隔离度是指光分路器的某一光路对其他光路中的光信号的隔离能力。在以上各指标中，隔离度对于光分路器的意义更为重大，在实际系统应用中往往需要隔离度达到40 dB以上的器件，否则将影响整个系统的性能。

（5）均匀性

均匀性是衡量分光比偏差的指标，表示为（$10\lg K_1 - 10\lg K_2$）的绝对值，即实际的分光比与理论分光比的偏差。

（6）稳定性

所谓稳定性是指在外界温度变化，其他器件的工作状态变化时，光分路器的分光比和其他性能指标都应基本保持不变。光分路器的稳定性完全取决于生产厂家的工艺水平。

（7）反向损耗

输入光功率与反向反射光功率之比。

6.2.4　光缆有线电视系统传输结构

1. 光缆有线电视系统的调制方式

为了使有线电视信号能在光纤中传输，必须把有线电视信号调制到光频。目前，光调制方式均采用直接光强度调制，根据调制方式不同可把光缆传输系统分为调幅（AM）传输型、调频（FM）传输型、数字传输型（PCM）。

PCM - IM 是一种差分脉冲编码调制（PCM）技术。它首先对视频、音频信号进行数字化处理，然后用数字信号去调制光强度。一根单模光纤能传输 8 ~ 12 套电视节目，占用 700 ~ 900 MHz 带宽。如果采用数字压缩技术和副载波多进制数字调制，一路节目占有的带宽可压缩到 8 MHz 以下。这种方式在传输中无噪声积累，具有信噪比高、非线性失真小、传输距离远、传输质量好等特点，缺点是系统投资高。目前广泛应用于数字有线电视、数字通信、远程高速数据网络、工业电视和多媒体传输。

2. HFC 网络结构

目前，由于设备器材昂贵和技术上的难度等因素，在有线电视系统中全光缆系统很少使用，采用较多的是光缆电缆混合网（HFC）。HFC 通常由光纤干线、同轴电缆支线和用户配线网络三部分组成，从有线电视台出来的节目信号先变成光信号从前端到光节点直接采用光缆传输，在光节点到用户之间再用同轴电缆分配入户。一般把装有包括光接收机、上行光发射机等设备叫做光节点，具有双向传输功能，与前端的光端机构成光纤双向传输链路，光节点和用户之间的分配网络仍用同轴电缆进行分配。它与早期 CATV 同轴电缆网络的不同之处主要在于，在干线上用光纤传输光信号，在前端需完成电 - 光转换，进入用户区后要完成光 - 电转换。HFC 网络构成如图 6-14 所示。

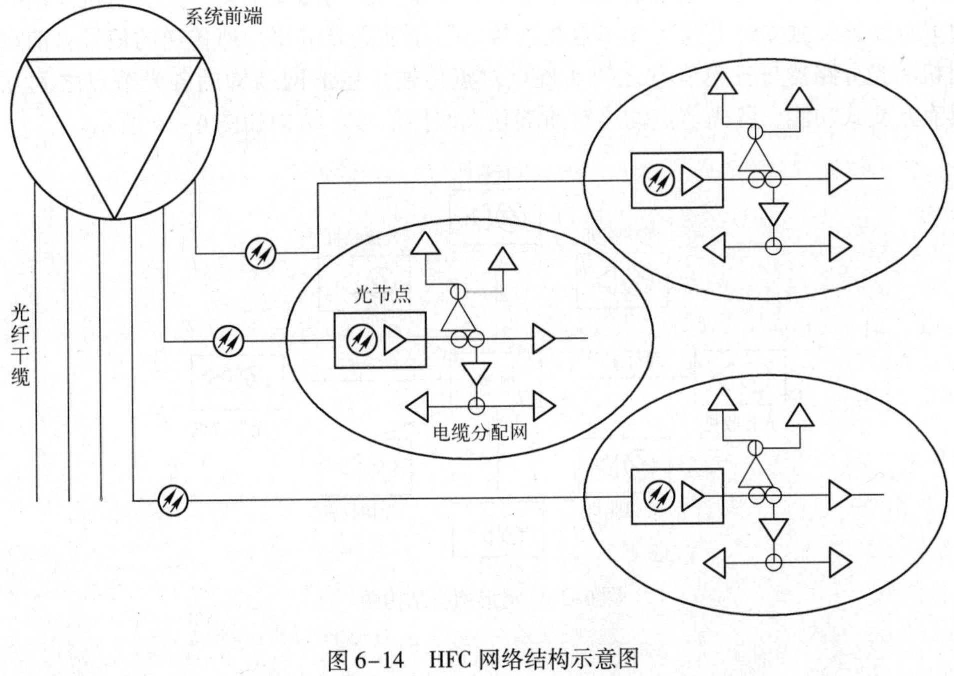

图 6-14　HFC 网络结构示意图

在系统前端，光发射机将要传输有线电视的电信号转换成光信号并进行光功率放大，经由光分路器分成多路后分别送至光缆传送到各光节点，在光节点由光接收机再将其放大变换成电信号输出给电缆分配网络进行分配到户。若为双向系统，在光节点则还有上行光发射机将上行信号反传给前端（通过另一根光纤），再由前端的光接收机将其接收并转换成电信号供前端处理。

根据光缆网络结构分类，光缆网络结构分树形、星形和环形等。

（1）树形网络拓扑结构

光纤树形网类似于树形同轴电缆网，呈树枝状，如图 6-15 所示。

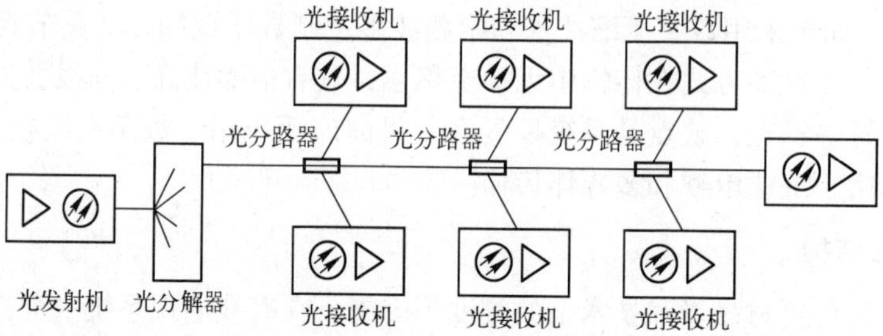

图 6-15　树形网络拓扑结构

树形网优点是除了网络节点外，无任何有源器件，但其缺点也较明显：光无源器件多，造成链路损耗较大，节点数目不能太多，光无源器件容易产生光信号失真，为保证系统的指标，对光接收机要求较高；另外，如果树形网中主干线断开将影响大片用户，树形结构也不适合于向上开发通信业务。因此，有线电视系统较少采用树形光网络。

（2）星形网络拓扑结构

星形网结构是指以有线电视前端为中心，以多条光缆向四周辐射，光发射机发出的光信号通过光分路器以独立纤芯与各光节点相连接，形成独立光链路。所传送的信号自前端通过光发射机和光分路器与各光节点之间实现点对点传输。星形网结构的各光节点之间互不关联，具有互交式功能，各光节点均可对前端独立回传信号。结构如图 6-16 所示。

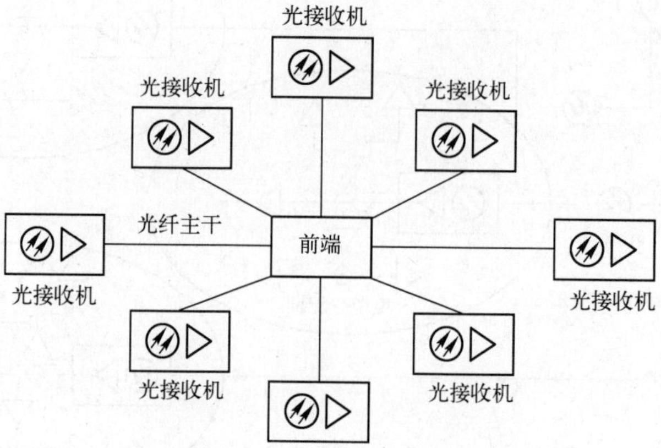

图 6-16　星形网络结构图

星形网络的优点是光分配一次到位，所用光分路器少，光路全程损耗小，具有同样大小光输出功率的光发送机传输距离远，可以减小发送机台数或选用较小光功率激光模块。星形网络的某一条光纤断开，只影响局部用户。

星形网结构适合大型有线电视网络，特别是大、中城区网和城乡光纤联网应用。由于星形网中，是点（前端）对点（光节点）传输，所以网络的可靠性高，但是所用的光缆纤芯数相对较多。一般情况下，多采用 1550 nm 或 1310 nm 的调幅光发射机，在网内可传输模拟信号和数字信号。

（3）环形网络拓扑结构

环形网是指所有光节点均共用一条公共光链路，自成一个封闭回路，每个光节点仅与前后光节点相连，每个光节点可实现双向或单向传输，各光节点组成环状，信号自前端输出，依次从一个光节点流向下一个光节点，最后返回前端。一般讲，环形网都是双环网，而光节点均为双接收功能和双回传功能。环形网络结构如图 6-17 所示。

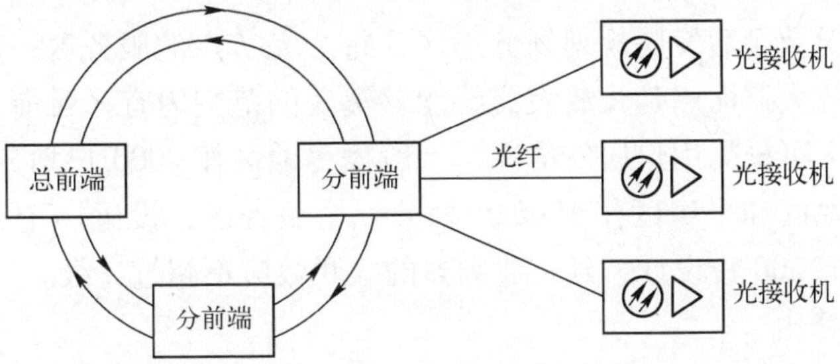

图 6-17　环形网络结构

环形网络优点是：节目双向传输，具有一主一备两条沿相反方向传输的双数字光纤环作为整个网络的光纤主干，可靠性高、覆盖范围大。当双光纤环中的某一环发生断裂时，可自动倒换到另一环上，信号不会中断；系统的链路损耗小，增加了网络的网径和容量，一般来说网络周长可达 200 km，由于数字光纤环网投入比较大，一般用于省级和地区级以上的有线电视骨干网，一般市级和县级有线电视网很少采用。

3. 全光纤组网

这种组网方式从前端到用户全部采用光缆，并在多种传输设备和终端设备的支持下，向用户提供多种业务服务。根据光纤传输特性，光纤 CATV 网络宜采用星形结构。因为星形结构具有光分路器最少，构成容易，光纤节点少和传输质量高的特点，当一部分线路发生故障时，其他支线不受影响，故网络可靠性高。另外，星形网络中信号回传容易实现，有利于网络双向功能的开发。因此，目前绝大多数网络采用星形或两级以上星形网相连的结构。全光 CATV 网是我国有线电视长期发展的方向。

6.2.5　有线电视光缆传输系统设计

将光缆像同轴电缆一样直接接入每户有线电视用户家庭，构架理想的全光缆有线电视网络，目前还难以大范围实现。将光缆传输用于超干线、干线，分配网络仍采用同轴电缆网进行建设，以此模式构成的 HFC 网，在进行中、小城市有线电视网络建设，以及在进行县、市等区域性有线电视骨干网建设时，具有较高的性能价格比，是比较理想的选择。

1. 光缆干线设计步骤

（1）指标分配

为了使最终用户端口的指标达到国家标准，前端、干线、支线和分配网的指标，可根据前端设备、光发射机、光接收机等所能达到的指标进行分配，指标的合理分配是系统设计的前提，可参照如表 6-6 所示的指标进行分配。

表 6-6 HFC 网络指标分配

项 目	国家标准	设计值	前 端	光缆干线	光缆支干线及分配网
C/N/dB	43	45.9	55	50	49
CSO/dB	54	57.2	70	61	60
CTB/dB	54	55.1	65	65	60

（2）光节点布局

按用户居住情况及今后发展规划划分小区，每个光节点的服务区一般在半径 1 km 内的范围，即不用干线放大器而用延长放大器就能够覆盖的范围为宜。目前，出于造价的考虑，每个光节点的服务区可根据用户居住情况，一般楼房地区按 2000 户划分一个服务区，设置一个光节点；稀疏地区和平房区按 1000 户划分一个服务区，设置一个光节点。可能的话，可按每个光节点服务 500 户设计，延长放大器的级联数应不超过 2 级。

（3）选取光缆路由

前端的信号需要通过光缆传输到每个光节点。在选择光缆路由时需要考虑以下原则：

① 光缆尽量短，重要干线应考虑备用路由。

② 根据地形、杆路或管道的实际情况，做到容易施工，节省投资。

③ 尽量减少光缆野外接头。

④ 通向不同目的地的光缆，尽量在局部地区走同一路由，争取多纤共缆，以节约投资。

（4）确定光缆芯数

第一个光节点安排光纤的数量，应根据实际情况确定。一般应安排 3 芯光纤，一芯上行信号通道，一芯下行信号通道，一芯备用。过多地安排芯数会造成光纤闲置，因为只要光缆选得好，架设得当，一般无特大自然灾害或人为事故，光纤是不会断的。

（5）选择光发送机输出光功率分配形式

在光节点的位置和数目确定以后，从前端到每个光节点都有光缆直通，尽量不在光缆中途加光分路器。因此，在发送机输出端需要多个光二分路器形成一个光 n 分路器来对各个光节点所需光功率进行分配。

（6）确定光接收机输入光功率

对于一级光传输，输入光接收功率设计值可取 -4 dBmW 或 -3 dBmW；为了保证载噪比，二级光传输时，输入光接收功率设计可取 -2 dBmW。

（7）光发射机光功率分配

光功率分配是根据光缆长度选择适当分光比的分路器，较长光缆具有较大分光比。

① 计算分光比

在保证各个光接收机输入功率相等的条件下，需要根据各条光缆长度损耗计算光分路器的分光比。以不同的分光比来适应不同的光缆长度，长度较长的光缆有较大分光比。

② 计算光链路损耗

光发射机输出光功率与光接收机输入光功率之差称光链路损耗，又称全程损耗。它包括光缆、光分路器、活动连接器和熔接点损耗。

光缆路由确定之后，每一条光路的损耗实际上就清楚了，适当搭配光分路器分光比，可以使不同的光路具有基本相同的损耗值。如果计算出来的光路损耗过大，就应减少光分路器的分支数。最后决定需要的光发射机的台数和每一台的输出光功率。光链路的损耗可按下式计算：

$$D = \alpha L - 10\lg K + 0.5 + 1.0 \quad (\text{dB}) \tag{6-9}$$

式中 α——光缆损耗系数（dB/km）；

L——光缆长度（km）；

K——光分路器的分光比；

0.5——光分路器的附加损耗（dB）；

1.0——光接收机活动连接插入损耗和损耗裕量（dB）。

（8）核算接收光功率和光链路指标

接收光功率 P_r 按下式计算：

$$P_r = P_1 - D \quad (\text{dBmW}) \tag{6-10}$$

式中 P_1——发射光功率（dBmW）；

D——光链路损耗。

光链路指标可在所选的光端机产品说明书中查得。

2. 设计实例

某地区有线电视系统，人口84万，下辖5县区，已经通过光缆网对其中2个区覆盖，尚需要对其余3个县区A、B、C进行光缆联网，并对其中一个县下面3个乡镇D、E、F进行光缆覆盖。

（1）设计思想

设计按照省广播电视传输网总体规划要求和技术标准，结合地形地貌、经济发展状况，确定以HFC形式组网，满足传输要求，节约投资，又便于扩容、升级和多功能开发。本着以人为本，科学、规范、优质、经济和高标准、严要求的原则，追求最佳的性能价格比。同时兼顾系统的可兼容性和维护方便。

（2）设计依据

① 国家广播电视标准GY/106－1999《有线电视广播系统技术规范》。

② 国家广播电视标准GY/121－1995《有线电视系统测量方法》。

③《城市有线广播电视网络设计规范》GY5075－2005。

④ 省有线电视专用网总体规划。

⑤ 市广播电视传输网总体规划。

（3）网络结构

① 该有线电视光缆传输网由市前端机房、三个县分前端、三个乡镇组成，用星树结构，采用双向波长为1310 nm的光传输系统。

② B 县距离前端较远，为 46 km，因此采用一级中继，以距离较近的 D 镇为中继。

③ A 县、B 县、C 区均为双向传输，每点均能回传 2 套电视节目以及其他数据信息。

④ 系统允许下行传输 59 套 PAL—D 制电视节目。

（4）设备选型和指标分配

C/N，CTB，CSO 三个指标是决定 AM－IM 光端机性能的主要因素，而 C/N 与光链路损耗有关，CTB 和 CSO 与所使用频道数有关。设计中选用深圳飞通公司生产的光缆。系统指标分配如表 6-7 所示。

表 6-7　系统指标分配表

技术指标	标准要求	设计值	前端	一级光缆	二级光缆	分配网
C/N/dB	43	44	0.1　54	0.2　51	0.2　51	0.5　47
CTB/dB	54	55	0.1　75	0.269	0.2　69	0.5　61
CSO/dB	54	55	0.1　70	0.2　65.5	0.2　65.5	0.5　59.5

（5）网络组图及链路计算

① 设计估算条件

单模光纤光缆损耗为 0.35 dB/km，熔接损耗为 0.4 dB/km，活动接头损耗为 0.5 dB，为保证 C/N 值不小于 51 dB，光接收机功率取 －2 dBmW＝0.63 mW。网络结构如图 6-18 所示。

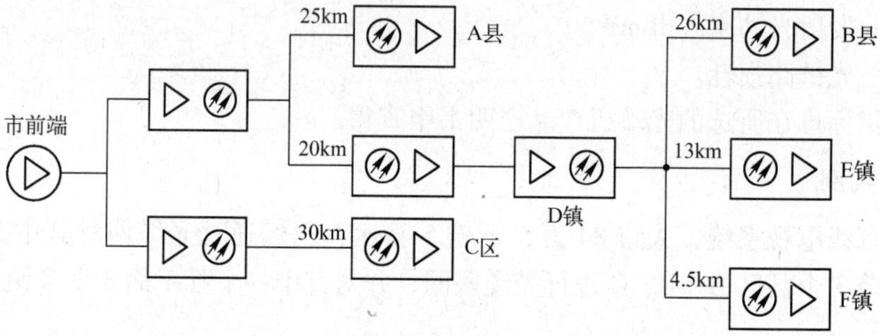

图 6-18　网络结构图

② 前端一分为二到 A 县，D 镇。输出功率分别记为 P_1，P_2：

$$P_1 = -2 + 0.4 \times 25 + 0.5 = 8.5\ \text{dBmW} = 7.01\ \text{mW}$$

$$P_2 = -2 + 0.4 \times 20 + 0.5 = 6.5\ \text{dBmW} = 4.47\ \text{mW}$$

总功率 $P_{1总} = P_1 + P_2 = 10.6\ \text{dBmW} = 11.48\ \text{mW}$

分光比 $k_1 = 7.01/11.48 : 4.47/11.48 = 0.62 : 0.38$

光发射机计入发射机连接器以及分光器接入损耗：

$P_{1总} + 0.5 + 0.5 = 11.6\ \text{dBmW} = 14.45\ \text{mW}$，取 16 mW 发射机。

③ D 镇一分为三到 B 县、E 镇、F 镇。输出功率分别记为 P_3、P_4、P_5：

$$P_3 = -2 + 0.4 \times 26 + 0.5 = 8.9\ \text{dBmW} = 7.76\ \text{mW}$$

$$P_4 = -2 + 0.4 \times 13 + 0.5 = 3.7\ \text{dBmW} = 2.34\ \text{mW}$$

$$P_5 = -2 + 0.4 \times 4.5 + 0.5 = 0.3\ \text{dBmW} = 1.01\ \text{mW}$$

总功率 $P_{2总} = 7.76 + 2.34 + 1.01 = 11.11\ \text{mW} = 10.5\ \text{dBmW}$

分光比 $k_2 = 7.76/11.11 : 2.34/11.11 : 1.01/11.11 = 0.7 : 0.21 : 0.09$

光发射机计入发射机连接器以及分光器接入损耗：

$$P_{2总}+0.5+0.5=11.5\ \text{dBmW}=14.12\ \text{mW}$$，取 16 mW 发射机。

④ 前端到 C 区

链路损耗 0.4×30+0.5+0.5=13 dBmW

按光接收机功率为 -2 dBmW 计算，取光发射机功率 12 dBmW，即 16 mW 发射机。

(6) 对建成网络进行测试

网络建成开通后，对整个网络进行了测试。测试仪器有光功率计和 8591C 频谱分析仪。先测量前端信号源，前端提供 29 套电视节目。光发射机的前置放大器 RF 输入电平 80 dBμV ±2 dBμV。选择 3 个代表性频道进行测试，测试结果优于设计值。

6.3 微波传输

微波一般是指频率范围为 0.3 ~ 300 GHz，相应的波长从 1 m ~ 1 mm 的电磁波。微波最早被用来传送电话、电报、传真和电视节目，并通过微波中继站构成了覆盖全国大部分地区的微波传输网络。最初的微波电视信号采用调频方式，占用频带宽，一般仅传送 1 ~ 2 个频道信号。

6.3.1 微波传输系统特点及分类

1. 微波传输系统特点

电视信号微波传输系统应用广泛，数字微波也有迅猛的发展。微波传输技术使电缆、光缆不能到达的地区拥有丰富的电视节目。与同轴电缆和光缆传输相比较，微波传输具有以下一些优点：

1) 微波传输适用于地形较复杂（如需跨过河流、山谷）以及由于建筑物和街道的分布，使铺设电缆、光缆较为困难的地区。另外，利用微波可跳过面积较大的无居民区，以避免铺设没有收入的传输线路，造成不必要的浪费。

2) 由于不需要铺设大量的有线传输媒质，微波传输的建造费用少，建网时间短，维护方便。而且在 50 km 视距范围内，微波传输是相当稳定的。因此，在传输距离较远时，微波传输具有较高的性能价格比。

3) 微波传输的定向性较好，传输频率高，因此其抗天电干扰和工业干扰的能力较强。

4) 微波传输易于与前端和电缆分配网络接口。还可以传输加扰电视，与付费电视相兼容。

微波传输的缺点：微波传输有严格的频率管理，选用微波传输方式应事先向当地无线电管理机构申请频率；微波传输容易受雨、雪等气候现象干扰，易受障碍物阻挡。

2. 微波传输系统分类

有线电视微波传输系统又称为多路微波传输系统。它是将空闲的 2.5 ~ 2.7 GHz 的 S 频段以及 12.7 ~ 13.25 GHz 的 Ku 频段用来传输微波电视节目，微波传输的信号可以是模拟电视信号，也可以是数字的或数字压缩的电视信号。

按照所传送电视信号的调制方式，微波系统可分为残留边带调幅（VSB/AM）调制、频率（FM）调制和数字微波电视三类。调幅（VSB/AM）微波系统与电视调制制式相同，不存在制式的转换问题，且具有设备简单、造价低、可靠性高等优点，因此得到了广泛的应用。

VSB/AM 微波系统通常又分为两类：调幅微波链路（AML）系统和多频道多点微波分配（MMDS）系统。MMDS 系统是全向辐射电磁波的多路微波分配系统，一般它是作为一个本地信号分配系统，微波电视信号直接到达用户家庭或集体接收点，具有与无线电视相似的属性。MMDS 的频率范围为 2.5～2.69 GHz，带宽为 190 MHz；AML 是定向辐射的多路微波传输系统，它的频率范围为 12.7～13.25 GHz，带宽为 550 MHz。目前国内以 MMDS 系统为主。AML 和 MMDS 系统各自的特点与区别如表 6-8 所示。

表 6-8　AML 和 MMDS 系统各自的特点与区别

项　　目	AML	MMDS
频率范围/GHz	12.7～13.25	2.5～2.7
带宽（容量）/MHz	550（PAL 制 59 个频道）	200（PAL 制 23 个频道）
天线辐射	多点定向，即点对点（或多点）定向传输	全方向性，即点对面传输
传输方向	双向传输	只能单向传输
成本及性能	成本高，系统功能复杂，性能指标较高，可达到光缆传输的质量	投资少，成本低，系统简单
用途	点对点（或多点）传输，用作主干线，适用于大型区域联网	点对面传输，不适于作为主干线，只能作为支线、分支线，通常接小型电缆分配网络，也可直接入户

6.3.2　微波传输系统的主要设备

微波传输的主要设备包括微波发射机、微波接收机、微波中继器和天线等。

1. 微波发射机

输入的视频（V）和音频（A）信号先经中频调制器变为 38 MHz 的中频信号，然后上变频为微波信号，再通过放大器输出额定功率。图像和伴音分开处理，最后输出的微波图像功率要大于微波伴音功率。双工器把微波图像信号和微波伴音信号合成为一路，送入微波频道合成器。频道合成器用来将各个单频道发射机输出的微波电视信号混合成一路，经馈线送至发射天线。

微波发射机分单频道发射机和宽带发射机两种。单频道发射机输入的视频（V）和音频（A）信号先经中频调制器变为 38 MHz 的中频信号，然后上变频为微波信号，经带通滤波器后，再通过放大器输出额定功率。图像和伴音分开处理，最后输出的微波图像功率要大于微波伴音功率。双工器把微波图像信号和微波伴音信号合为一路，送入微波频道合成器。频道合成器用来将各个单频道发射机输出的微波电视信号混合成一路，经馈线送至发射天线。而宽频带发射机输入 VHF、UHF 各频道电视信号经前置放大器放大，电调衰减器调节到合适的电平，再与本振信号在混频器中群上变频为微波电视信号，然后经滤波、放大处理后，经馈线送至发射天线。单频道微波发射机组成框图如图 6-19 所示。

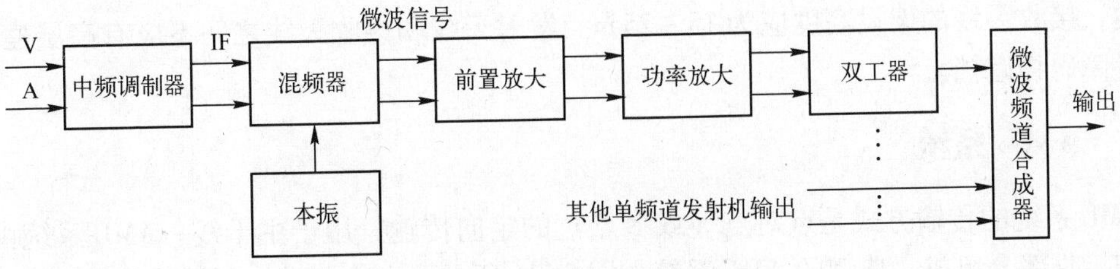

图 6-19　单频道发射机组成框图

采用单频道发射机可灵活配置频道，技术性能较好，但成本较高；宽频带发射机不能改变各频道之间的相对位置关系，技术性能较单频道发射机差，但在传输相同频道数目情况下，其成本较低。发射机的功率通常有 1 W、5 W、10 W、20 W、50 W、100 W 等几种，实际选用功率应根据服务区的距离与面积决定。由微波视距传播特性往往决定了覆盖的界线，因此发射机功率太大是不必要的。

2. 微波中继器

微波中继器又称为微波转发器、微波转播站。它用于传输距离超出 50 km 或传输路径有障碍不能直接传输至接收点的地区。微波中继器的主要作用是将接收到的微波电视信号进行功率放大后再发送出去，中间没有变频过程，也不需要制式转换。

3. 微波接收机

微波接收机主要由下变频道以及其供电电源、接收天线和馈源组成。输入的微波电视信号在进行低噪声预放大后，由混频器下变频至有线电视标准道（VHF、UHF 或增补频道），经放大后输出送至前端，或者送入用户的电视机直接收看。通常群下变频器有多种本振频率可供选择，本振频率不同，其输出频段也不同。采用哪种本振频率的群下变频器，一般由系统的频率配置规划来确定。微波接收机组成框图如图 6-20 所示。

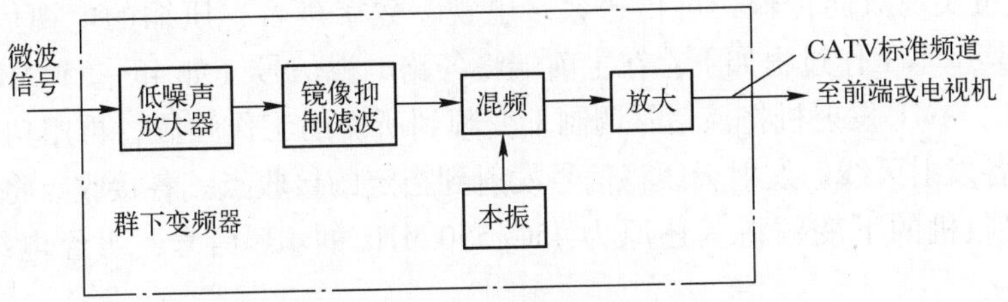

图 6-20　微波接收机原理框图

4. 天线

为了有效地发射（或接收）微波电视信号，天线和馈线也是非常重要的一部分。微波传输使用的馈线有椭圆波导、空心电缆和泡沫介质电缆。

发射天线通常采用板状抛物面天线、栅网状抛物面天线、喇叭天线和缝隙天线等多种类型。当用于干线传输时，要选用定向天线；当连接分配网络或直接入户时，则选用全方向性天线。天线方向图通常为圆形或心形等几种，以适应服务区分布的要求。发射天线应安装在铁塔或高层建筑物上，其高度与要求的覆盖范围有关。

接收天线通常采用小型定向天线，如矩形抛物面天线、八木天线等。为了保证在视距范围之内，接收天线的架设高度应为 15 ~ 25 m。发射天线和接收天线之间不应有高层建筑物、小山等障碍物遮挡。

6.3.3 AML 系统

AML 系统的传输方式是点对点（或多点）的定向传输，用于主干线。AML 系统由发射部分和接收部分组成。典型的 AML 系统如图 6-21 所示。在主前端，利用功率分配器将微波电视信号分送给四副抛物面发射天线，通过定向传输送至相应的接收点（分前端）。在分前端，微波电视信号经天线接收后进入微波接收机，再输出至分前端或同轴电缆干线。

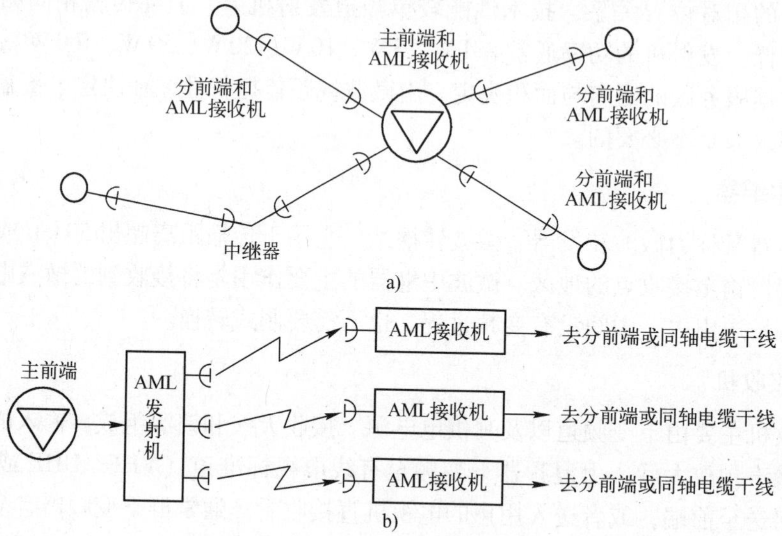

图 6-21 典型的 AML 系统组成

AML 方式可实现双向传输，可传送数字电视、数字声音、压缩的电视信号和电视加、解扰信号等。其基本工作过程如下：在主前端将各路电视信号（如 45 ~ 550 MHz）混合后送到 AML 发射机。AML 发射机将该信号调制上变频到所需的工作频段，再用功率分配器将信号功率分配到各发射天线。发射天线将信号发射到指定的接收点。各接收点将信号接收下来后，经 AML 接收机的下变频将其还原为 45 ~ 550 MHz 的 RF 信号，再经电缆传输分配给用户。

AML 系统的工作频率范围是 12.7 ~ 13.25 GHz，工作方式是 VSB/AM 调制上变频，带宽 550 MHz，可传输 PAL/D 制式电视信号 59 套。传输距离视发射功率而定，目前 AML 系统的传输水平可达到 80 个频道，一台发射机可将信号馈送给 16 个微波接收机（即 16 个分前端）。

由于 AML 方式的成本太高，而其作为干线传输的优势逐渐被光缆系统所取代，因此，在有线电视系统中主要使用 MMDS 的传输方式。

6.3.4 MMDS 系统的组成

多频道微波分配系统（Multichannel Microwave Distribution System，MMDS）是一种独立的信号传输系统。它不仅能传输电视信号，还能传输调频信号和其他数字信号，既可以在有线电视系统中起超干线传输的作用，又可以直接将电视信号传输分配给用户。它适用于大城市及不允许或不便铺设有线传输介质的区域。

MMDS 系统的发射天线为全方向性的，为了扩大覆盖范围，天线应尽量架设得高一些。各个用户或住宅楼使用接收天线及相应设备将信号接收下来并转换到电视机能够接收的有线电视频段，然后通过分配网络送至用户终端，也可直接与电视机相连接。

MMDS 传输系统采用 2.5 ~2.7 GHz 的微波频率。它与传统的电缆传输系统和 HFC 系统相比，具有如下的特点。

（1）投资少，覆盖面积大

MMDS 系统最大的一个优点是用比较少的投资获得比较大的覆盖面积，电视信号利用微波通过空中把信号直接传送到用户，可以节省大量的电缆干线、干线放大器、分支器、分配器、电源等设备及工程施工的费用。对 HFC 网还可以节省价格昂贵的光发射机、光分路器、光接收机及光缆等设备和器材的费用，以及光缆干线的施工费用。

（2）建网速度快，组网灵活

MMDS 系统的建网只需要做好前端及 MMDS 发射机和天线的连接，省去了大量的干线传输、用户分配系统的施工等复杂和耗时的工作，尤其是在山区及穿越河流时，施工工程量更大。MMDS 系统从发射台建成的第一天就可把电视信号传输到覆盖范围内的所有用户，建网速度非常快，这是光缆和电缆网所做不到的。

（3）图像质量好，可靠性高

MMDS 系统只有发射、接收两部分，不涉及更多的干线放大器、供电装置和电缆连接头等，损伤图像的中间环节少，图像质量好。几种不同传输系统电视图像质量的比较如表 6-9 所示。

表 6-9　几种不同传输系统电视图像质量比较

系统体制	MMDS	光　缆	电　缆
失真来源	调制器、下变频器	调制器、发射机、接收机	调制器、干放、运放
传输过程失真	无	小	大
C/N	好	好	差
干扰拾取	最小（来自小型分配网）	小（来自中型分配网）	大（来自大型同轴网）

（4）维护工作量小，抗自然灾害能力强

光缆、电缆网络都存在大量的网线，设备需要日常维护，工作量非常大，而 MMDS 基本上不存在网络维护工作量。MMDS 也不易受到地震、暴雨、水灾、大风等自然环境的影响，还能防止人为破坏及非法信号的侵入。

MMDS 系统的缺点：传播途径易受影响，不能双向传输。在信号传输中，电磁波易受高楼、小山等大型障碍物的遮挡，易受干扰、衰落和反射、折射等因素影响，其信号质量不如电缆和光缆传输那样容易控制。由于没有上行通道，不能实现双向传输，对未来的发展受到限制。网络管理也不如电缆和光缆传输那样灵活。

6.3.5　数字微波

数字微波是发展微波传输有线电视的方向。实现数字微波的关键技术是 MPEG－2 编解码器。数字 MMDS 传输系统如图 6-22 所示。

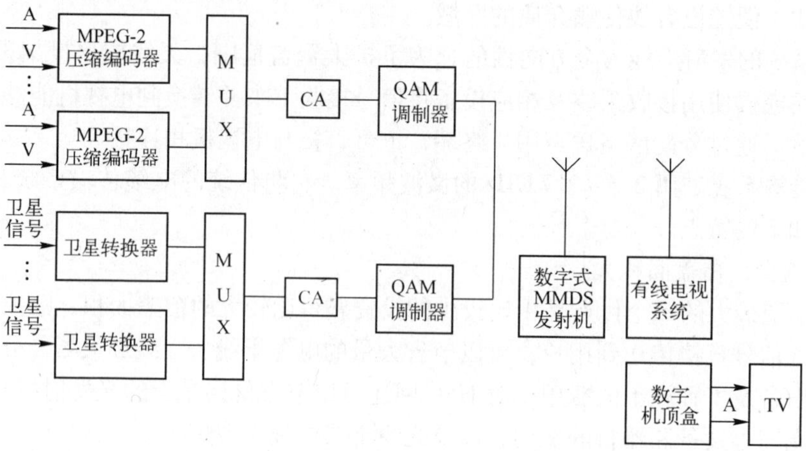

图 6-22 数字 MMDS 传输系统

目前数字频带压缩技术已达到实用化阶段。数字频带压缩技术首先将模拟的电视信号通过模数转换变成数字信号，然后采用 MPEG-2 压缩方法，将数字信号通过压缩编码，便可将一百多兆赫兹宽的数字电视信号压缩成 1.5 MHz 以下。数字频道压缩技术目前已逐步应用于调幅微波链路（AML）、MMDS 及有线电视光缆、电缆传输系统中。随着数字电视技术的普及，数字频道压缩技术将得到更广泛的应用。

由于微波传输是无线开路传输，如果不采用加扰（密）技术，会使合法用户和非法用户都收到信号，这样不利于有线电视事业的发展。数字 MMDS 在微波传送的电视节目中采用数字可寻址群加、解扰技术，实现可寻址收费系统，通过“机顶盒”只允许交费用户正常收看。数字可寻址群加、解扰系统通常由主控计算机、用户管理系统、加扰控制与处理系统、用户解扰器（机顶盒）等组成。用户管理系统根据用户交费情况，使用该用户的特定地址码，形成寻址数据包，在加扰处理器中与视频信号混合后发送，给用户解扰器授权，经解扰就可收视预定节目；而未被授权的用户则无法正常收看。它与可编程（插卡）方式相比较，可寻址加、解扰系统，具有明显的优越性，可操作性强，为经营者提供更主动、灵活的运用方式和功能，能根据用户交费情况主动全面地控制用户的收看，而且解扰器被拷贝或仿制的可能性小。

本章小结

干线传输系统是有线电视系统的重要子系统。干线传输的传输媒介主要包括电缆、光缆和微波。有线电视系统最早采用同轴电缆传输电视信号，随着科学技术的发展，才逐渐采用光缆和微波传输有线电视信号。本章首先介绍了同轴电缆的结构、型号，详细说明了同轴电缆的主要技术参数。接着介绍了光纤和光缆的结构、类型，以及光缆传输系统的主要设备，组网形式，给出了光缆干线传输系统设计步骤以及设计实例。最后介绍了微波传输系统的特点、主要传输设备以及 AML 和 MMDS 系统组成等内容。

1. 有线电视传输系统有同轴电缆、光缆、微波以及多种混合型媒质，主要分为同轴电缆电视系统、同轴电缆光缆混合网（HFC）、微波电视传输系统等。其作用是将前端输出的电视信号传输至用户分配系统，再由用户分配系统将电视信号传输至用户。

2. 同轴电缆传输系统是由多级干线放大器通过同轴电缆级联构成的，是传统的电视传输系统。同轴电缆的主要技术参数有特性阻抗、温度系数、屏蔽性能、回路电阻、最小弯曲半径等。

3. 光纤传输具有宽带、抗干扰和高保真等特性，所以CATV系统主干线通常采用这种方式。有线电视统采用光缆电缆混合网（HFC）在信号的传输中发挥了巨大的作用。HFC通常由光纤干线、支线和用户同轴电缆配线网络三部分组成。光缆传输主要设备由光发射机、光接收机、光放大器、均衡电路、分路器等组成。

4. 利用微波数字MMDS传输技术，在一个模拟频道带宽可传输8~10个数字电视节目，使电缆、光缆不能到达的地区拥有丰富的电视节目。微波传输的主要设备包括微波发射机、微波接收机、微波中继器和天线等。

5. 微波传输主要分为MMDS系统和AML系统。数字微波是发展微波传输有线电视的方向。

习题

1. 有线电视系统对同轴电缆有哪些要求?
2. 解释同轴电缆SYKV－75－5的含义。
3. 为什么要求干线放大器具备AGC及ASC功能?
4. 光纤传输的特点是什么?
5. 有线电视光缆传输通常采用哪些波长窗口的光纤？其衰减特性是什么?
6. 光缆传输系统指标与整个系统指标的关系是什么?
7. 简述MMDS系统的特点。
8. 某型号同轴电缆在550 MHz时的衰减常数 $\alpha = 5.1$ dB/100m(20°C)，温度系数为2.5%dB/10°C，试计算在环境40°C下工作时，该电缆每千米的衰耗值。
9. 画出HFC网组成框图。
10. 常见的光网络有哪些，各自有什么特点。

第7章 分配系统

用户分配系统是有线电视系统的终端，其作用是把来自传输干线的信号分配给千家万户，它包括用户分配放大器、分配器、分支器、用户终端盒等设备和器件。

7.1 分支器

分支器是从干线或支线的主路分出若干路信号并馈送给相应线路，而主路信号以很小的损耗继续传输的无源器件。它的带宽目前已达到5～1000 MHz，其结构简单，价格低廉，工作不需要电源，广泛用于HFC有线电视领域的干线、支干线、用户分配网络，尤其在楼房内部，需要大量采用分支器。

分支器由主路输入端IN、主路输出端OUT和分支输出端TAP构成。实际器件如图7-1所示。

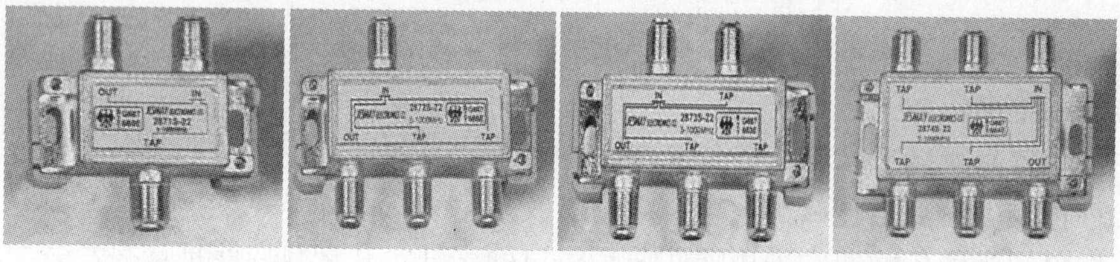

a) b) c) d)

图7-1 分支器

a）一分支器2871S b）二分支器2872S c）三分支器2873S d）四分支器2874S

1. 分支器的分类

根据分支器输出的路数，可以分为1、2、3、4、6、8、10、12分支器，分支器的图形符号如图7-2所示。

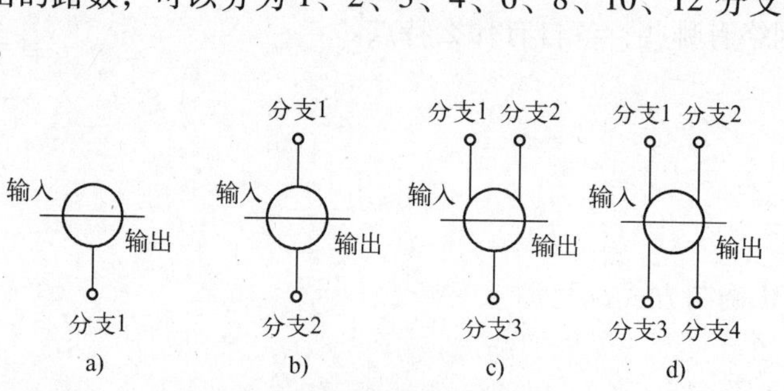

图7-2 分支器图形符号

a）一分支器 b）二分支器 c）三分支器 d）四分支器

根据分支器的工作频率范围可以分为全频道型、带宽型和双向传输宽带型等。

根据分支器的使用环境条件可以分为室内型、室外型、馈电型和普通型等。

根据分支器的盒体结构可以分为塑料、金属压铸外壳及串接分支板等。

2. 分支器的主要技术参数

对于理想的分支器，希望它们的输出口（OUT）之间，以及分支口（TAP）与输出口（OUT）之间的隔离度越大越好，以免各信号口之间产生相互影响。

不同类型分支器分支损耗不同，其中1分支可选分支衰减为6～24 dB（间隔2 dB），2分支可选分支衰减为6～26 dB（间隔2 dB），3分支可选分支衰减为10～28 dB（间隔2 dB），4分支可选分支衰减为10～26 dB（间隔2 dB），6分支可选分支衰减为12～28 dB（间隔2 dB），8分支可选分支衰减为14～30 dB（间隔2dB），10分支和12分支可选分支衰减为16～30 dBm（间隔2 dBm），不同厂家会稍有差别。

相互隔离：分支口（TAP）之间的隔离称为相互隔离，用分贝表示，分贝值越大表明各个分支输出端之间相互影响越小。分支器的相互隔离一般要求大于20 dBm，性能好的分支器相互隔离可达30 dBm以上。

反向隔离：分支口（TAP）与输出口（OUT）之间的损耗称为反向隔离，用分贝表示，分贝值越大越好。

反射损耗：反射损耗表示阻抗匹配程度。分支器不但具有功率信号的分配功能，更重要的是它在分配信号的同时，对端口的设备起到阻抗匹配的作用。这在高频宽带电路中是非常重要的。分支器的输入、输出和分支端阻抗为75 Ω，以保证与电缆、电视机的阻抗相匹配。如不匹配，会造成信号反射，传输效果降低，引起图像干扰等。反射损耗用分贝表示，分贝值越大越好。

带内平坦度：很多分支器用于干线和支干线上，为了改善整个系统的平坦度，要求分支器的带内平坦度在±0.5 dBm以内。

（1）调幅－光强度调制方式（AM－IM）

幅度调制光缆传输（VSB－AM）是一种模拟传输方式，常简称为AM光纤技术。这种方式是电视信号对相应频道的载波（VHF或UHF）进行残留边带调幅调制，然后把各路已调制的载波混合在一起对激光器进行强度调制。

AM光缆技术的最大优点是简捷、经济和容量大，可以与常用的电缆CATV网兼容；光接收机输出信号可以直接作为电缆CATV网的输入信号，不需解调和调制。缺点是接收灵敏度较低，传输距离较短，为保证输出载噪比，要求接收功率不应低于－9 dBmm；对激光器的线性要求非常严格。

（2）调频－光强度调制方式（FM－IM）

将多路视频信号、音频信号分别对不同频率的副载波调频，然后混合起来再去调制光波强度，即为FM－IM调制方式，简称为FM光纤技术。在接收端调制信号先被还原为多路调频信号，然后再分路鉴频，恢复出视频和音频信号。这种调制方式具有较高的灵敏度，能获得较好的载噪比，传输距离远。缺点是调频制式不能与现有的电视机兼容，所以光接收机输出的信号需经AM－VSB调制，才能转变为调幅射频信号传输给用户；调频信号占有频带宽，相邻副载波需间隔40 MHz，这使得同一频段内所传输的节目路数仅为调幅制式的四分之一，因此相同容量下FM系统较AM系统的价格要高。

（3）脉冲编码－光强度调制方式（PCM－IM）

插入损耗：输入口（IN）与输出口（OUT）之间的信号衰减称为插入损耗。设主路输入口信号电平为 E_I，主路输出口信号电平为 E_O，则插入损耗 L_n（单位：dB）为

$$L_n = E_I - E_O \tag{7-1}$$

分支器的插入损耗通常很小，约为 0.5 ~ 2 dBm。

分支损耗：输入口（IN）和分支口（TAP）之间的信号衰减称为分支损耗，又称分支衰减。设主路输入口信号电平为 E_I，分支输出口信号电平为 E_{ZO}，则插入损耗 L_z（单位：dB）为

$$L_z = E_I - E_{ZO} \tag{7-2}$$

3. 分支器的工作原理

分支器的工作原理如图 7-3 所示。B_1、B_2 是两个在环形磁芯上绕成的传输线变压器，当信号电流从输入端流过 B_1 时，在 B_1 的次级感应出电流，分成两路流向输出端和电阻 R。同时主电流也流过 B_2 的次级，在 B_2 的初级感应出电流，方向是从电阻流向分支输出端。吸收电阻 R 上两个电流大小相等方向相反，相互抵消，不消耗功率。而分支输出端上两个电流相互叠加，有功率输出。如果信号从输出端向输入端流过 B_1，两个感应电流在吸收电阻 R 上叠加，消耗在 R 上，而在分支输出端上相互抵消，没有输出。吸收电阻 R 为 75 Ω。

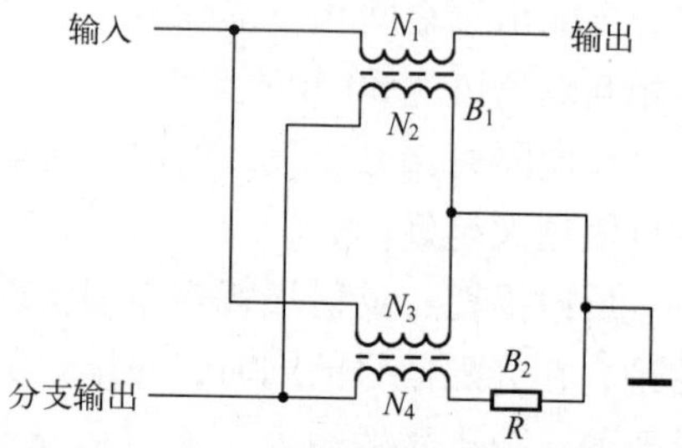

图 7-3　分支器工作原理图

B_1、B_2 两个传输线变压器初次级线圈的匝数比决定了分支量的大小，线圈匝数与分支损耗有以下关系：

$$\frac{N_2}{N_1} = \frac{N_3}{N_4} = 10^{\frac{\text{分支损耗}}{20}} \tag{7-3}$$

使用分支器时输出端一定要接有负载，负载可以是分支器后面的线路，也可以是电阻。

分配损耗：是信号从输入口（IN）分配到输出口（OUT）的传输损失，又称为分配损失。设输入口信号功率为 P_I，输出口信号功率为 P_O，则分配损耗 L_P（dB）为

$$L_P = 10\lg \frac{P_I}{P_O} \tag{7-4}$$

7.2 分配器

分配器是有线电视传输系统中分配网络里最常用的部件，是用来分配信号的部件。它的功能是将一路输入信号均等地分成几路输出，即每个输出口的衰减值一样大。分配器同分支器一样也是一种无源器件，可应用于前端、干线、支干线和分配网络。分配器由输入端 IN 和输出端 OUT 构成。

1. 分配器的分类

根据输出的路数，通常有二分配器、三分配器、四分配器、六分配器等，图形符号如图 7-4 所示。分配器的基本类型是二、三、四分配器，凡是多于四个输出端口的分配器，实际

都是由基本型分配器组合而成，如六分配器就是一个二分配器和两个三分配器的组合，八分配器就是一个二分配器和两个四分配器的组合，而最多可以见到的十六分配器，就是一个四分配器和四个四分配器的组合，仅仅是将这些基本器材组装到了一个外壳中而已，这种方式的分配器，只适用于有线电视机房等需要对信号集中分配的场所，而不适用于楼层及分散用户的信号分配，在这些场合，还是以采用基本型的分支器和分配器最为妥当。

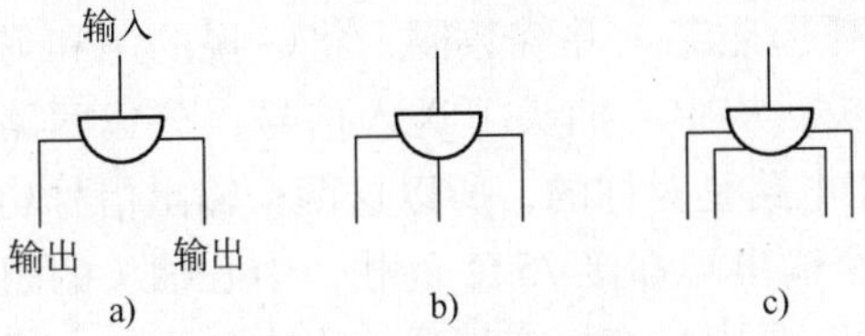

图7-4 分配器图形符号

根据工作频率范围，通常有全频道型、5～550 MHz、5～750 MHz 带宽型和1 GHz 宽带型。

根据使用环境，通常有室内型和野外防水型，馈电型（也称过流型或过电型）和普通型。

根据盒体结构，通常有塑料型、金属型、压铸型、密封防水型、明装与暗装（通常是二分配板）等。

2. 分配器主要技术指标

在系统中总希望接入分配器损耗越小越好。分配损失 L_P 的多少和分配路数 n 的多少有关，在理想情况下 $L_P = 10\lg n$，当 $n = 2$ 时为二分配器分配损失为3 dBm。实际上除了等分信号的损失外，还有一部分是由于分配器件本身有衰减，所以总比计算值要大。如在50～750 MHz 时二分配器分配损失工程上常取值3.5 dBm，四分配器损失常取值8 dBm。

相互隔离：相互隔离也称分配隔离。是指在分配器的某一个输出端加入一个信号，该信号电平与其他输出端该信号电平之差即是相互隔离，一般要求分配器输出端隔离度大于20 dBm 以上。相互隔离越大，表示分配器各输出端之间的相互干扰越小。

频率范围：分配器使用在整个有线电视网中，因此应具有宽带的频率特性。

输入/输出阻抗：有线电视网中的射频各种接口阻抗均应为75 Ω，以实现阻抗匹配，因此分配器输入端及输出端阻抗均应为75 Ω。

反射损耗：是指负载直接接在信号源上所得到的功率和由于分配器匹配不好引起的反射功率之比，用 dB 表示。反射损耗反映的是分配器输入阻抗偏离标称值的程度。

驻波比（SWR）：全称为电压驻波比（Voltage Standing Wave Ratio，VSWR）。驻波比是反射信号功率分贝对输入信号功率分贝之差，用来表示天线和电波发射台是否匹配。如果 SWR＝1，则表示发射传输给天线的电波没有任何反射，全部发射出去，这是最理想的情况。如果 SWR＞1，则表示有一部分电波被反射回来，最终变成热量，使得馈线升温。被反射的电波在发射台输出口也可产生相当高的电压，有可能损坏发射台。如果驻波比太大，则传输信号就会在分配器的输入端或者输出端产生反射，对图像质量产生不良影响，如重影等。

3. 分配器的工作原理

分配器的工作原理如图 7–5 所示。分配器通常由匹配电路、分配电路和隔离元件组成。以二分配器为例（四、六、八分配器可由二、三分配器扩展而成）：B_1 为阻抗变换，B_2 为功率分配器，R 为隔离电阻，C 为平衡电容。我们倒过来先看 B_2，B_2 是一个分配变压器，它是根据传输线原理用两根导线在环形磁芯上并绕数圈，将一根的尾和另一根的头相接作为中心抽头。从中心抽头上送入信号，分成两路流向输出 1 和输出 2，由于电路是对称的，所以这两个输出信号功率相等，相位也相等。两个输出端都接 75 Ω 负载，中心抽头的阻抗为 75/2 Ω，即 37.5 Ω。B_1 是阻抗变换变压器，也在环形磁心上绕成，输入端到地与抽头到地的匝数比是 1.414:1，阻抗比是 2:1，如前所说抽头负载是 37.5 Ω，输入端则是 75 Ω。由于结构上的原因，匝数比不可能正好是 1.414:1，因此输入端阻抗只能近似为 75 Ω。电阻的作用是使得两个输出端相互隔离，如果输出 1 端上入信号，信号经 B_2 流向 B_1，同时输出 2 端上感应出一个反向电流，但通过 R 有一和输出 1 同相的电流流向输出 2，只要 R 的阻值为负载的两倍，这两个电流大小相等方向相反，正好抵消。也就是说，任何一个输出端上送入的信号不会从另一输出端输出，只能流向输入端。电容 C 的作用是补偿 B_1、B_2 间连线的电感，保证频率特性。

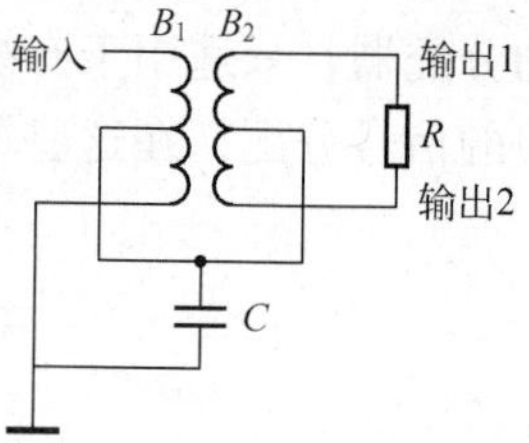

图 7–5　分配器工作原理图

输入端送入的信号等分到两个输出端，每个输出端上得到一半功率，即 3 dB 的损耗，实际上加上导线和磁芯的损耗，总的损耗约 4 dB。两个输出端再各接一个二分配器，就成了四分配器，损耗为 8 dB。四分配器的其中两个输出端再各接一个二分配器，又成了六分配器，六分配器有两个输出端的损耗为 8 dB，其余四个输出端损耗为 12 dB。

根据传输线的原理，B_1、B_2 线圈的展开长度应远小于波长，否则高频频响不好。展开长度短了圈数必然减少，电感量也必然减小，导致低频频响变坏，因此要求磁芯的磁导率要高，高频损耗要小，只有这样才能保证分配器的带宽。

7.3　放大器

放大器是有线电视系统必不可少的设备，传输部分用放大器补偿电缆损耗；分配部分用放大器提供信号功率。目前有线电视系统光纤设备用量日益增多，光纤正由前端逐步向用户深入，但即使在先进国家，在一个相当长的时期内，也不可能普及光纤入户。也就是说，虽然电缆干线正趋于消亡，而作为分配系统，以放大器为主的电缆线路，将长期生存下去。一个好的有线电视系统离不开合理的前端配置、放大器配置和无源配置，解决了合理配置放大器问题，就解决了传输和分配部分的关键问题，而部分有线电视系统质量欠佳，问题就在放大器配置不合理。

7.3.1　放大器的分类

1. 按在系统中使用的位置划分

按放大器在系统中使用位置可分为前端和线路两大类，前端使用的放大器包括天线放大器、单频道放大器等；线路中使用的放大器统称为线路放大器，它包括干线放大器、线路延长放大器、桥接输出放大器、分支（分配）放大器、用户放大器等。天线放大器主要放大弱场强接收信号，通常接在天线的下方，要求其具有高增益和低噪声特性。目前CATV系统中常用的天线放大器有两种：一种是单频道放大器，其带宽为8 MHz，这是最常用的天放大器；另一种是分波段的宽带放大器，如VL波段，VH波段，UHF波段等。

2. 按在系统中放大的频率范围划分

按放大器放大的频率范围可分为单频道、多波段、550 MHz、750 MHz、860 MHz共5种类型。

3. 按放大器的内部结构划分

按放大器的结构分可分为单模块放大器、双模块放大器、多模块放大器。

4. 按放大器的功能划分

按放大器的功能划分可分为普通型放大器、自动增益控制（AGC）放大器、自动斜率控制（ALC）放大器、前馈放大器、单向放大器、双向放大器等。

7.3.2　放大器的主要技术指标

1. 带宽

放大器的带宽是指放大器能正常工作的输入信号的频带宽度。目前市场上常用的放大器的带宽一般为45～550 MHz，45～750 MHz，45～860 MHz，这是针对单向放大器而言。双向放大器并没有规定回传截止频率是多少，基本上是可变的，用户可以根据实际的系统情况预定，如回传频段为5～65 MHz；下行频段为87～750 MHz；65～87 MHz为隔离带。

2. 频响

放大器对信号增益与频率的关系叫放大器的幅频，也叫频响。通俗地讲，频响就是指带内平坦度，是在工作频带内各频率点电平相对于其准频率点电平变化量，以分贝（dB）表示，取最大变化量。国标规定550 MHz放大器频响为0.5 dB，750 MHz频响为0.75dB。

3. 增益

增益是放大器的输出与输入电平之比，即放大倍数，也称为增益。常用分贝（dB）表示，具体的放大器的增益一般是用最高频道的输入与输出电平之分贝差来表示。市场上的放大器都采用固定增益的放大模块来放大，每种模块都有标称增益。

4. 噪声系数

噪声系数（NF）是衡量放大器内部杂波的一个指标，表示放大器输入端信噪比相对于输出端信噪比的倍数，以dB计算，放大器的噪声系数一般为3～10 dB，NF值越小，表明放大器性能越好，不同的放大模块具有不同的噪声系数，放大器的噪声系数由模块的噪声系数来决定。

5. 反射损耗与阻抗

为了保证设备、线路之间的匹配连接，放大器的输入/输出标称阻抗都是75 Ω。反射损耗有输入反射损耗和输出反射损耗，它表示放大器输入/输出阻抗匹配程度的好坏。阻抗不匹配会产生反射波，反射波与输入波叠加会产生驻波，不仅影响系统的平坦度，而且影响整个系统信号图像的清晰度，本项指标是检验厂家放大器的重要指标，采用同一种模块放大的不同的厂家的产品，反射损耗指标会有较大的出入，尤其是知名度不高的厂家的产品，这项指标往往不合格。使用反射损耗小的产品往往对整个系统造成危害。

6. 最大输出电平

每个放大器都有一个线性使用范围，其输出电平是有特定的限额值的，当输出电平过大，超出线性范围时，信号就会产生失真，图像上出现横条、交扰调制和相互调制等干扰。放大器的最大输出电平通常是指满频道输入时无失真输出的最大输出电平，放大器的最大输出电平越高，说明放大器的放大特性越好，通常进口模块的最大输出电平都大于 120 dB，而国产模块相对低一些，基本上在 105 ~ 110 dB 之间，在选择放大器时要选择最大输出电平高的产品，这种产品带负载的能力强，可以多带用户，尤其是末端应用的放大器效果更明显。

7. 交扰调制

交扰调制简称交调。交调是 CATV 系统中所有非线性器件普遍存在的问题，减少交调的措施是降低放大器的输出电平。一般来说，放大器的输出电平降低 1 dB，交调就会减少 2 dB，国标规定系统的交调指数小于 –46 dB。

8. 相互调制

相互调制简称互调，是指两个频道或多个频道的和、差拍信号落入被干扰频道引起的干扰，通常定义为落入频道内的差拍信号与被干扰频道的图像峰值输出信号之比，互调在电视屏幕上表现为条纹干扰。互调的产生也是由于放大器输出电平过高导致放大器工作在非线性工作区而产生的。国标规定系统互调指数小于 –54 dB。

7.3.3 放大器原理

有线电视放大器的原理是电视信号从输入端输入，经均衡器和增益调整衰减电位器进入放大器模块进行放大，从输出端输出送下一级或用户分支分配系统。

1. 干线放大器

干线放大器安装在干线上，对信号进行放大，以补偿干线电缆的损耗，使传输线路进一步延长。在大型的有线电视系统中，干线传输部分要用到不少的放大器，它的好坏直接影响整个系统的性能，因此对干线放大器的可靠性和技术指标要求极严。干线放大器的增益正好等于两个干线放大器之间的电缆损耗及无源器件的插入损耗，使任意两个干线放大器的输入信号电平基本相同。干线放大器的带宽应等于有线电视系统的带宽。由于同轴电缆具有频率特性和温度特性，因此，干线放大器一般都具有斜率均衡及增益控制的功能，高质量的干线放大器还具有自动电平控制的功能。干线放大器、桥接放大器及双向放大器的图形符号如图 7-6 所示。

（1）手动增益和斜率均衡加温度补偿控制

图 7-7 所示电路为这类干线放大器框图，点画线框中 R_1、R_2、C_1、PIN 二极管组成一个可变衰减器。其中 PIN 二极管在射频信号输入时呈电阻状态，其阻值随外加直流电压的不同而不同。电流越小，电阻越大，可从几欧变到几千欧。温度补偿的工作原理是当温度升高

时热敏电阻的阻值下降（也有的热敏电阻随温度升高而阻值增大），使比较放大器的输入电压减小，输出也随之减小，流过PIN二极管的电流也减小，电阻增大，可变衰减器的衰减量减小，输出增大，补偿了由于温度升高电缆衰减量的增加。但由于放大器与电缆处于不同的环境下，具有不同的温度，热敏电阻温度变化引起的衰减量的变化与电缆中衰减量的变化不能完全抵消，当干线比较长时，采用这类放大器不能完全控制温度变化引起电平的波动。

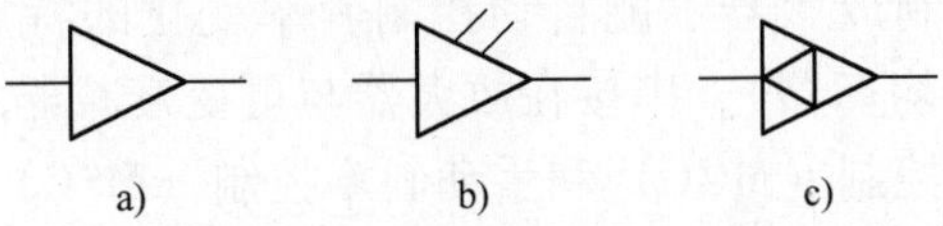

图7-6 常用放大器符号
a）干线放大器 b）桥接放大器 c）双向放大器

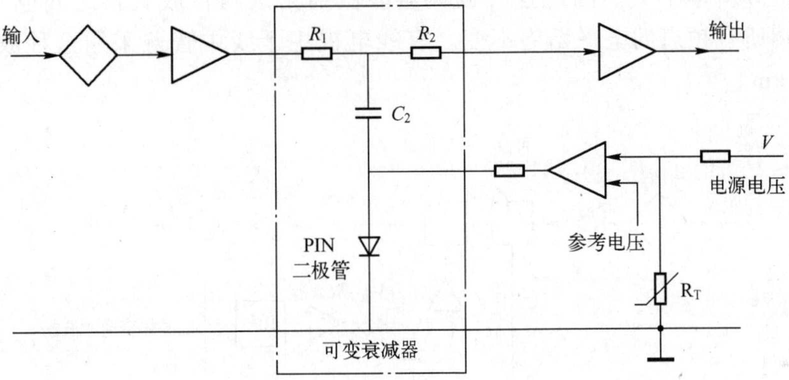

图7-7 手动增益和斜率均衡加温度补偿放大器框图

(2) 自动增益控制（AGC）放大器

为了使可变衰减器（又称电调衰减器）的变化能跟上电缆温度的变化，可以在电缆中传输一个导频信号，对增益进行自动控制，如图7-8所示。在图中，首先利用手动增益控制（MGC）将放大器增益调在某一合适位置，当温度升高时，会导致放大器输出电平降低，从输出端取出降低了的导频信号电平，利用该信号电平去控制可变衰减器的衰减量，使衰减量减少，则相当于放大器增益提高，从而达到自动增益控制的目的。当温度降低时，情况完全相反。

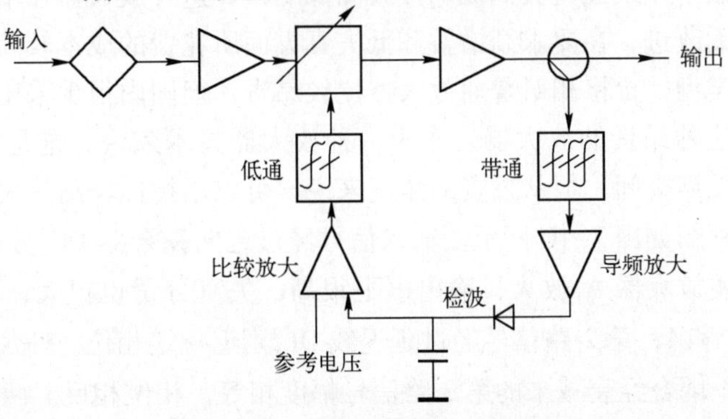

图7-8 自动增益控制放大器框图

必须注意：具有 AGC 功能的放大器，取样信号是导频信号（通常采用前端某一调制器产生的图像载波信号）。因此，通过自动调整放大器增益，仅能控制导频信号的电平始终不变，而不能控制其他频率信号电平的变化，即不能控制斜率的变化。随着传输距离的增加，这种斜率的变化量会累积。因此，AGC 放大器传输距离一般控制在 5 km 之内。

（3）自动电平控制（ALC）放大器

为了弥补自动增益控制放大器不能自动控制斜率变化的特点，需要在电路中增加一个可变均衡器（又称电调均衡器），串接在放大器与可变衰减器之间，如图 7-9 所示。在图中，首先利用手动增益控制（MGC）和手动斜率控制（MSC），将放大器增益和斜率调在某一合适位置。这时在电路中同时传送两个导频信号：高导频信号控制可变衰减器，保持高频端信号的增益不变；低导频信号控制可变均衡器，保持输出端高低频道的电平差始终不变，即斜率不变。因此这种放大器能做到无论两台放大器之间电平如何变化，放大器输出端所有频道的电平始终不变。有线电视主干线中普遍采用这种放大器，传输距离可达 15 km。

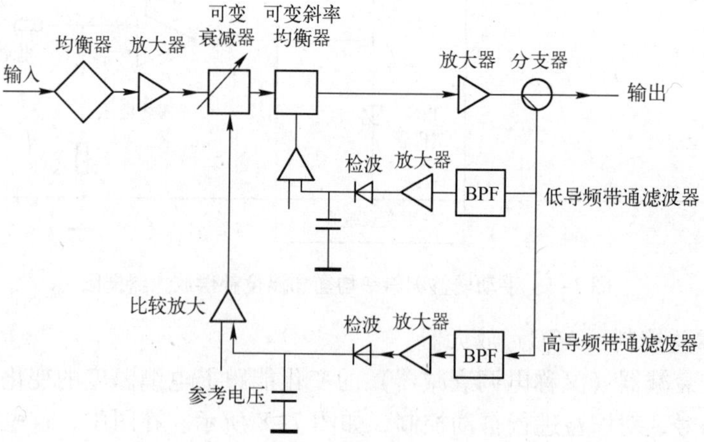

图 7-9　自动电平控制放大器框图

（4）前馈放大器

前馈放大器是专为长距离传输而设计的，又称超干线前馈放大器，也就是在干线放大器中采用前馈技术来减小非线性失真而提高接收图像质量，这种放大器在增益和失真方面比传统的放大器有较大的改进，在要求高增益和低失真方面所花费的成本较高，在国外已经成为一种标准的放大器类型，价格相对普通放大器比较昂贵，但国内很少采用，随着光传输的普及，完全可以不用这种昂贵的放大器，作为一种放大器技术来说，这是一项近乎完美的技术，有很强的市场发展空间，但从投资的角度来说，可以用指标较高放大器来替代它。

前馈放大器的框图如图 7-10 所示。输入信号经过定向耦合器 DC_1 分成两路信号 1 和 2，其中第 1 路信号经主放大器 A_1 放大，输出电平很高，失真分量也很大，再经过定向耦合器 DC_2 分成两路信号 3 和 4；第 2 路信号经过延迟线 DL_1 延迟一定相位，使加在定向耦合器 DC_3 的信号正好与从 DC_2 耦合经衰减来的第 3 路信号幅度相等，相位相反。两信号互相抵消，只剩下主放大器的误差信号（失真部分），再经过误差放大器 A_2 放大到适当电平，把它加到

DC_4，与从DL_2来的第4路信号相减，就可以抵消主放大器中产生的失真分量，使输出信号质量提高。

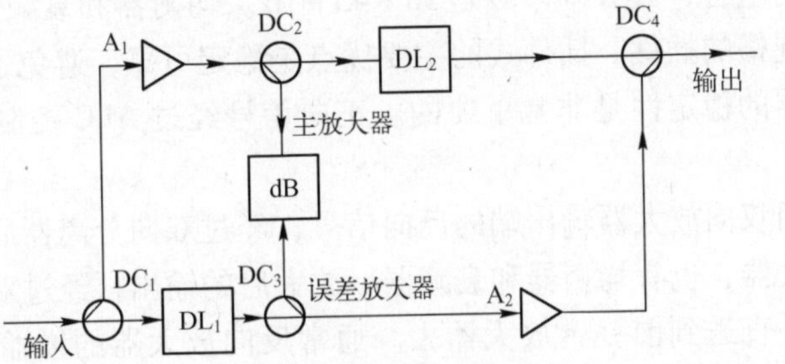

图7-10 前馈放大器框图

前馈放大器的关键是使上、下两路信号的幅度和相位完全匹配，首先要求主放大器和误差放大器工作状态相同，前馈放大器采用微处理器来监测主放大器和误差放大器的平衡，只要平衡就能充分抵消电路的失真。此外，DC_1 ~ DC_4中两路信号的分配比例，衰减器对信号衰减量的大小，要能保证进入DC_3的两路信号和进入DC_4的两路信号幅度完全相同；延迟线DL_1和DL_2要保证以上信号的相位相反。这种放大器比一般放大器的非线性失真指标可提高4 ~ 5 dB，前述自动电平控制放大器经常采用前馈技术。

（5）双向放大器

双向放大器是指能实现双向传输并实现双向放大功能的放大器，双向传输的实现一般采用频率分割方式，通过加装双向滤波器实现正向和反向频段的分离与聚合，正向和反向采用独立的放大及调节系统，双向放大器是双向传输系统最重要的器件，单向网改造成双向宽带网首先是双向放大器的添加，随着信息技术的发展与广阔市场发展空间的逐渐明朗，全国各地掀起双向网改造的热潮，双向放大器将最终取代单向放大器而成为市场的主流，双向传输技术将得到更深入的发展。

目前有线电视双向传输系统采用频率分割方式，利用一根同轴电缆（或光缆）分别传送上行、下行信号。通常5 ~ 65 MHz频段传输上行信号，87 MHz以上频段传输下行信号，65 ~ 87 MHz频段为保护带。由于电缆对上行、下行信号都有衰减，故需要双向放大器对上行、下行信号进行放大，典型双向放大器如图7-11所示。

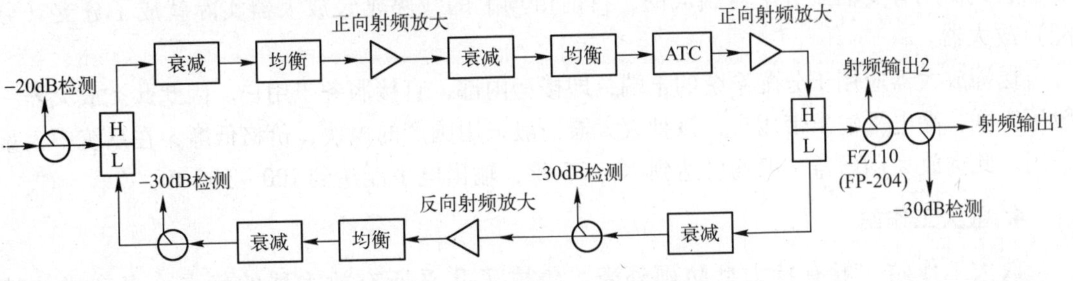

图7-11 双向放大器框图

图中，下行传输信号进入放大器后，先经过双向分离器送入正向放大电路，经过均衡器、衰减器、放大器等电路，补偿干线电路的损耗。双向分离器的功能是按频率范围分离正向和反向信号，反向信号的频率范围常为 5 ~ 30 MHz。所以分离器实质上是一个低通滤波器和一个高通滤波器的组合，其分割区域是 30 ~ 45 MHz。均衡器和衰减器通常都做成插件式，调整时可换用不同规格的插件。插件式的主要优点是稳定可靠，避免了最不可靠的可变电容器，因为干线放大器的稳定性是非常重要的。正向信号经过 ALC 控制电路输出，原理如前所述。

从用户上行送回双向放大器输出端的反向信号，经过双向分离器后，到达反向支路。反向支路中有反向放大器，也有均衡器和衰减器。放大后的输出再经过双向分离器从干线放大器的输入端送出，一直送到前一台放大器去。通常反向放大器的增益比正向放大器的增益低，因为反向信号是低频率的，其电缆损耗要小得多。双向分离器另有一路输出，它利用介质频率很低的低通滤波器将同轴电缆中的电压电流电源取出来。一方面供本放大器电源用，另一方面再通过输出端的分离器送到下一台放大器去。当然这条路是可逆的，反向供电也可以。放大器本身应该有稳压电源提供一个稳定的直流电压给放大器。

2. 线路延长放大器

线路延长放大器安装在干线或支线上，用来放大信号并补偿线路的电缆损耗和分支（分配）器的插入损耗，该种放大器一般没有较多的输出端口，因此，不具有复杂的功能，结构较简单，但要求高电平输出。线路延长放大器与干线放大器无明显差别，很多干线放大器同时也用来作为线路延长放大器。根据支干线相对于主干线传输距离较短的特点，对于支干线放大器技术指标的要求可略低于干线放大器，通常不需要采用具有自动电平控制（ALC）功能的放大器。

3. 桥接放大器、分配放大器、楼幢放大器

桥接放大器用于主干线的一些点上，从那儿取出 1 条支路，为一群住户或一个区服务。它具有足够的增益，通常有几路输出，桥接放大器常常与干线放大器合并在一个机壳里。桥接放大器一般输出调得很高，后面不再串接放大器，而直接带用户（当然也不是绝对的，桥接放大器也可以低电平输出，后面再串接放大器）。

分支放大器是装在干线或支线的末端，有 1 个主输出和 1 个分支输出，分配放大器是在干线或支线的末端来供 2 ~ 4 路分配输出的放大器。实际上，分支（分配）放大器是在线路延长放大器用分支器或分配器制成的，目前市场上的线路延长放大器实际就成了分支（分配）放大器。

楼幢放大器应用于分配系统的末端，即楼房内部，直接服务于用户。因此此类放大器一般不级联，高电平输出带用户，该种放大器一般采用国产的模块，价格低廉，在系统中大量采用。此类放大器增益一般均可达到 30 ~ 35 dB，输出电平能达到 100 ~ 105 dB。

4. 放大工作站

放大工作站一般有特大型防雨外壳，集成了几乎所有放大器的优点：自动增益控制、自动斜率控制、功率倍增、桥接输出、双向滤波，具有较多的平衡输出端口。值得一提的是放大工作站一般都带有网管接口，对工作状态监视，在放大器中加装控制组件，将有关放大器的工作状态是否正常的信息反向送至前端，经过前端控制微机处理后，在计算机终端显示系统内的各个干线工作站的工作情况，并可指出故障放大器的编号、地点，因而大大提高了系统工作的可靠性。一些干线工作站内还设有开关，通过前端控制可接通和断开桥接部分的反向通路，能够为部分用户提供特殊服务。另外，对某一时间未利用的反向通路均可断掉，这有利于降低反向通路噪声、提高信号质量。系统运行时，还可借助它来判断反向干扰源的区域，具有很强的便利性。干线工作站是未来双向网的一个方向。

7.3.4 放大器的选择与使用

放大器的种类很多，用途不同，使用的范围也不同，即使是同一类放大器，不同厂家生产的产品所能达到的指标、规格不同，寿命和可靠性也不同。在选购使用放大器时应注意如下几点：

1）正确选用合适的放大器，应按照系统的大小，放大器设置的场所，系统的频率容量来选择，如在弱场强区要选择噪声低的放大器，在前端要用输出电平较高的放大器，大型系统要用干线放大器，中小型系统可用一般线路放大器或支干线放大器。

2）放大器的实际输出电平取决于系统设计中指标的分配，但一般应低于标称最大输出电平3～5 dB，即使偶然原因使放大器的输入电平提高，输出电平仍不高于最大输出电平，以满足交调、互调、复合三次差拍比等非线性失真指标。

3）在具有AGC、ASC的干线放大器中，应使其常温下的输入电平与标称值一致，这样才能使AGC、ASC的调整点在指定位置有效地发挥作用。

4）尽量减小串接放大器的个数，以减小噪声和交调，特别是接近或等于最大输出电平的放大器，不能多于3级。

5）干线放大器一般在中等电平下工作，非线性失真尽可能小，若干线放大器的增益和输出电平太高，就会占用系统分配指标，串联不了几台就会使指标变坏，而分配用放大器应在高电平下工作，以便带更多的用户。

6）经费允许时，应尽可能选择标称输出电平较高的放大器。

本章小结

1. 分支器是一种无源器件，可以分配信号功率，只有一个OUT口，其余为若干个TAP口，OUT口的衰减很小，为分支器与分支器之间的连接接口。TAP口的信号衰减较大，不可再作为分支器串联的干路连接，一般直接连接到终端。分支器一般用在用户接入口。在使用时分支器的主路输出必须阻抗匹配，但是分支口可以开路或短路。

2. 分配器是一种无源器件，可以分配信号功率，有若干个OUT口，各路输出的信号对比输入信号会有一定的衰减，衰减也都相同。分配器一般用在分配网络，它可以将一路入户的有线信号分成多路信号输出到电视，输出信号相互隔离，不会发生串扰的现象。在使用时分配器输出口必须阻抗匹配（不能悬空也不能短路）否则会产生反射，干扰其他用户。

习题

1. 分支器的作用有哪些？主要的技术参数有哪些？

2. 分配器的作用有哪些？主要的技术参数有哪些？

3. 简述分支器和分配器的相同点和不同点。

4. 什么是干线？

5. 什么是支线？什么是分支线？

6. 放大器可分为ALC、AGC、手动增益控制和斜率控制等几种类型，简述各放大器的主要应用场合。

第8章　有线电视系统的工程设计

8.1　有线电视系统的设计任务

有线电视系统是将各种电子设备、传输线路组合成一个整体的综合网络。网络信息的受众是分布于服务区的用户，满足用户需求要有一定的技术平台。所以，有线电视系统的设计涵盖了两大内容：一是从全局着眼对网络进行总体规划，二是从具体入手做出工程技术方案。

8.1.1　网络的总体规划

网络的总体规划是根据建网的目的、服务区地域和用户数及分布等情况，确定系统的规模、功能、节目数量和频道配置、网络结构等。规划时要立足现状、考虑长远，应用先进技术、确定经济合理的指标，拟定性价比最优的工程设计方案。

1. 网络总体规划的主要内容

（1）概述

叙述网络规划需要达到的目标、解决的主要问题及规划产生的背景和意义。

（2）覆盖范围的确定

要根据行政区域图对地域情况进行详细的勘察，确定网络覆盖区域、用户数，选定前端机房位置，计算网络传输的最远距离。

（3）确定系统模式

根据系统的规模、功能、用户的经济承受能力等因素，来确定采用什么样的系统模式。如一个市、县是采用450 MHz系统，还是采用550 MHz或750 MHz系统。对某单位的小型系统，是采用全频道系统，还是标准、VHF邻频传输系统。

（4）节目套数和频道配置

确定传输节目数量及每套节目所占频道，合理利用频率资源。

（5）系统的网络结构

网络拓扑结构如树形、星形、环形及星树形等。有线电视系统宽带综合网络一般采用光缆和同轴电缆混合网。

（6）系统的功能

传输信号的类型是模拟还是数字；传输信号的方向是单向还是双向等。

2. 网络总体规划的相关内容

（1）工程建设规划和步骤

根据有线电视网络系统的规模、功能、传输节目数量和网络结构等方面确定。

（2）详细施工图的确定

实地勘察，确定光缆电缆网络干线路由、各光节点及分支节点位置、光缆电缆的敷设工艺和方式。

（3）工程预算

根据设备清单进行市场调查，逐一进行比较和考察，做出正确的工程预算。

8.1.2 技术方案设计

1. 方案制定的依据

有线电视系统必须严格按照国家现行规范所规定的各项技术指标来进行设计。如现行的国家广播电视标准《GY/T106—1999 有线电视广播系统技术规范》、《GY/T121—1995 有线电视系统测量方法》等。

国标中规定的系统特性指标有很多，其中最基本、最重要的有：频率范围、用户电平，载噪比（$C/N \geqslant 43$ dB）、交扰调制比（$CM \geqslant 46\text{dB} + 10\lg(N-1)$，$N$ 为频道数）或载波复合三次差拍比（$C/CTB \geqslant 54$ dB）（对光缆系统则要考虑 $C/CSO \geqslant 54$ dB）。

2. 系统技术指标的设计与分配

根据系统的规模大小，合理地设计技术指标。如小系统，主要考虑的是 C/N、CM；中、大型系统，主要考虑的是 C/N、CTB（CM 也可考虑）；采用光缆的系统，需要考虑 C/N、CTB、CSO 等。此外，还要确定整个系统的总体技术指标。当总体指标确定后，根据系统各组成部分的规模大小合理地分配这些技术指标。表 8-1 ~ 表 8-3 列出了几种工程上常用的分配方法。

表 8-1　无干线的系统

项目＼部分	前　端	分配网络	项目＼分配指标＼部分	前　端	分配网络
载噪比	4/5	1/5	交调比	1/5	4/5

表 8-2　独立前端系统（干线电长度 <100 dB）

项目＼分配指标＼部分	前　端	传输干线	传输干线
载噪比	7/10	2/10	1/10
交调比	2/10	2/10	6/10
载波互调比	2/10	2/10	6/10

表 8-3　独立前端系统（干线电长度 >100 dB）

项目＼分配指标＼部分	前　端	传输干线	传输干线
载噪比	5/10	4/10	1/10
交调比	1/10	3/10	6/10
载波互调比	1/10	3/10	6/10

8.1.3 绘制设计图

1. 系统图

（1）前端系统图

前端系统图包括前端中所有器件的配接方式、设备型号、主要部位的电平指标等内容。

(2) 干线系统图

干线系统图应包括干放的输入/输出电平、间距，各分支点/分配点的电平，放大器、电缆等的型号等。必要时应进行回路编号。

(3) 分配系统图

分配系统图应包含放大器的输入/输出电平、间距，各分支点/分配点的电平，所有器件、电缆的型号等，还应有代表性的用户电平的计算值。

2. 其他图纸

1）前端机房平面布置图。应包含干线上的器件的平面位置，重要的建筑场所、线路的走线方式、距离等。

2）干线平面布置及路线图。应包含干线上器件的平面位置，重要的建筑场所、线路的走线方式、距离等。

3）施工平面图。对于正在建设的建筑，由该图给施工单位提供管线的暗敷方式、走向、预留箱体等内容。

4）施工说明。

5）设备材料表。

6）技术计算书。

7）图例。

8.2　前端的工程设计

前端系统的功能主要是接收信号和处理信号。前端系统接收的信号包括来自开路的和闭路的多种信号。前端系统的主要设备是信号处理器和调制器。信号处理器是把天线接收下来的 VHF 和 UHF 频段信号经过处理后，变换到有线电视工作频段；调制器可将本地制作的视频和录像节目调制到有线电视的工作频道。每个调频信号也要经过分别处理，再变换到有线电视的调频工作频率上。此外，还包括多种特殊服务的设备，如系统监视、付费电视、烟火检测、防盗报警等。

8.2.1　接收场强的计算

电视信号在空间传输时，要受到地面障碍物的阻挡和反射，根据电视信号的传输特点，到达地面某点的场强，除了直射波为主要能量外，还会有其他途径到达的能量，空间某点的电场强度计算公式为

$$E=\frac{4.44\times10^{5}\sqrt{P}}{D}\sin\left(2\pi\times10^{-3}\times\frac{h_1h_2}{\lambda D}\right)\qquad(单位:\mu V/m)\qquad(8\text{-}1)$$

式中　P——发射台的有效辐射功率（kW）；

D——收发点之间的距离（km）；

λ——某频道电磁波的中心波长（m）；

h_1、h_2——发射天线和接收天线的高度（m）；

在上式中，发射天线高度 h_1、收发点间距离 D 均是常数，因此，接收天线的高度 h_2 对

场强的影响很大。由式（8–1）可知，当 $2\pi\times10^{-3}\times\frac{h_1h_2}{\lambda D}=\frac{\pi}{2}$，即 $h_2=\frac{\lambda D\times10^3}{4h_1}$时，为最佳高度，此时场强为最大值，显然，$h_2$ 还会有第二、第三等最佳高度。但在实际条件中，不可能很高，在 VHF 段甚至第一最佳高度都很难实现，在 UHF 段则可能实现第一最佳高度。

由于 h_2 通常很小，式（8–1）可近似写成

$$E=\frac{4.44\times10^5\times\sqrt{P}}{D}\times\frac{2\pi\times10^{-3}h_1h_2}{\lambda D}$$

$$=2.79\times10^3\times\frac{\sqrt{P}h_1h_2}{\lambda D} \quad (8\text{–}2)$$

此时可近似认为 E 正比于 h_2。从式（8–2）可见，在 h_2 很小时，接收天线高度增加 1 倍，场强也增加 1 倍，按分贝计算 E 增加了 6 dB，所以在工程上，通过调整接收天线高度可增大接收场强。

在实际工程中，无论是应用式（8–1）或式（8–2）进行计算，所得结果往往与实际数值相差较大。这是由于任何一点的场强是电视台发射的信号经过各种途径到达该点的信号的叠加，这当中包含了很多的干扰信号，如反射、绕射等，这种实际值与理论值的差异在城市显得更加突出。因此实际工程中一般总是以实测的场强作为设计的依据，当没有条件实测时，才可应用公式计算的理论值作参考。

8.2.2 天线输出电平的计算

有线电视系统中，一般均采用八木引向接收天线，其接收天线输出电平的计算公式为

$$S_a=E+20\lg\frac{\lambda}{\pi}+G_a-L_f-L_m-6 \quad (\text{单位:dB}\mu\text{V}) \quad (8\text{–}3)$$

式中 S_a——接收天线的输出电平（dBμV）；

G_a——接收天线的相对增益（dB）；

E——接收点场强（dBμV/m）；

$20\lg\frac{\lambda}{\pi}$——波长修正因子，其中 λ 为接收频道的中心波长，其数值见表 8–4；

L_f——馈线的损耗（dB）；

L_m——失配损耗、匹配器损耗等，取 1 dB；

6——安全系数。

表 8–4 长修正因子

频道	1	2	3	4	5	6	7	8	9	10	11	12
$20\lg\frac{\lambda}{\pi}$	+5.7	+4.4	+3.2	+1.8	+1.0	−4.9	−5.3	−5.7	−6.1	−6.4	−6.8	−7.1
频道	13	15	20	25	30	35	40	45	50	55	60	65
$20\lg\frac{\lambda}{\pi}$	−13.9	−14.1	−14.9	−16.1	−16.6	−17.2	−17.6	−18.1	−18.6	−18.9	−19.4	−19.8

由式（8–3）可见，E、G_a、L_f是与系统设计有关的参数，其余的均为常数。因此，当已知某一频道的空间场强较弱时，通过改变天线的架设位置、高度，通过选择高增益天线，

选用较粗直径的电缆，或缩短电缆的长度等措施，可适当提高天线的输出电平，从而提高该频道的载噪比指标。

【例 8-1】某小型系统如图 8-1 所示，求各频道天线输出电平。

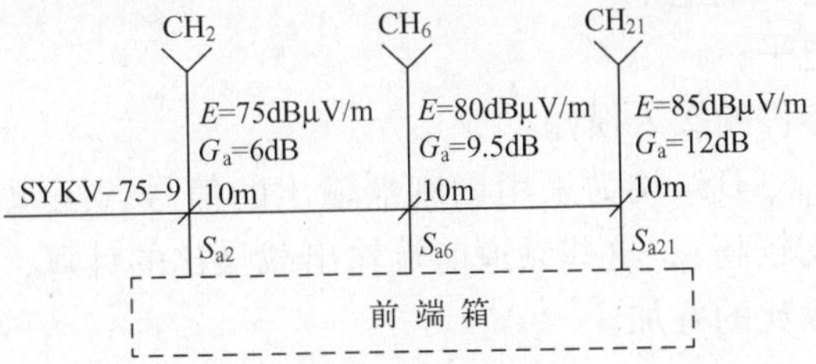

图 8-1 小型前端

解： 已知 SYKV-75-9 电缆损耗 $\beta_{100\,\mathrm{MHz}}=4.0\,\mathrm{dB}/100\,\mathrm{m}$，$\beta_{500\,\mathrm{MHz}}=9.3\,\mathrm{dB}/100\,\mathrm{m}$；各频道中心频率为 $f_{2\mathrm{CH}}=60.5\,\mathrm{MHz}$，$f_{6\mathrm{CH}}=171\,\mathrm{MHz}$，$f_{21\mathrm{CH}}=538\,\mathrm{MHz}$。则算得各频道馈线损耗为

$$L_{\mathrm{f(2CH)}}=0.10\times\frac{4.0}{\sqrt{100}}\times\sqrt{60.5}=0.3\,\mathrm{dB}$$

$$L_{\mathrm{f(6CH)}}=0.10\times\frac{4.0}{\sqrt{100}}\times\sqrt{171}=0.5\,\mathrm{dB}$$

$$L_{\mathrm{f(21CH)}}=0.10\times\frac{9.3}{\sqrt{500}}\times\sqrt{538}=1.0\,\mathrm{dB}$$

各频道天线输出电平为

$$S_{\mathrm{a(2CH)}}=E+2\lg\frac{\lambda}{\pi}+G_{\mathrm{a}}-L_{\mathrm{f}}-L_{\pi}-6$$

$$=75+4.4+6-0.3-1-6=78.1\,\mathrm{dB\mu V}$$

$$S_{\mathrm{a(6CH)}}=80-4.9+9.5-0.5-1-6=77.1\,\mathrm{dB\mu V}$$

$$S_{\mathrm{a(21CH)}}=85-15+12-1-1-6=74\,\mathrm{dB\mu V}$$

8.2.3 小型有线电视系统前端的组成形式

当确定了系统的总体技术方案后，根据系统的规模、功能、分配的技术指标等因素，在充分考虑系统的性能价格比的前提下，合理地设计出前端的组成形式。

虽然近几年城市有线电视网得到了极大的发展，但是在一些单位内部、楼堂馆所、乡村等地，独立的小型有线电视系统仍然有很大的市场。这种系统一般均为全频道工作方式、容量不大（12 频道左右），用户数量在两三千户以下。其前端的组成形式主要有：

1. 直接混合型前端

直接混合型前端如图 8-2 所示。该电路的特点是将频道的信号经过无源混合器混合后，送入主放大器放大，通常主放大器采用多波段放大器，这样可以适当降低放大器的非线性失真。有时也可采用只有一个输入端的全频道放大器作为主放大器，这种结构形式的电路在小型系统中应用很广泛。

（1）前端载噪比的计算

图 8-2 中，DS_2、DS_{12}、DS_{13}、DS_{21} 频道均接收开路信号，且空间场强较高，没有加天

线放大器，这些频道的前端输出载噪比的计算可直接应用公式：

$$\frac{C}{N}=S'_{\mathrm{a}}-N_{\mathrm{F}}-2.4(\mathrm{dB}) \tag{8-4}$$

式中 S'_{a}——主放大器输入端电平；

S_{a}——天线输出电平；

N_{F}——所有无源器件的接入损耗。

图中 DS_6、DS_8、DS_{10}、DS_{25}均为采用调制器输出的信号（卫星接收机、录像机等输出的信号视频信噪比一般均较高），这些频道前端输出载噪比的计算，可看成是调制器和主放大器两级相串接后的载噪比的叠加。

即

$$\frac{C}{N}=-10\lg(10^{-\frac{C/N_{调制器}}{10}}+10^{-\frac{C/N_{主放大器}}{10}})(\mathrm{dB}) \tag{8-5}$$

在实际的系统中，上述各频道前端输出的载噪比都比较高，通常不需要计算。图 8-2 中 CH_4天线输出电平最低，因此前端输出的载噪比取决于 DS_4频道的载噪比，可先分别求出天线放大器和主放大器各自的载噪比，然后再求出两台放大器串接后的叠加值。

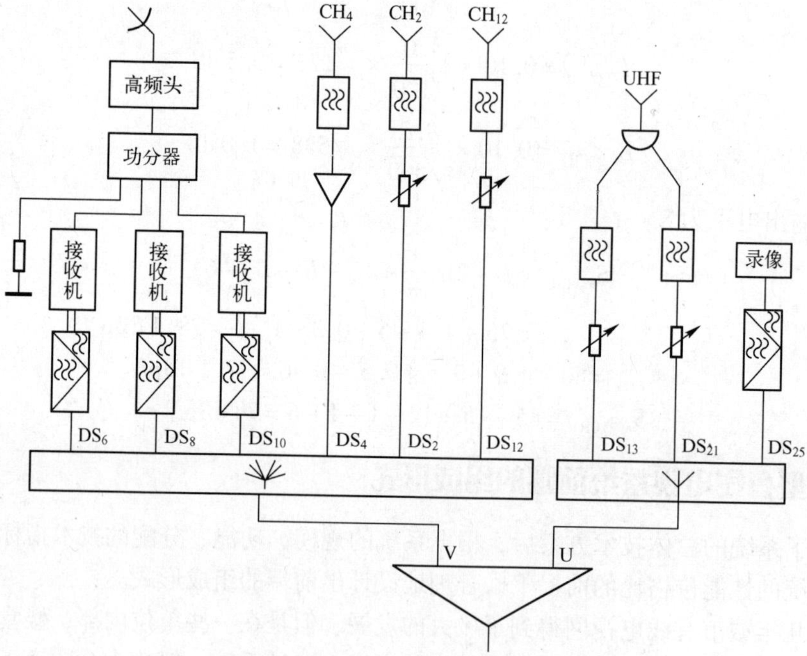

图 8-2 直接混合型前端系统图

【例 8-2】已知在图 8-2 中，DS_4频道天线输出电平为 55dBμV，各个器件的参数如图 8-3 所示，计算前端输出载噪比。如该频道不加天线放大器，前端输出载噪比又为多少？

解：

① 加入无线放大器时的情况

$$\frac{C}{N_{天放}}=S_{\mathrm{a}}-N_{\mathrm{F1}}-2.4=55-4-2.4=48.6\ \mathrm{dB}$$

$$\frac{C}{N_{主放}}=S'_{\mathrm{a}}-N_{\mathrm{F2}}-2.4=(55+20-2-4)-8-2.4=58.6\ \mathrm{dB}$$

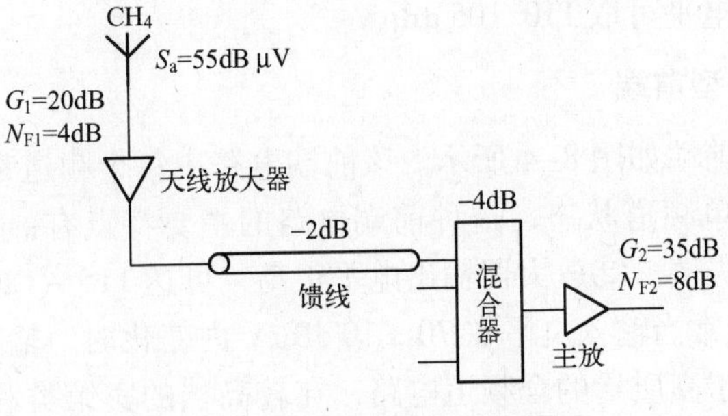

图 8-3　某一频道前端电路图

所以

$$\frac{C}{N} = -10\lg(10^{-\frac{48.6}{10}} + 10^{-\frac{58.6}{10}}) = 47.6\ \text{dB}$$

② 不加入天线放大器时的情况

$$\frac{C}{N_{主放}} = (55-2-4) - 8 - 2.4 = 38.6\ \text{dB}$$

通过上面的计算，可以看出当加入天线放大器以后，总的载噪比比不加天线放大器时提高了 9 dB，因此，天线输出电平较低时，通过加入天线放大器，可有效地提高该频道的载噪比。

泛指，对于小型系统的前端，当分配的载噪比指标为 4/5，即 44 dB（总指标为 43 dB）时，对图 8-3 来说，天线的最低输出电平为

$$\begin{aligned} S_a - 2 - 4 &= \frac{C}{N} + N_F + 2.4 \\ &= 44 + 8 + 2.4 \\ &= 54.4\ \text{dB}\mu\text{V} \end{aligned}$$

即

$$S_a = 54.4 + 6 = 60.4\ \text{dB}\mu\text{V}$$

可见，理论上当天线的输出电平低于 60.4 dBμV 时，必须加入天线放大器，载噪比才能满足要求。

（2）前端的非线性失真

在图 8-2 所示的直接混合型的前端电路中，由于频道数量较少，主要考虑的非线性指标是交调比。因此，对于宽带主放大器来说，其输出电平应受交调比指标的限制。

【例 8-3】 在图 8-2 电路中，多波段放大器的最大输出电平为 VHF 段 117 dBμV，UHF 段 120 dBμV，分配给前端的交调比指标为总指标的 1/5，即 CM = 60 dB（总指标为 46 dB），求放大器输出电平不能超过多少分贝（dB）？

解： 根据全频道器件最大输出电平的定义，此时的 CM_{ot} = 46 dB（有些厂家为 48 dB），则可得 $CM = 46 + 2(S_{omax} - S_o) - 20\lg(C-1)(\text{dB})$

VHF 段：$S_o \leqslant S_{omax} + \frac{1}{2}(46 - CM) - 10\lg(C-1)$

$$= 117 + \frac{1}{2}(46-60) - 10\lg(6-1) = 103(\text{dB}\mu\text{V})$$

UHF 段：$S_o \leqslant 120 + \frac{1}{2}(46-60) - 10\lg(3-1) = 110(\text{dB}\mu\text{V})$

该放大器实际输出电平可取 110/105 dBμV。

2. 频道放大器混合型前端

频道放大器混合型前端如图 8–4 所示。该前端电路中每个频道都采用频道型放大器件，由于各个频道均工作在单频道状态，这种前端电路的主要特点有：①理论上没有非线性失真，仅存在频道内互调失真。②放大器输出电平很高，可达 115 – 120 dBμV。③频道放大器一般均有 AGC 功能，通常当输入电平在 70 ± 10 dBμV 内变化时，输出仅变化 ± 1 dBμV。基于上述优点，该前端属于高质量的全频道电路，在较高档的宾馆类和大型的全频道系统中，一般均采用此类前端。

在图 8–4 中，当天线输出电平低于 60 dBμV 时，需加入天线放大器，当天线输出电平高于 80 dBμV 时，需加入衰减器，该类前端电路的载噪比取决于信号最差的频道，如图 8–4 所示，只需计算天线放大器和与天线放大器相串接的频道的载噪比。对于非线性失真，只要放大器的工作电平小于或等于放大器输出电平，频道内互调指标均满足要求，放大器的非线性失真可以不考虑。

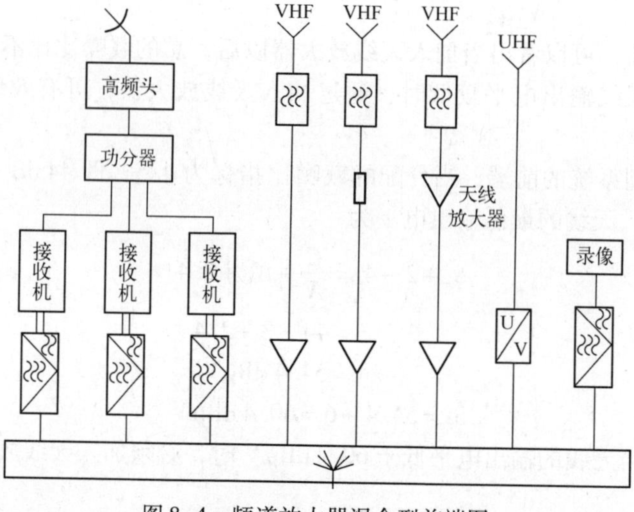

图 8–4　频道放大器混合型前端图

8.2.4　中、大型有线电视系统前端的组成形式

目前，中、大型有线电视系统的前端均采用邻频传输技术，并开发利用增补频道作为系统内部扩展频道容量的新途径。

1. 中、大型有线电视系统前端

中、大型有线电视系统的前端如图 8–5 所示，对于卫星、微波、录像等输出的视频信号源，都要用调制器转换成射频信号，然后从前端输出。对于开路射频信号源，要先经过解调 – 调制方式的处理，使之成为符合邻频输出的射频信号后，再从前端输出。

系统前端的有源器件均是频道型器件，主要考虑的指标是载噪比，但由于系统前端的无源混合器一般均选用高隔离度定向耦合器，这些混合器的接入损耗大，当混合器输出端电平较低时，要在前端设置一台宽带的驱动放大器（一般均为前馈型放大器，非线性指标高），此时前端需要适当考虑非线性指标。

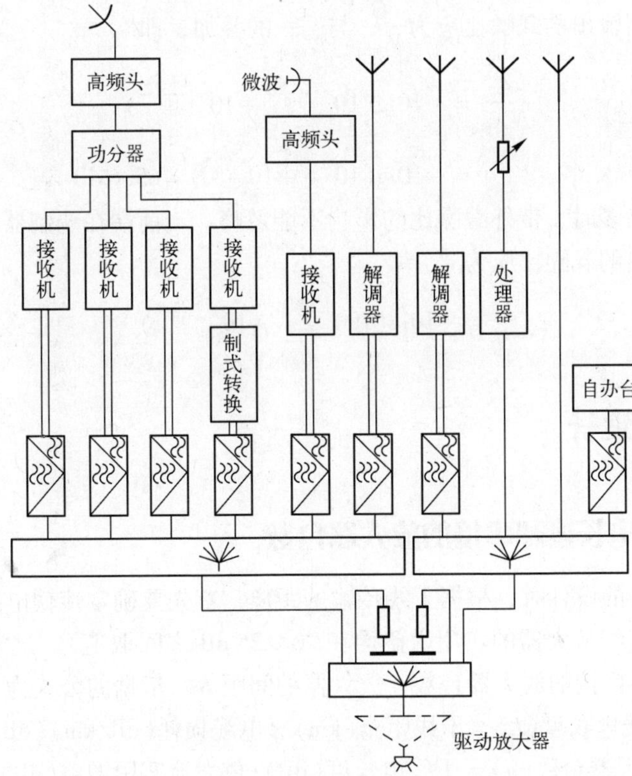

图 8-5　中、大型有线电视前端系统

2. 前端载噪比的计算

对于由调制器组成的前端电路，只要天线的输出电平在解调器的输入电平范围之内，则解调器输出的视频信噪比均较高，因此，这类前端的信噪比主要取决于调制器自身的载噪比，生产厂家提供的调制器载噪比通常有带内载噪比、带外载噪比等。事实上，调制器输出的噪声是宽带的，带外的噪声虽然不影响本频道，但是和其他频道混合后却会影响其他频道。结果，对于本频道而言，除本身的带内载噪比外，还要加上其他频道调制器的带外载噪比。例如：某调制器的载噪比指标为：$\frac{C}{N_{带内}}=70\ \text{dB}$，$\frac{C}{N_{带外}}=78\ \text{dB}$，当系统传输 12 个频道时，采用解调－调制方式，就有 12 个调制器同时工作，对每一个频道，除其本身的载噪比外，还会有 11 个调制器的带外载噪比对其产生影响，其影响值为

$$\frac{C}{N_{总带外}}=\frac{C}{N_{带外}}-10\lg(C-1)(\text{dB}) \tag{8-6}$$

式中　$\frac{C}{N_{总带外}}$——总的带外载噪比值（dB）；

$\frac{C}{N_{带外}}$——调制器的带外载噪比值（dB）；

C——前端调制器的数量。

所以，$\frac{C}{N_{总带外}}=78-10\lg(12-1)=67.6\ \text{dB}$

任一频道调制器输出的载噪比应为$\frac{C}{N_{带内}}$与$\frac{C}{N_{带外}}$的叠加，即

$$\frac{C}{N_{调制}} = -10\lg(10^{-\frac{C/N_{带内}}{10}} + 10^{-\frac{C/N_{带外}}{10}})$$

$$= -10\lg(10^{-\frac{70}{10}} + 10^{-\frac{67.6}{10}}) = 65.6\ \text{dB}$$

当频道数量相当多时，带外载噪比的影响不能忽略。当前端在调制器输出端还接有宽带放大器时，前端输出的载噪比应为

$$\frac{C}{N} = -10\lg(10^{-\frac{C/N_{调制}}{10}} + 10^{-\frac{C/N_{宽放}}{10}}) \tag{8-7}$$

8.3 干线传输设计

8.3.1 确定干线电长度和串接的放大器台数

在进行干线部分的设计时，根据干线传输的距离，首先要确定传输电缆和放大器的型号及实用增益（通常干线放大器的实用增益均在 20 ~ 25 dB 之间取值）。这样就可求出每条干线总的电长度、需要串接的放大器台数、放大器的间距等。依据的公式为

干线电长度(L) = 干线距离(km) × 电缆损耗(dB/km)(dB)　　(8-8)

串接放大器台数(n) = 干线电长度(dB)/放大器实用增益(dB)(台)　　(8-9)

放大器间距(D) = 放大器实用增益(dB)/电缆损耗(dB/m)　　(8-10)

【例 8-4】 有一 550 MHz 系统，最长的干线长度为 5 km，传输电缆选用美国 Trilogy 公司 0.650" MC^2，已知该电缆在 550 MHz 时损耗为 41 dB/km，放大器选用美国杰洛德公司 5F27PSA，实用增益取 23 dB。求干线总电长度，串接的放大器台数及放大器间距。

解： 干线总电长度(L) = 5.0 × 4.1 = 205 dB

串接放大器台数(n) = 205/23 台 ≈ 8.9 台(取 9 台)

放大器间距(D) = 23/0.041 m = 560 m

8.3.2 合理分配技术指标

对于采用电缆传输方式的系统，干线传输部分的核心部件是放大器，干线部分指标的好坏主要取决于放大器自身的技术指标和放大器的工作状态。合理地选择放大器和设计放大器的工作状态是传输部分设计的关键，而放大器工作状态的确定是依据系统分配给放大器要求满足的技术指标而定的。对于不同规模的系统，在进行总体技术设计时已经分配了一定的技术指标给干线部分，则在进行干线部分的设计时，需将此指标合理地分配给每台放大器。通常干线部分的放大器均为同型号、等间距设置（不等间距设置时，也可按此方式分配），每台放大器应满足的指标为

$$\frac{C}{N_i} = \frac{C}{N_{干线}} - 10\lg\frac{1}{n}(\text{dB}) \tag{8-11}$$

$$CM_i = CM_{干线} - 20\lg\frac{1}{n}(\text{dB}) \tag{8-12}$$

$$\mathrm{CTB_i} = \mathrm{CTB}_{干线} - 20\lg\frac{1}{n}(\mathrm{dB}) \tag{8-13}$$

8.3.3 干线放大器传输电平的计算

1. 输入电平的计算

当放大器的型号已经确定并分配了一定的载噪比指标后，接着要确定放大器的输入电平，因为放大器的载噪比与输入电平密切相关。每台放大器的输入电平应满足下式：

$$S_a \geqslant \frac{C}{N_i} + N_F + 2.4(\mathrm{dB\mu V}) \tag{8-14}$$

当放大器为同型号、等间距设置时，上式也可直接写成：

$$S_a \geqslant \frac{C}{N_{干线}} + 10\lg n + N_F + 2.4(\mathrm{dB\mu V}) \tag{8-15}$$

通常情况下，放大器的实际输入电平均应取得比上式计算结果高 3 dB 左右，对于无 ALC 功能的干线，余量取 5 dB 左右，这主要是考虑干线电平受温度影响的原因。

【例 8-5】某一干线由 11 台杰洛德 5F27PSA 干线放大器相串接，等间距设置，放大器的噪声系数为 9.5 dB。若要求干线传输部分的载噪比 $C/N_{干线} \geqslant 46$ dB，求每台放大器的输入电平不能低于多少 dB?

解：每台放大器应满足的载噪比由式（8-11）可得

$$C/N_i = 46 - 10\lg(1/11) = 56.4\ \mathrm{dB}$$

由式（8-14）可得放大器的输入电平为

$$S_a \geqslant 56.4 + 10 + 2.4 = 68.8\ \mathrm{dB\mu V}$$

计算得每台放大器的输入电平不能低于 68.8 dB，实际取值 72 dBμV。

2. 输出电平的计算

输出电平决定了放大器的非线性指标。当每个放大器分得一定的非线性指标后，输出电平也就确定了。即每台放大器的输出电平应满足

$$S_o \leqslant S_{ot} - \frac{1}{2}\left[\mathrm{CM} - \left(\mathrm{CM_0} + 20\lg\frac{N_o - 1}{N - 1}\right)\right] \tag{8-16}$$

$$S_o \leqslant S_{ot} - \frac{1}{2}\left[C/\mathrm{DTB} - \left(C/\mathrm{CTB_o} + 20\lg\frac{N_o - 1}{N - 1}\right)\right] \tag{8-17}$$

对 n 个同型号、等或不等间距设置时，上式也可直接写成

$$S_o \leqslant S_{ot} - \frac{1}{2}\left[\mathrm{CM}_{干线} - \left(\mathrm{CM_o} + 20\lg\frac{N_o - 1}{N - 1}\right)\right] - 10\lg n \tag{8-18}$$

$$S_o \leqslant S_{ot} - \frac{1}{2}\left[C/\mathrm{DTB}_{干线} - \left(C/\mathrm{CTB_o} + 20\lg\frac{N_o - 1}{N - 1}\right)\right] - 10\lg n \tag{8-19}$$

同理，放大器输出电平的实际取值应低于上式计算值几 dB 左右。

【例 8-6】某一 550 MHz 系统中的一条干线由 11 台杰洛德公司的 5F27PSA 干放相串联，等间距设置，已知放大器的输出电平为 97 dBμV，输入 77 个频道时的 $C/\mathrm{CTB_o} = 88$ dB，若要求干线传输部分的 $C/\mathrm{CTB}_{干线} = 65$ dB，求放大器的最高输出电平不能超过多少 dB?

解：每台放大器应满足的非线性指标由式（8-13）可得

$$C/CTB_i = C/CTB_{干线} - 20\lg(1/n) = 65 - 20\lg(1/11) = 85.8\ \text{dB}$$

查表可知 550 MHz 系统拥有 59 个频道

则

$$S_o \leqslant S_{ot} - \frac{1}{2}\left[C/CTB - \left(C/CTB_o + 20\lg\frac{N_o - 1}{N - 1}\right)\right]$$

$$= 97 - \frac{1}{2}\left[85.8 - \left(88 + 20\lg\frac{77-1}{59-1}\right)\right]$$

$$= 97 - \frac{1}{2}[85.8 - 114.2]$$

$$= 111.2\ \text{dB}\mu\text{V}$$

考虑到放大器的实际输出电平不应高于标称值，这里每台放大器实际输出电平取为 95 dBμV。

8.3.4 放大器电平的倾斜方式

由于同轴电缆的频率特性，使得不同频道的信号在电缆中传输时损耗不一样，根据这个特点，干线放大器输入、输出端电平的设置方式主要有三种。

1. 全倾斜方式

干线放大器输入端各频道电平相同，输出端电平呈倾斜状态，频道越高，输出电平越高，如图 8-6a 所示。

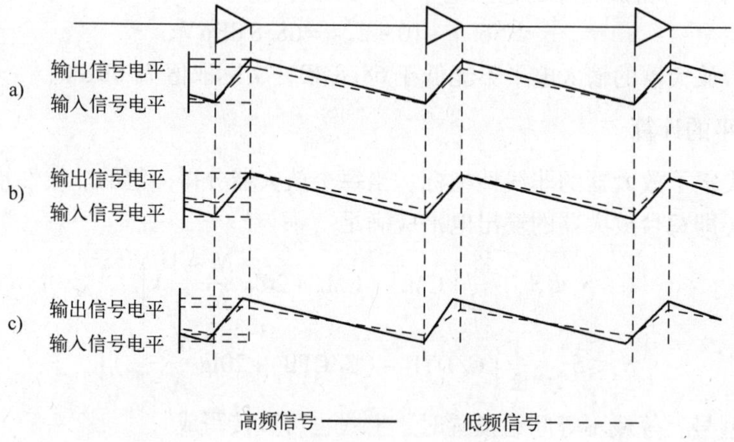

图 8-6　放大器电平的倾斜方式

2. 平坦输出方式

放大器输出端各频道电平相同，由于电缆的频率特性，因此放大器输入端低频道电平高，高频道电平低，如图 8-6b 所示。

3. 半倾斜方式

介于上述两者之间的方式，如图 8-6c 所示。

上述放大器的输入电平指的是入口电平，而目前使用的放大器内部一般就有衰减器和倾斜均衡器，有的放大器增益可调倾斜，因此放大器内部放大级的输入电平与入口电平不一定相同。上述三种方式在干线传输中均可采用，通常倾斜方式和平坦输出方式应用较多。

8.3.5　V 形曲线

由式（8-15）可知，随着干线上串接放大器台数（n）的增加，为了满足一定的载噪比，放大器输入电平 S_a 应按 $10\lg n$ 规律增加。由式（8-18）和式（8-19）可知，为了满足一定的非线性指标（如交调和载波复合三次差拍比），放大器输出电平 S_o 必须按 $10\lg n$ 规律下降。将放大器输入电平、输出电平与台数（n）的关系画成曲线，就形成一个 V 形曲线，如图 8-7 所示。

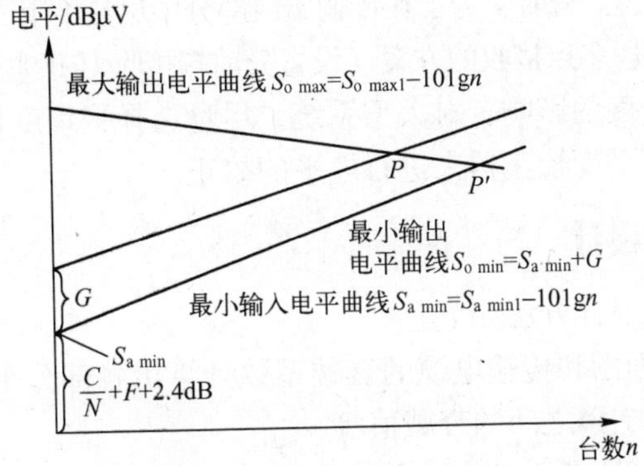

图 8-7　V 形曲线—放大器台数（n）与放大器增益的关系

图中 S_{amin1} 为干线仅有一台放大器且满足一定载噪比时的最小输入电平；S_{omax1} 为干线仅有一台放大器且满足一定交调（或复合三次差拍比）时的最大输入电平。当选定放大器的型号和增益后，曲线 S_{omin} 与 S_{omax} 的交点 P 所对应的台数，即为在放大器增益为 G 时，某型号放大器所能串接的最多台数，因此，也就确定了干线的最长传输距离。交点 P' 所对应的台数表示增益为 0 时理论上所能串接的台数，无实际意义。

对于交点 P，有

$$S_{omax} - S_{omin} = 0\text{，即}$$

$$S_{omax1} - 10\lg n = (S_{amin1} + 10\lg n + G)$$

$$20\lg n = S_{omax1} - S_{amin1} - G$$

所以

$$n = 10^{\frac{1}{20}(S_{omax1} - S_{amin1} - G)}\text{台} \tag{8-20}$$

【例 8-7】某一条干线，分配其 CM≥58 dB，$\frac{C}{N}$≥46 dB，现选用美国杰洛德 5F27PSA 干线放大器，已知该干线放大器每台在 CM = 58 dB 时的最大输入电平 S_{amax1} 为 114dBμV，在 $\frac{C}{N}$ = 46dB 时的最小输入电平 S_{amin1} 为 57.9dBμV，现选定每台干线放大器的增益为 22 dB，问该干线最多可串接多少台放大器？当每台干线放大器的增益为 27 dB 时，最多可串接多少台放大器？

解： 当 $G = 22$ dB 时，$n = 10^{\frac{1}{20}(114 - 57.9 - 22)} = 50.7$ 台

当 $G=27$ dB 时，$n=10^{\frac{1}{20}(114-57.9-27)}=28.7$ 台

从上面的计算可见：①随着干线放大器增益的降低，放大器的串接台数可增加，理论可计算得，当每台干线放大器增益 $G=8.69$ dB 时，串接干线放大器的台数最多，即干线传输最长，但综合考虑性能价格比，干线放大器的增益一般在 20 ~ 25 dB 左右。②虽然理论计算可串接几十台放大器，但实际系统中由于电平波动等各种因素的影响，干线放大器串接的台数一般不超过 20 台。

在实际工作中，干线电平的设计还要考虑温度变化对电平的影响和干线放大器不平度的影响。

考虑温度变化对电平的影响：当干线不太长（5 km 以下）时，考虑采用具有 AGC 功能的放大器来自动控制干线上某一频道电平的变化；当干线较长时，考虑采用具有 ALC 功能的放大器来自动控制干线上某一频道增益和斜率的变化，使输出电平保持不变。若考虑性价比，AGC 放大器和 ALC 放大器可以间隔放置。有时，为了在传输干线部分中尽量不用或少用干线放大器，可采用频道转换的办法或 UHF 频段多点接收的方案（设置分前端接收 UHF 频段电视台信号）等。

考虑干线放大器不平度的影响：对大型系统，尽量选择平坦度指标高的放大器，或每隔几台放大器，设置一台不平度校正器来进行电平的校正。

8.3.6 传输干线电平设计

传输干线电平的一般设计方法如下：

1）根据系统建筑平面图和传输电缆的衰减系数计算出各部分干线电缆的衰减值，如中心机房到住宅区、相邻住宅楼之间的衰减值等。

2）计算各住宅楼或其他子系统的输入电平值。这样即可把一栋住宅楼或其他用户群看作整个干线传输部分的一个大户，使系统的设计简单化。

3）确定放大器级联数，选择分配器和分支器。在远距离传输干线的系统，干线放大器串接的台数按下式计算：

$$n=\mathrm{INT}\left(\frac{1.15\beta l+\sum L_n-S_r}{G}\right)+1 \tag{8-21}$$

式中，S_r为前端输出电平；β 为电缆衰减系数；l 为干线电缆长度；G 为一台放大器的增益；ΣL_n为干线中其他部件对传输信号的衰减损失；n 为放大器的台数；INT 表示括号内的计算值取整数部分。

干线传输电平按下式计算：

$$S_M=S_{\mathrm{in}}+\sum G-\sum L_{\mathrm{S}}-\sum L_{\mathrm{c}}-\sum L_{\mathrm{c}}-\sum L_{\mathrm{d}}-\sum L_{\mathrm{a}}-\sum L_{\mathrm{x}} \tag{8-22}$$

式中，S_{in}为干线输入电平；G 为放大器增益；L_{S}为分配器分配损失；L_{C}为分支器分支耦合损失；L_{d}为接入损失（分支器或其他无源器件的接入损失）；L_{a}为衰减器衰减量；L_{x}为电缆衰减损失；S_M为 M 点的电平值。

下面以图 8-8 为例计算 M 点和 N 点的电平值。

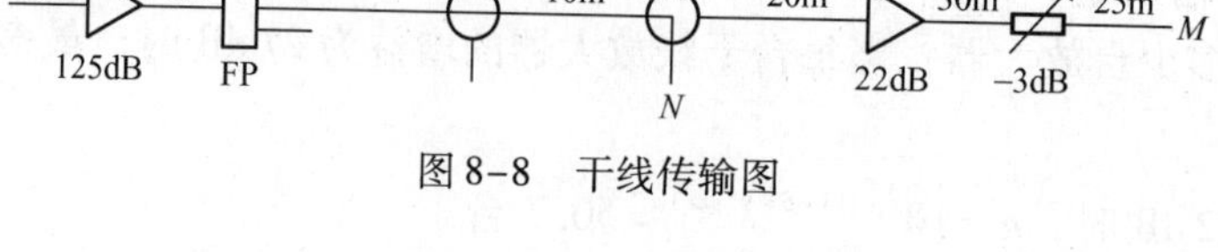

图 8-8　干线传输图

图中分配器分配损失为 8 dB，分支器 FZ_1 插入损失为 0.5 dB，FZ_2 分支损失为 10 dB，插入损失为 2 dB，其他数值如图所示。电缆衰减系数 $\beta = 0.1\ \text{dB/m}$。

$$S_N = 87\ \text{dB} + 25\ \text{dB} - 8\ \text{dB} - 0.5\ \text{dB} - 2\ \text{dB} - 0.1 \times 15\ \text{dB} = 100\ \text{dB}$$

$$S_M = 87\ \text{dB} + (25\ \text{dB} + 22\ \text{dB}) - 8\ \text{dB} - 0.5\ \text{dB} - 10\ \text{dB} - 3\ \text{dB} - 0.1 \times (5 + 10 + 20 + 30 + 25)\ \text{dB} = 103.5\ \text{dB}$$

【例 8-8】 某系统由 3 幢 18 层塔楼（每层 8 户）和 4 幢 6 层楼房（每楼 4 个单元、每单元每层 3 户）组成，用户终端数为 720 端。接收频道为 2、6、8、10、15、21、27 和 4（自办节目频道）。系统平面图如图 8-9 所示。系统在设计时要求留一接口，以便将来扩大用户端用。

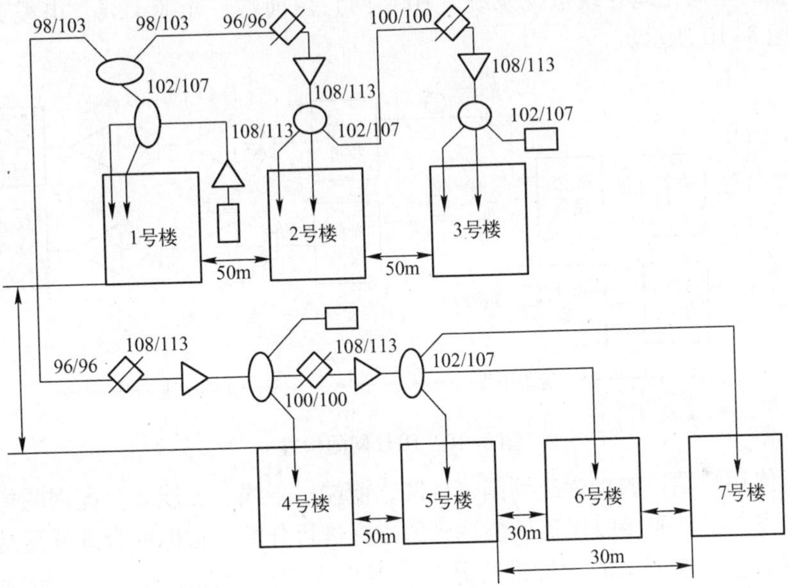

图 8-9　系统平面图

根据传输频道数，前端可采用全频道混合放大型，主放大器输出电平 108/113 dBμV。

传输干线电缆均采用 SYKV－75－9 型藕芯同轴电缆，楼间距离为 50 m、20 m，考虑留有余量，故电缆长度按 60 m、40 m 计算。根据电缆的衰减特性和传输信号的最高频率为 27 频道（626 MHz），最低频率为 2 频道（57.75 MHz），查同轴电缆的衰减频率特性曲线，衰减量分别为 12 dB/100 m 和 3.2 dB/100 m，故 60 m、40 m 长度的电缆的总衰减量为 1.9/7.2 dB、2/6 dB。计算时按 2/7 dB、2/6 dB 计算。

根据楼房分布，前端设置在 1 号楼，主放大器输出端接一个三分配器将信号分成 3 路，其中两个分配端分给 1 号楼的分配网络，另一分配端再接一个二分配器分别通过 60 m 的干线电缆送到 2 号楼和 4 号楼。60 m 电缆的总衰减量为 2/7 dB，所以进入该两楼的信号电平为 96/96 dBμV，该信号在 2 号楼经均衡器和放大器，使信号恢复到 108/113 dBμV，再经过三分配器分成 3 路，其中两路分给 2 号楼的分配网络，剩下一路再经过 60 m 传输电缆到达 3 号楼。在 3 号楼经均衡器和放大器又将信号电平值恢复到 108/113 dBμV，通过三分配器，将信号分成 3 路，其中两路分给 3 号楼的分配网络，剩下一路作为系统将来扩充用户容量的接口，平时应接有 75 Ω 负载电阻。

在4号楼对干线传来的信号同样进行均衡和放大处理，使信号电平为108/113 dBμV，通过一个三分配器，一路给4号楼的分配网络，一路经60 m电缆传输给5号楼，一路作为干线延伸的预留接口。信号到达5号楼后，同样进行均衡和放大处理，由于6、7号楼离5号楼较近，所以经处理后的信号通过三分配器，一路直接进入5号楼的分配网络，另两路通过40 m电缆分别进入6、7号楼的分配网络。

传输系统的各点电平分别标注在系统平面图中。

8.3.7 光缆干线传输系统的设计

一个完整的单向光缆有线电视系统（HFC网）由前端、光缆干线、电缆支干线和分配网组成，如图8-10所示。

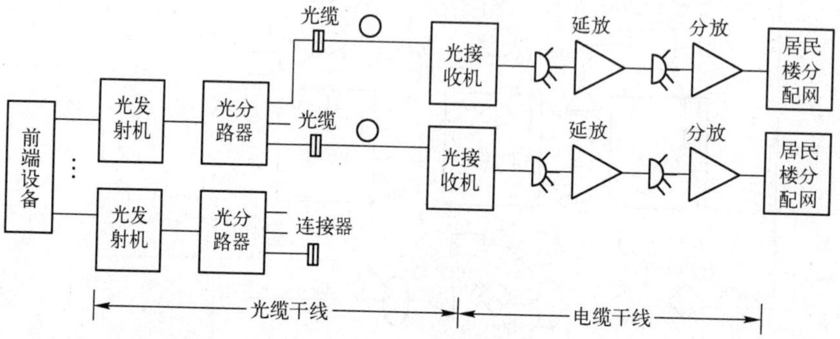

图8-10　HFC网的构成

为了使最终用户端口的指标达到国家标准，前端、干线、支线和分配网的指标，可根据前端设备、光发射机、光接收机等所能达到的指标进行分配，指标的合理分配是系统设计的前提，可参照如表8-5所示的指标进行分配。表8-5中的指标未含反向传输指标，如果是双向传输系统，还需另外考虑反向指标。

表8-5　HFC网络指标分配

项　目	国家标准	设计值	前　端	光缆干线	电缆支干线及分配网
C/N/dB	43	45.9	55	50	49
CSO/dB	54	57.2	70	61	60
CTB/dB	54	55.1	65	65	60

1. 光缆干线设计步骤

（1）光节点布局的选择

每个光节点的服务区，一般以半径不超过1 km的范围即不用干线放大器而用延长放大器就能够覆盖的范围为宜，并为今后逐步发展、缩小服务区范围提供基础。这不仅是为了尽量利用光缆传输的优越性，还考虑到今后发展宽带综合业务的需要。目前，出于造价的考虑，每个光节点的服务区可根据用户居住情况，按1000～2000户划分一个服务区，可能的话，可按每个光节点服务500户设计，延长放大器的级联数应不超过2级。

（2）光缆路由的选取

前端的信号需要通过光缆传输到每个光节点。在选择光缆路由时需要考虑以下原则。

① 光缆尽量短，重要干线应考虑备用路由。

② 根据地形、杆路或管道的实际情况，做到容易施工，节省投资。

③ 尽量减少光缆野外接头。

④ 通向不同目的地的光缆，尽量在局部地区走同一路由，争取多纤共缆，以节约投资。

（3）光纤用量的确定

第一个光节点安排光纤的数量，应根据实际情况确定。一般应安排 3 根光纤，一根作为主传信号通道，一根回传，一根备用。过多的安排芯数会造成光纤闲置，因为只要光缆选得好，架设得当，一般无特大自然灾害或人为事故，光纤是不会断的。如果光缆断了，光纤也可能会断，因此过多地设置备纤是没有价值的。

（4）光功率分配方案的设计

光功率的分配是光缆干线设计的关键，从光发射机到光接收机的全程光路衰耗值将决定光缆干线的载噪比。

光缆路由确定之后，每一条光路的损耗实际上就清楚了，适当搭配光分路器分光比，可以使不同的光路具有基本相同的损耗值。如果计算出来的光路损耗过大，就应减少光分路器的分支数。最后决定需要的光发射机的台数和每一台的输出光功率。

按照图 8-11 所示的光链路构成，光链路的损耗可按下式计算：

$$A = \alpha L - 10\lg K + 0.5 + 1.0\,(\mathrm{dB}) \tag{8-23}$$

式中　α——光纤的损耗常数；

L——光缆的长度（km）；

K——光分路器的分光比；

0.5——光分路器的附加损耗，dB（不同分路的附加损耗值参见表 8-6）；

1.0——光接收机活动连接器的插入损耗及光链路损耗余量（dB）。

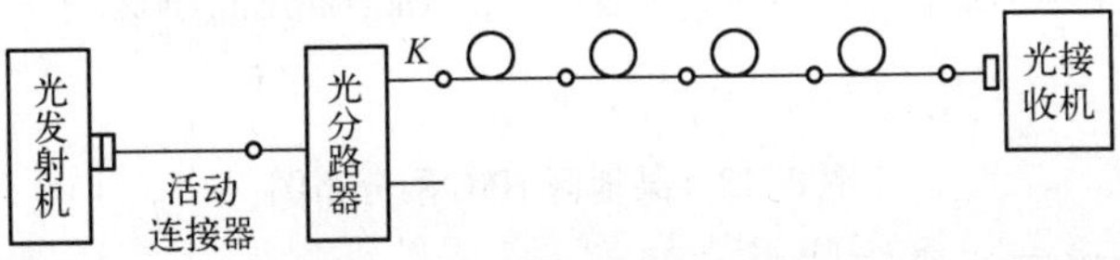

图 8-11　光链路构成示意图

表 8-6　光分路器附加损耗

分路器（n）	2	3	4	5	6	7	8	9	10	11	12	16
附加损耗/dB	0.2	0.3	0.45	0.45	0.5	0.55	0.6	0.7	0.8	0.9	1.0	1.2

对于 α 值的选取可根据光纤传输波长所给定的值，但考虑到光缆会有熔接点，可适当增加。例如，光纤的损耗常数为 0.35 dB/km，可按 α = 0.4 dB/km 计算，就不必另外考虑熔接点的损耗。

（5）核算接受光功率和光链路指标

接收光功率 P_r 按下式计算：

$$P_r = P_o - A\ (\mathrm{dBm}) \tag{8-24}$$

式中　P_o——发射光功率（dBm）；

A——光链路损耗。

2. 光缆干线设计实例

【例 8-9】 某地区有线电视系统，服务用户约 5 万，中心前端位置不在地区中心，最长传输距离约 12 km。下行传输 40 个电视频道。光缆干线传输系统由整个 HFC 网分配，指标为：$C/N=50$ dB，CTB = 65 dB，CSO = 61 dB。

设计步骤如下。

（1）光节点布局及光缆路由的选取

根据该地区的平面图、用户分布区域和实际勘察，将该地区分为 A、B，C、D 共 4 个区，16 个光节点（OR），用 4 台光发射机（OF），并通过 6 个光分路器连接到各光节点来覆盖全服务区，其中 B 区最远．如图 8-12 所示。

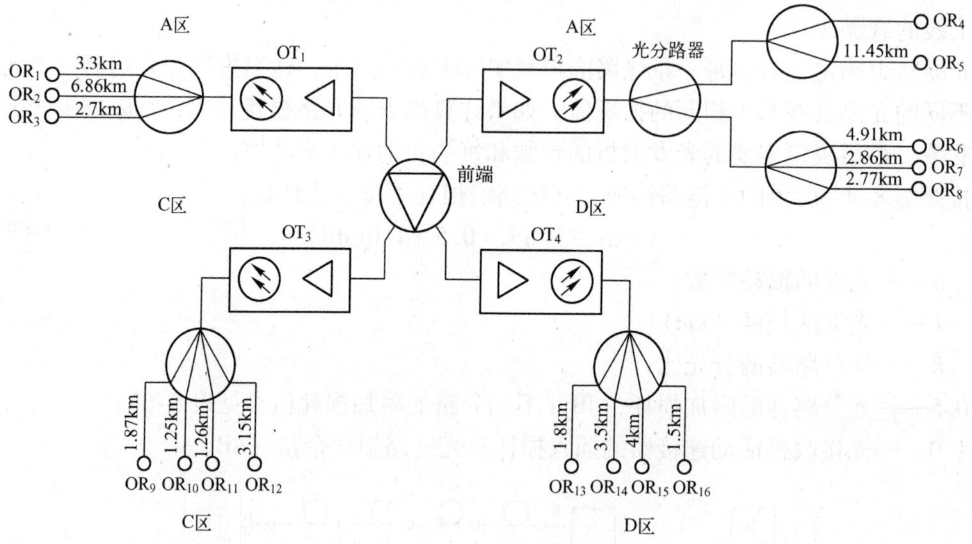

图 8-12　某地区 HFC 网分布图

（2）光缆芯数的确定

如果每一个光节点确定选 4 根光纤，则 B 区光分路器 OS_3 至 OS_2 的光缆芯数应为 8 芯；OS_4 至 OS_2 光缆芯数应为 12 芯；从光分路器 OS_2 至前端光发射机 OT_2 的光缆芯数应为 20 芯。

（3）各路所需光功率的确定

采用倒推法，从光接收机所需的输入光功率入手。如果采用 JERROLD 公司的 AM - 550R，查得其输入光功率为 - 6 ~ 0 dBm，可选 - 2 dBm 为计算标准。输入光功率低将导致输出的 C/N 过低，而光功率过强会导致非线性失真指标 CTB、CSO 恶化。

① 光纤损耗计算。图 8-13 中标出了 B 区各光节点至光发射机的光纤长度，采用单模光纤，1. 31 μm 波长，其损耗常数按 0. 4 dB/km（包括熔接损耗）计算，则

$$F_4 = 0.4 \times 10.22 = 4.09\ \text{dB}$$

$$F_5 = 0.4 \times 11.45 = 4.58\ \text{dB}$$

$$F_6 = 0.4 \times 4.91 = 1.96\ \text{dB}$$

$$F_7 = 0.4 \times 2.86 = 1.14\ \text{dB}$$

$$F_8 = 0.4 \times 2.77 = 1.11\ \text{dB}$$

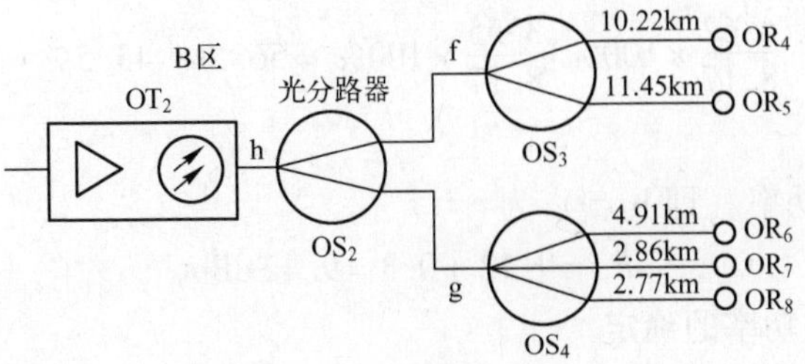

图 8-13　B 区光缆干线示意图

② 各点光功率计算。考虑活动连接器的插入损耗及光链路损耗余量（1dB），参照式（8-24），则光分路器 OS_3、OS_4各点的光功率为

a 点：$P_4 = -2 + 4.09 + 1 = 3.09\ \mathrm{dBm} = 2.04\ \mathrm{mW}$

b 点：$P_5 = -2 + 4.58 + 1 = 3.58\ \mathrm{dBm} = 2.28\ \mathrm{mW}$

c 点：$P_6 = -2 + 1.96 + 1 = 0.96\ \mathrm{dBm} = 1.25\ \mathrm{mW}$

d 点：$P_7 = -2 + 1.14 + 1 = 0.14\ \mathrm{dBm} = 1.03\ \mathrm{mW}$

e 点：$P_8 = -2 + 1.11 + 1 = 0.11\ \mathrm{dBm} = 1.025\ \mathrm{mW}$

dBm 与 mW 的关系为 1 dBm = 10lg mW，即 $1\ \mathrm{mW} = 10^{\frac{1\ \mathrm{dBm}}{10}}$

光分路器 OS_3输出的总功率为

$$P_{OS3} = P_4 + P_5 = 2.04 + 2.28 = 4.32\ \mathrm{mW} = 6.35\ \mathrm{dBm}$$

$$P_{OS4} = P_6 + P_7 + P_8 = 1.25 + 1.03 + 1.025 = 3.305\ \mathrm{mW} = 5.2\ \mathrm{dBm}$$

（4）分光比计算

由式 $K = P_o / P_i$ 计算光分路器的分光比。

OS_3的分光比为

$$\frac{2.04}{4.32} \times 100\% : \frac{2.28}{4.32} \times 100\% = 47.2\% : 52.8\%$$

以 5% 为步进，取为 50%∶50%。

OS_4的分光比为

$$\frac{1.25}{3.305} \times 100\% : \frac{1.03}{3.305} \times 100\% : \frac{1.025}{30305} \times 100\% = 37.8\% : 31.2\% : 31\%$$

取为 40%∶30%∶30%。

（5）光分路器 OS_2所需光功率的计算

考虑光分路器附加损耗，对于 $n = 3$，取 0.3dB（见表 8-6），为了方便计算，$n = 2$ 也取 0.3dB。由式（8-24）有

f 点光功率为

$$P_f = P_{s3} + 0.3 = 6.35 + 0.3 = 6.65\ \mathrm{dBm} = 4.62\ \mathrm{mW}$$

g 点光功率为

$$P_g = P_{s4} + 0.3 = 5.2 + 0.3 = 5.5\ \mathrm{dBm} = 3.55\ \mathrm{mW}$$

OS_2输出的总光功率为

$$P_{OS_2} = 4.62 + 3.55 = 8.17\ \mathrm{mW} = 9.12\ \mathrm{dBm}$$

OS_2的分光比为

$$\frac{4.62}{8.17}\times100\%:\frac{3.55}{8.17}\times100\% = 56.5\%:43.5\%$$

取为60%:40%。

OS_2所需的输入光功率（即h点）为

$$P_h = 9.12 + 0.3 = 9.42\ \text{dBm}$$

（6）光发射机输出功率的确定

知道了光分路器所需的输入光功率，再考虑活动连接器的插入损耗（1dB）等，则光发射机OT_2的输出功率为

$$P_{OT_2} = P_h + 1 = 9.42 + 1 = 10.42\ \text{dBm} = 11.02\ \text{mW}$$

选AM－SSEI550光发射机13 mW（11.0 dBm）典型值，1.31 μmDFB型。

（7）各光链路的验算

现以OR_5为例验算链路损耗和光接收机的输入光功率。

OR_5链路的构成如图8-13所示，其中涉及两个光分路器的分光及附加损耗和两次活动连接器的插入损耗等，由式（8-23）有

$$\begin{aligned}A_5 &= 0.4\times11.45 - 10\lg K_f + 2\times0.3 + 2\times1.0 - 10\lg K_4\\ &= 4.58 - 10\lg0.6 + 0.6 + 2.0 - 10\lg0.5 = 4.58 + 2.22 + 0.6 + 2.0 + 3.01 = 12.4\ \text{dBm}\end{aligned}$$

OR_5的输入光功率为

$$P_{OR_5} = 10.42 - 12.41 = -1.99\ \text{dBm}$$

接近设计预定值－2 dBm，可进一步验算光链路指标。其余光链路可参照此例进行验算。

（8）光链路指标验算

① 光发射机指标。根据产品说明书提供的数据，加载80个NTSC制频道，光链路总损耗为13dB时：

$$C/N = 50\ \text{dB}$$
$$CTB = 67\ \text{dB}$$
$$CSO = 63\ \text{dB}$$

国内采用PAL－D制，指标应作相应折算。不加载40个PAL－D制频道，且保持光链路损耗为13 dB时，由于光发射机ACC的控制作用，能自动保证CTB、CSO不随频道数而变化，但C/N值需经两项折算。

由于调制度m的提高，C/N改善10lg（80/40）=3.01（dB）

由于视频带宽由4 MHz增加到5.75 MHz，C/N降低10lg(5.75/4)=1.58 dB。

于是可得到光链路的指标如下：

$$C/N_1 = 50 + 3.01 - 1.58 = 51.4\ \text{dB}$$
$$\text{CTB}_1 = 67\ \text{dB}$$
$$\text{CSO}_1 = 63\ \text{dB}$$

② 光接收机指标。在光电检测器后有一放大器，查得放大器模块的增益为22 dB，N_F = 10.8 dB，加载80个NTSC频道；输出电平93 dBμV，倾斜3 dB时，CTB = 79 dB，CSO = 75 dB。当加载40个PAL－D制频道，且保持输出电平倾斜时，C/N要作视频带宽的折算。

$$C/N_2 = S_i - N_F - 2.4 - 10\lg(5.75/4)$$

式中，S_i为放大器输入电平，$S_i = 93 - 22 = 71$ dBμV

$$C/N_2=71-10.8-2.4-1.58=56.2\text{ dB}$$

当 80 个 NTSC 制频道变为 40 个 PAL - D 制频道时，CTB 约改善 20lg(80/40) = 6 dB。故光接收机输出 CTB、CSO 为

$$CTB_2=79+6=85\text{ dB}$$

$$CSO_2=75\text{ dB}$$

如果光接收机输入光功率不是 -2 dBm 时，就应查阅产品说明书，看此时的输出电平为何值，输出电平每升高 1 dB。

③ 光链路的合成指标验算：

$$C/N=-10\lg(10^{\frac{-C/N_1}{10}}+10^{\frac{-C/N_2}{10}})=-10\lg(10^{\frac{-56.4}{10}}+10^{\frac{-56.2}{10}})=50.2\text{ dB}$$

$$CTB=-20\lg(10^{\frac{-CTB_1}{20}}+10^{\frac{-CTB_2}{20}})=-20\lg(10^{\frac{-67}{20}}+10^{\frac{-85}{20}})=66\text{ dB}$$

$$CSO=-15\lg(10^{\frac{-CSO_1}{15}}+10^{\frac{-CSO_2}{15}})=-15\lg(10^{\frac{-63}{15}}+10^{\frac{-75}{15}})=62\text{ dB}$$

所以，光缆干线系统设计要求为：

$$C/N=50(\text{dB}),CTB=65(\text{dB}),CSO=61\text{ dB}$$

其余各光链路的计算与此相似，可自行验算。

全部设计验算完成后，应将各光分路器、熔接点、光接收机的位置和光缆型号、芯数、长度等标在路由图上，作为施工和调试的技术资料，以保证系统的传输质量符合设计要求。

8.4　分配网络的工程设计

1. 分配网络的设计任务

分配网络是通过分配器、分支器和电缆给系统的每一个用户端提供一个适当的信号电平（有时还要通过放大器）。分配网络的工程设计任务是根据系统用户终端的具体分布情况，来确定分配网络的结构形式，进而确定所用部件的规格和数量。工程设计的好坏主要是指在保证每个用户终端能获得符合《系统技术规范》的信号电平前提下，所使用的部件数量最少。

2. 用户端对接收信号的要求

（1）对电平的要求

用户端的电平又称为系统输出口电平，《GY/T 106 - 1999 有线电视广播系统技术规范》要求，在 VHF 和 UHF 段，用户电平为 60 ~ 80 dBμV，FM 段为 47 ~ 70 dBμV，FM 信号电平比电视信号电平低 10 dBμV 左右。用户电平过高、过低均不好，这是根据电视接收机本身的性能决定的。当用户电平低于 60 dBμV 时，在电视屏幕上会出现“雪花”噪波干扰；当用户电平高于 80 dBμV 时，会超过电视机的动态范围，从而易产生非线性失真，出现“串台”“网纹”等干扰。考虑到用户电平波动等因素，用户电平的设计值一般要留有较大的裕量，全频道系统用户电平通常取（70 ±5）dBμV 左右，邻频传输系统一般取（65 ±4）dBμV。

（2）对信号传输质量的要求

用户端除了用户信号电平必须满足规定的电平值外，还要求噪声电平要低。例如某用户信号电平为 65 dBμV，并不一定表示该用户电视信号质量高，因此，要求整个系统设计的载噪比、交调比、组合三次差拍比等指标要高，除此而外，还与系统的调试有很大关系。

3. 分配网络的基本组成形式

分配网络的组成形式根据系统用户端总数和分布情况的不同可以有很多种。在系统的工程设计中，分配网络的设计最灵活多变，同一个系统可以有几个设计方案供选择。

（1）分配－分配形式

如图 8-14a 所示。该形式布线灵活，主要应用于支干线、楼栋之间作分配用，使用中切忌某一输出端空载，若暂时不用，需接 75Ω 终端负载。

（2）分配－分支形式

如图 8-14b 所示。该形式主要优点是通过选择不同分支损耗的分支器，能保证用户电平基本一致，且布线灵活，便于管理。因此，城市 CATV 分配系统一般均采用此方式。

（3）分支－分支形式

如图 8-14c 所示。该形式特点与分配－分支形式基本相同，也是城市 CATV 分配系统常用的形式。

（4）串接单元形式

如图 8-14d 所示。该形式严格讲也属于分配－分支形式（或分支－分支形式），但此形式中的分支器为串接单元（又称串接分支器），它是将用户终端和分支器合二为一，这种形式的优点是施工很方便，造价低。缺点是可靠性较差，目前基本已不采用。

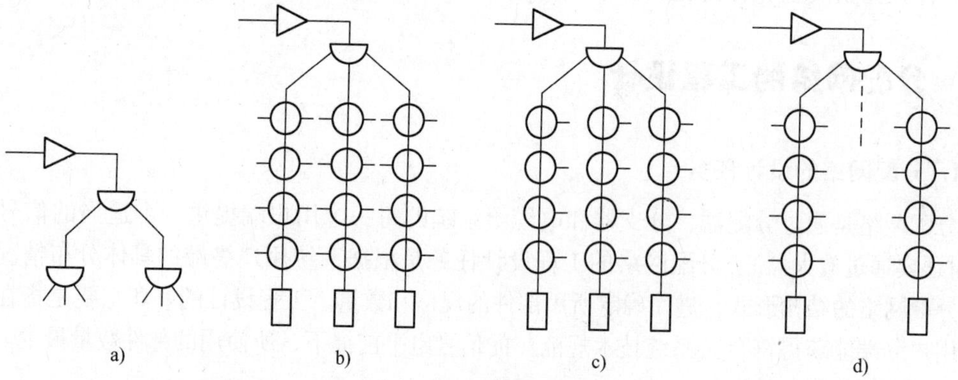

图 8-14　分配网络的基本组成形式

对分配器的分配损耗一般可按表 8－7 所列参数考虑。

表 8-7　分配器损耗

分配数	二分配	三分配	四分配	六分配
分配损耗	4 dB	6 dB	8 dB	10 dB

对分支器的插入损耗和分支损耗可以查表或查产品说明书。

4. 分配系统实例

【例 8-10】 设计例 8-8 中 18 层塔楼和 6 层楼房的分配网络结构形式，并计算 4 号楼的用户电平。

解： 18 层塔楼的分配网络结构采用分配－分支形式，如图 8-15 所示，这里以 2 号楼为例进行设计。

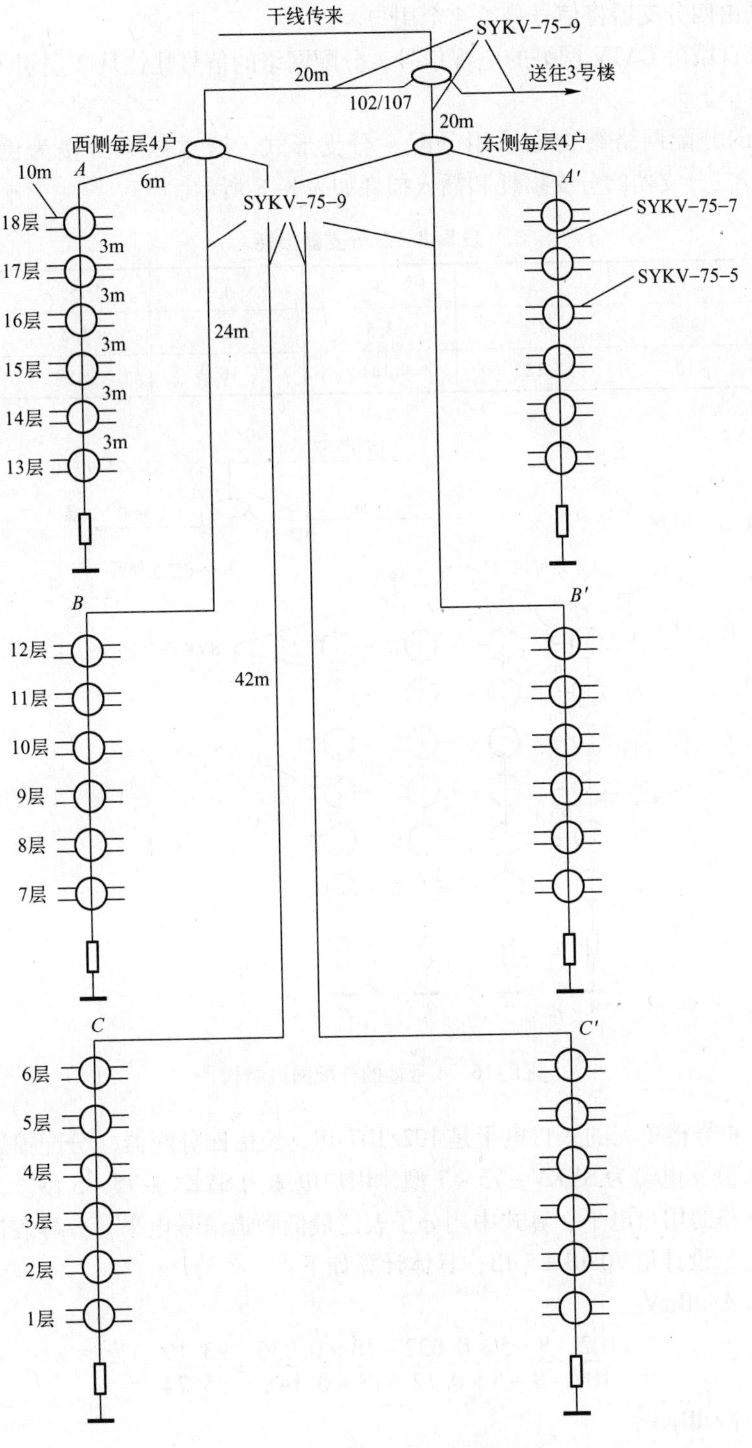

图 8–15　层塔楼的分配网络结构

电视信号从干线传来由三分配器分出 3 路信号，3 路信号中的两路分别送往 2 号楼的东、西两侧，而另一路信号送往 3 号楼。东、西两侧网络结构对称，设计了一侧便可推知另一侧。如西侧信号由三分配器分成 3 路，由顶层往下依次为 18 ~ 13 层、12 ~ 7 层及 6 ~ 1 层，每层入口电平由四分支器将信号分给4个用户。

如果是来自城市CATV网络的电视信号，分配网络的信号往往从2层引入，此时网络的走向则是从下至上。

6层楼房的分配网络结构也采用分配－分支形式，这里以4号楼为例进行设计，如图8-16所示。三分支器的分支损耗和插入损耗如表8-8所示。

表8-8　三分支器损耗

序　号	1	2	3	4	5	6
插入损耗	3.5	3.5	3.5	2	1.5	1.5
分支损耗	10	12	14	16	18	20

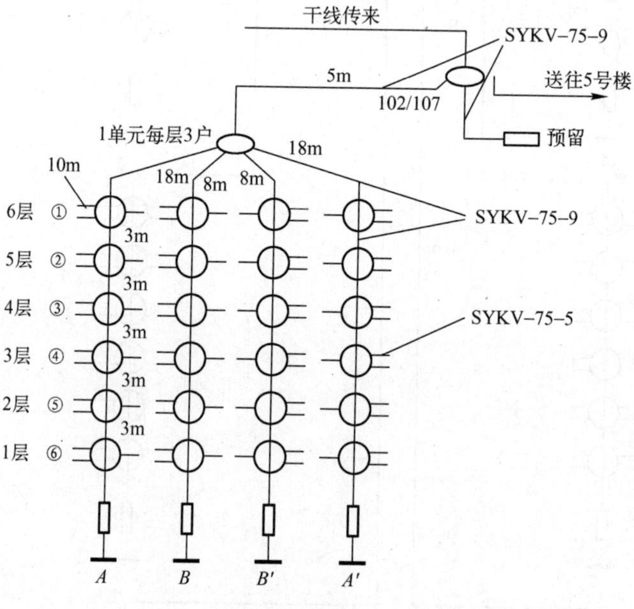

图8-16　4号楼的分配网络结构

由图可知，4号楼单元的入口电平是102/107 dB，经由四分配器（分配损失8 dB）分别送往4个单元，分支电缆为SYKV－75－7型，用户电缆为SYKV－75－5型。采用顺向算法计算A（A'）支路的用户电平，算式中用分子表达最低频道信号电平，分母表达最高频道信号电平，用户电平设计值70 dB ±5 dB，具体计算如下：

6层入口电平/dBμV：

$$\frac{102-8-5\times0.032-18\times0.036}{107-8-5\times0.12-18\times0.148}=\frac{93.19}{95.74}$$

5层入口电平/dBμV：

$$\frac{93.19-1.5-3\times0.036}{95.74-1.5-3\times0.148}=\frac{91.58}{93.80}$$

4层入口电平/dBμV：

$$\frac{91.58-1.5-3\times0.036}{93.80-1.5-3\times0.148}=\frac{89.97}{91.85}$$

3 层入口电平/dBμV：

$$\frac{89.97-2-3\times0.036}{91.85-2-3\times0.148}=\frac{87.86}{89.41}$$

2 层入口电平/dBμV：

$$\frac{87.86-3.5-3\times0.036}{89.41-3.5-3\times0.148}=\frac{84.25}{85.47}$$

1 层入口电平/dBμV：

$$\frac{84.25-3.5-3\times0.036}{85.47-3.5-3\times0.148}=\frac{80.64}{81.52}$$

6 层用户电平/dBμV：

$$S_6=\frac{93.19-20-10\times0.054}{95.74-20-10\times0.198}=\frac{72.65}{73.76}$$

5 层用户电平/dBμV：

$$S_5=\frac{91.58-18-10\times0.054}{93.80-18-10\times0.198}=\frac{73.04}{73.82}$$

4 层用户电平/dBμV：

$$S_4=\frac{89.97-16-10\times0.054}{91.85-16-10\times0.198}=\frac{73.43}{73.87}$$

3 层用户电平/dBμV：

$$S_3=\frac{87.86-14-10\times0.054}{89.41-14-10\times0.198}=\frac{73.32}{73.43}$$

2 层用户电平/dBμV：

$$S_2=\frac{84.25-12-10\times0.054}{85.47-12-10\times0.198}=\frac{71.71}{71.49}$$

1 层用户电平/dBμV：

$$S_1=\frac{80.64-10-10\times0.054}{81.25-10-10\times0.198}=\frac{70.10}{69.27}$$

计算结果表明输出端电平差很小，可以满足要求。且可推算出 B（B'）支路的用户电平较 A（A'）支路的用户电平减少 10 m 的电缆衰减，低频道高 0.36 dB，高频道高 1.48 dB，高低频道电平加大，若认为其值不理想可做重新设计。

本章小结

本章对有线电视系统设计的任务、方案、设计图绘制要求以及设计过程进行了详细的叙述，对前端设计的指标、方法，干线设计的指标、方法以及光缆传输干线的设计，用户端分配网络的设计和要求进行了详细的说明，并以住宅楼有线电视系统设计为例，做了用户分配网络的设计讲解，使读者对设计参数要求和设计方法有所掌握和了解。

习题

1. 有线电视系统的设计任务有哪些？

2. 某小型系统如图 8-17 所示，求个频道天线的输出电平。

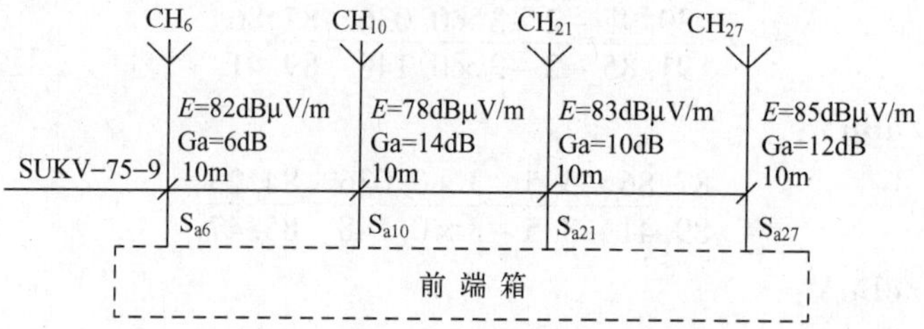

图 8-17　题 8-2 图

3. 一个放大器的最大输出电平为 118 dB（DIN 4 5004 B，-60 dB），求放大器工作在 8 个频道输出电平为 112 dB 时的交调和工作在 12 个频道输出电平为 112 dB 时的交调。

4. 干线放大器的增益为 23 dB，各部件的总接入损失为 4 dB，假如被选用的电缆是 SYKV-75-9 型藕芯电缆，计算当两个放大器的间距为 450 m 时，电缆传输信号的最大衰减是多少?

5. 某一 550 MHz 系统中的一条干线由 9 台 Jerrlod 公司的 5F27PSA 干放相串联，等间距设置，已知放大器的输出电平为 98 dBμV，输入 77 个频道时的 $C/CTB_o = 86$ dB，若要求干线传输部分的 $C/CTB_{干线} \geq 65$ dB，求放大器的最高输出电平不能超过多少?

6. 某一段干线传输图如图 8-18 所示，图中分配器分配损失为 8 dB，分支器 FZ_1 插入损失为 2 dB，分支器 FZ_2 分支损失为 13 dB，插入损失为 1 dB，其余参数如图 8-18 所示。电缆衰减系数 $\beta = 0.15$ dB/m。求 M 点和 N 点的电平值。

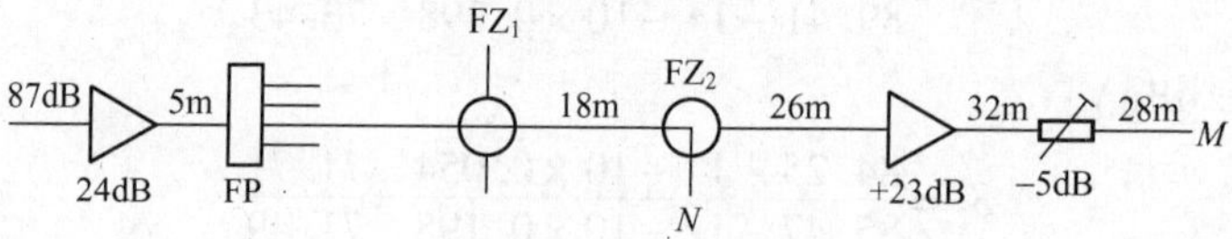

图 8-18　题 8-6 图

7. 某 3 层楼房的分配网络结构采用分配-分支形式，如图 8-19 所示。3 个四分支器的接入损失（L_d）和分支损失（L_c）依次为：①$L_d \leq 1.5$ dB、$L_c = 20 \pm 1$；② $L_d \leq 1.5$ dB、$L_c = 18 \pm 1$；③ $L_d \leq 2.0$ dB、$L_c = 16 \pm 1$。求各层入口电平。

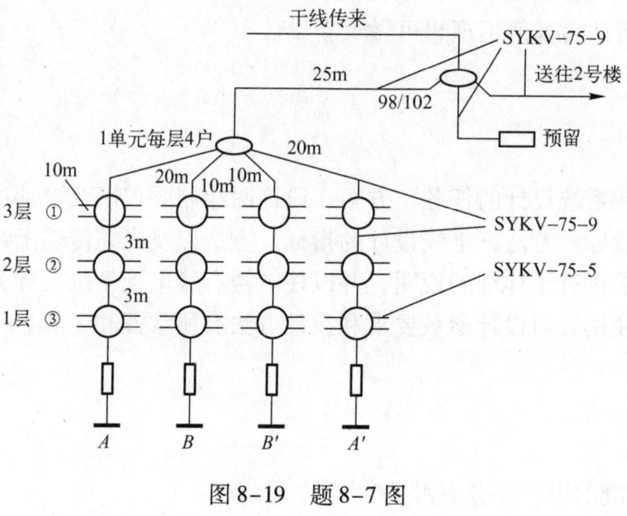

图 8-19　题 8-7 图

第 9 章　有线电视系统的安装与调试

9.1　前端设备的安装与调试

9.1.1　前端系统设备的安装

1. 前端机房内机架、控制台、设备布置

有线电视系统的规模决定了前端系统的规模。小系统的前端比较简易，可将其安放在一个前端公用箱内或直接实在电线杆上。但对于大中型前端系统设备，一般都配有机架，甚至控制台。通常前端机架、控制台、设备布置应符合如下要求：

1）按照机房平面布置图进行设备机架与控制台定位。

2）机架和控制台到位后，应进行垂直度调整。几个机架并列在一起时，两机架间的缝隙不得超过 3 mm。面板应在同一平面上，与基准线平行，前后偏差不大于 3 mm。相互之间有一定间隔而排列成一列的设备，其面板前后偏差不应大于 5 mm。

3）机架和控制台的安装要求竖直平稳，与地面间接触垫实。

4）在机架和控制台定位调整完毕并做好加固后，安装机架内机盘、部件和控制台的设备，固定用螺钉、垫片、弹簧垫片均应按要求装上，不得遗漏。

2. 前端机房内电缆的布放

前端机房内电缆布线应根据施工要求和机房具体情况实施，对于大中型系统基本应按如下要求进行：

1）采用地槽时，电缆由机架底部引入。布放地槽电缆顺着所盘方向理直，按电缆的排列顺序放入槽内，顺直无扭绞，不需绑扎。进出槽口时，拐弯适度，符合最小曲率半径要求，拐弯处应成捆绑扎。

2）采用架槽时，架槽每隔一定距离留有出线口，电缆由出线口从机架上方引入。电缆在槽架内可不进行捆扎。但在引入机架时，应成捆绑扎，以使引入机架的线路整齐美观。

3）采用电缆走线时，电缆也由机架上方引入。走道上布放的电缆，应在每个梯铁上进行绑扎。上、下走道间的电缆或电缆离开走道进入机架时，在距转弯点 30 mm 处开始进行捆绑。根据电缆数量的多少每隔 100 ~ 200 mm 捆绑一次。

4）采用活动地板时，电缆在活动地板下可灵活布放，但仍应使电缆顺直面不可扭绞，勿使电缆盘结，在引入机架处仍需成捆绑扎好。

5）引入、引出机房的电缆，在入口处要加装防水罩。向上引的电缆，在入口处还应做成滴水弯，弯度不得小于电缆的最小弯曲半径。电缆沿墙上下行时，应设支持物，将电缆固定在支持物上，支持物的间隔距离视电缆的多少而定，一般不得大于 1 m。

3. 前端机房内设备安装

1）前端机房内设备在安装前要仔细检查其外观是否有破损。摇一摇、听一听机内是否有金属件松动，若无，方能接通电源。

2）设备使用前应通电检查，如：调制器、放大器的输出电平，模拟卫星接收机的射频输出，利用数字卫星接收机的电平显示，测卫星信号强弱等。设备检查正常后，才能将其安装在机架内或机柜内。

3）安装时应注意同一频道的调制器、解调器、卫星接收机等设备要尽量放在一起，以缩短设备音、视频接口的连线。

4）各设备间要有一定间距，以利于散热。

5）各频道的输入/输出电缆要排列整齐。不互相缠绕，以便于识别。音、视频线不宜与电源线平行敷设。若不可避免，两者间隔应在 30 mm 以上，或采用其他防混淆措施。

6）设备间的连接电缆不宜迂回走线，以免削弱信号。

9.1.2 前端系统设备的调试

根据设计方案的要求配置各电视频道调制器，并调整所有调制的输出电平基本相一致，视频调制度为 87.5%，图像载波电平与伴音载波比（A/V）为 -17 dB（标准为 13 ~24 dB）。

调整调频调制器的输出电平与电视伴音载波相一致（也可稍低于图像载波），并调整信号频偏为 ±75 kHz。

调整频道处理器的输入、输出频道（捷变频处理器），使输入和输出频道与接收信号频道及转换的频道相一致。并调整输入电平在 70 ~75 dB 之间，输出电平和 A/V 比与其他频道基本相同。

调整导频信号发生器与电视调制器的输出电平，并做好记录，以便今后检查、测试。若采用电视调制器作导频信号发生器时，应采用图像载波比较稳定的高档调制器，使有无信号调制时的载波变化值在 ±0.5 dB 以内，保证干线系统的正常工作。

前端系统输出或前置放大器输入的调整，主要是根据系统输出口或前置放大器输入口的设计要求，微调各频道调制器载波使各频道电平在输出口的电平相一致或增加分路器、衰减器使信号电平达到设计要求。

9.2 电缆传输干线系统的敷设与调试

9.2.1 干线电缆的敷设

干线电缆的敷设有直埋电缆、管道电缆、架空电缆、墙壁电缆等敷设方式。

1. 直埋电缆

当用户的位置与数量比较稳定，且要求电缆线路安全隐蔽时，干线电缆可采用直埋电缆敷设方式。这时必须采用具有铠装的直埋电缆，埋深要在 0.8 m 以上，紧靠电缆要用细土覆盖 0.1 m，上压一层砖石保护。当电缆穿越铁路、公路时，埋深不得小于 1.1 m，且应采用内径不小于电缆外径 1.5 倍的钢管保护，钢管伸出两侧各 1 m。直埋电缆的接续点、拐弯点、分歧点，以及直线中每隔 200 ~ 300 m 的位置，都应设置电缆标志，便于以后施工时识别，避免其他施工造成的破坏。

2. 管道电缆

当有可供利用的管道时，可采用管道电缆敷设方式，但不得与电力电缆共管敷设。管道电缆敷设方式要求采用密封性能好的电缆。在敷设前应先用管道清洁工具将管道清扫一遍后，再用铁丝牵引电缆进入管道。

3. 架空电缆

当无法采用直埋或管道电缆敷设方式时，或用户位置和数量变动较大，需要扩充和调整时，可采用架空电缆敷设方式。若有可供利用的杆路，可经过有关部门的同意，与其他线路共杆敷设，但电缆线与其他线路要保持一定的距离。例如，与 1 ~ 10 kV 电力线的垂直距离在 2.5 m 以上；与 1 kV 以下电力线的垂直距离为 1.5 m 以上；与广播线的垂直距离在 1 m 以上；与电话线等通信线路的垂直距离在 0.6 m 以上。

若没有可供利用的杆路，需要自己立杆时，杆材的选择，尽量采用水泥杆，在对混凝土腐蚀较严重地区，则需采用经过防腐处理后的木杆。杆与杆之间的间隔要适当，在建筑物密集地区，杆距一般取 35 ~ 40 m；在空旷地区，则可取 45 ~ 60 m；在风雪较大的地区，杆距要小些，在风雪较小的地区，杆距则可大些。线路偏转角在 150°以上的转角杆和终端杆都应设置抗风拉绳，对于空旷地区的直线杆，则每隔 10 根左右设置抗风拉绳即可。

杆立好后，应先将电缆吊线（宜采用直径为 6 mm 以上的钢绞线）用夹板固定在电缆杆上，然后每隔 40 ~ 50 cm 用一个电缆挂钩把电缆卡挂在吊线上。考虑到电缆的热胀冷缩，在吊挂时应留适量余兜。

4. 墙壁电缆

前端输出干线、支线和入户线沿线有建筑物可供利用时，可采用墙壁电缆敷设方式。这时应先在墙上装好墙担和撑铁（其间距最多 6 m），把吊线拉好收紧，用木板固定，然后用电缆挂钩将电缆卡挂在吊线上即可。架空电缆和墙壁电缆需要和地下电缆连接时，在距地面 2.5 m 以内的部分应采用埋入地下 0.3 ~ 0.5 m 的钢管保护，并用油质水泥砂浆或铅帽密封。

布放电缆时应采用放线盘，放线时不得扭曲，需要接续时应严格按照厂家规定的步骤和要求进行。

9.2.2　干线电缆的调试

干线线路是 CATV 系统的大动脉，它通过同轴电缆依靠干线放大器对其传输损耗的补偿，使前端的信号能够不失真地传送到各支路，直至到达用户。干线传输系统的调试包括干线馈电装置、干线放大器、均衡器、衰减器等器件。干线调试的主要任务有以下几点：

1）检查被测干线放大器的供电电源是否符合设计要求。

2）明确干线放大器的工作方式。测试由电缆传输来的信号电平大小，确定斜率的高低，根据设计要求加入合适的衰减器和均衡器。

3）按每台干线放大器的设计调整好各干线放大器的输入/输出电平。

有线电视干线传输系统大多采用电缆芯线馈电，因此调试干线传输系统时，应首先检查馈电系统是否正常，其次是按设计要求调整各台干线放大器的输入/输出电平。

干线放大器电源通常采用60 V交流稳压电源供电，远距离馈送电源电缆线的电压降限制了串接干线放大器的级数，有电压比较低的地方需要加入交流馈电装置。根据线路串接干线放大器的多少，考虑馈电装置的电流容量，一般工作电流只占馈电装置电流容量的60%~80%。

在调试干线的过程中，为防止芯线接地或短路，首先应把电流表串入馈电装置中测量其总电流，总电流偏大或偏小都是不正常现象，应检查各串接放大器中有无短路或断路现象，必要时可逐段检查，直至正常供电为止。

调整有线电视传输系统干线放大器的工作方式有平坦型、全倾斜型、半倾斜型3种。干线传输系统的工作方式是在设计时确定的，由于全倾斜的方式，干线放大器各频道输入电平相等，可使交扰调试失真至最小，因此一般全倾斜工作方式使用较多，这种全倾斜工作方式的调试较为简单，可利用衰减器、无源网络均衡等，将输入信号的高低端调整一致，进入放大器，其均衡量可用系统传输的最低频率与最高频率对应电缆衰耗之差乘以两台放大器之间的电缆长度的衰减量。

一些常用的干线调试方法如下。

1. 对干线的统调

统调就是对系统进行全面调整，也称系统总调试。统调是在前端、干线系统、分配网络调试结束之后进行，是在整个系统建设完成之后进行，调试的顺序是从前端开始，逐条干线、逐台放大器进行调试。

2. 对“干线放大器”定时、定点检查调试

所谓定时，就是每月对干线系统的某条线进行检查调试。所谓定点。就是对该条干线上的某几个（不是全部）放大器进行检查调试。定几个点要根据人力和干线上的放大器多少而定，测量定点放大器的输入/输出电平，将测出所得值与统调时的该放大器的输入/输出电平值进行比较，以此判定线路运行是否正常，若不正常，进行维修。定时、定点的检查、维护、调试，可达到以下目的：

① 省时、省力、省工，又可将整个干线传输系统进行全面检查，掌握运行情况。如：检查干线电缆老化的情况，温度变化对干线影响情况，受外界干扰情况等。

② 可及时发现问题，把故障消灭在萌芽之中。

③ 可小范围地补偿温度变化对线路的影响。

④ 定时、定点检查维护调试，是对干线传输系统的主动维护，可防患于未然，降低干线系统的故障率，保障干线传输系统良好的运行。

3. 对干线实行季节性调试

北方地区一年内高低温差可达60℃，加之干线传输距离远，为保证干线稳定运行，确保有线电视效果，在设计时要求每年随季节温度变化，分春秋季、冬季、夏季三种情况调整干线放大器。7月中旬开始，对系统进行调试后，恢复正常。对于一年四季温差很小的地区不用进行季节性调试。

9.3　光缆传输干线的敷设与调试

9.3.1　光缆的敷设

光缆的敷设方式可以分为架空光缆、直埋光缆、管道光缆和水底光缆 4 种形式。

1. 架空光缆

架空光缆是架挂在电杆上使用的光缆。这种敷设方式可以利用原有的架空明线杆路，节省建设费用、缩短建设周期。架空光缆挂设在电杆上，要求能适应各种自然环境。架空光缆易受台风、冰凌、洪水等自然灾害的威胁，也容易受到外力影响和本身机械强度减弱等影响，因此架空光缆的故障率高于直埋和管道式的光纤光缆。一般用于长途二级或二级以下的线路，适用于专用网光缆线路或某些局部特殊地段。

架空光缆的敷设方法有两种：

1）吊线式：先用吊线紧固在电杆上，然后用挂钩将光缆悬挂在吊线上，光缆的负荷由吊线承载。

2）自承式：用一种自承式结构的光缆，光缆呈 8 字形，上部为自承线，光缆的负荷由自承线承载。

2. 直埋光缆

这种光缆外部有钢带或钢丝的铠装，直接埋设在地下，要求有抵抗外界机械损伤的性能和防止土壤腐蚀的性能。要根据不同的使用环境和条件选用不同的护层结构，例如在有虫鼠害的地区，要选用有防虫鼠咬啮的护层的光缆。

根据土质和环境的不同，光缆埋入地下的深度一般在 0.8 ~ 1.2 m 之间。在敷设时，还必须注意保持光纤应变要在允许的限度内。

3. 管道光缆

管道敷设一般是在城市地区，管道敷设的环境比较好，因此对光缆护层没有特殊要求，不需要铠装。管道敷设前必须选下敷设段的长度和接续点的位置。敷设时可以采用机械旁引或人工牵引。一次牵引的牵引力不要超过光缆的允许张力。制作管道的材料可根据地理选用混凝土、石棉水泥、钢管、塑料管等。

4. 水底光缆

水底光缆是敷设于水底穿越河流、湖泊和滩岸等处的光缆。这种光缆的敷设环境比管道敷设、直埋敷设的条件差得多。水底光缆必须采用钢丝或钢带铠装的结构，护层的结构要根据河流的水文地质情况综合考虑。例如在石质土壤冲刷性强的季节性河床，光缆遭受磨损、拉力大的情况，不仅需要粗钢丝作铠装，甚至要用双层的铠装。施工的方法也要根据河宽、水深、流速、河床、流速、河床土质等情况进行选定。

水底光缆的敷设环境条件比直埋光缆严峻得多，修复故障的技术和措施也困难得多，所以对水底光缆的可靠性要求也比直埋光缆高。

海底光缆也是水底电缆，但是敷设环境条件比一般水底光缆更加严峻，要求更高，对海底光缆系统及其元器件的使用寿命要求在25年以上。

9.3.2 光缆的调试

传输系统的调试，需要在光发送机和光接收机之间协调进行。在调试之前，一定要仔细阅读产品说明书，并准备好与调试工作有关的仪器、工具等，如光功率计、光时域反射仪、光连接器等。

由前端系统输入到光发射机的射频电视信号电平，应依照产品说明书给定的数据，调节输入电平到标称值，射频AGC电路（自动增益控制，实际就是对放大器的放大倍数进行自动控制）将使进入光发射模块的射频输入电平恒定在这个值上，一般AGC的控制范围可达±5 dB。

光发射机开通工作后，需监测各种指示数据，如观察前面板上的各个指示灯，在正常情况下，应有以下指示：电源指示灯亮，备用电源指示灯不亮，失效指示灯不亮，自动功率指示灯亮。有些光发射机还有数字显示，如激光器输出功率，读数在规定的0.2 mW以内；激光器偏置，读数应该在规定值的±0.5 mA以内；自动增益控制范围，读数应在45%～55%；温度读数误差应该在±0.5℃以内。

在光链路末端接上光接收机前，用光功率计测量输入光功率，应在设计值范围内，如-6～0 dBm。接上光接收机，工作正常后，在输出端用综合测试仪测量*C/N*（*C/N*值越小，则信号越弱，噪声越强，电视越不容易接收。反之，*C/N*值越大，则信号越强，噪声越弱，电视越容易接收。）和CTB（CTB指组合三次差拍）的值等，再与设计值对比，若所有指标都达到设计要求，则不需再进行调试。

如果前端光发射机输入信号指标达到要求，所有光节点光接收机输出端信号的*C/N*值裕量较大，但CTB值较小，达不到指标要求，则应适当降低前端光发射机的输入多路射频电视信号的电平值（或降低光发射机调制度），再测量光节点的*C/N*和CTB的值直到达到要求，而且都有一定裕量为止，相反，如果各光节点上测量数据表明CTB有一定裕量，而*C/N*较小达不到指标，则应采取增大光发射机输入电平的方法，增加*C/N*值。

如果某一光节点光接收机输出端所测得的结果与设计值对比*C/N*值有裕量，而CTB较小达不到设计要求，再参看该接收机输入光功率较大（大于0 dBm），这种情况下，可通过降低输入光功率的方法提高CTB。降低输入光功率的办法有两种：一种是加入光衰减器；另一种是将尾纤在直径2～3 cm的木棒上绕几圈，木棒的直径越小，缠绕的圈数越多，则衰减量越大。使用这种方法操作时一定要动作轻柔，千万不能将尾纤折断，而且要在有光功率计监测的条件下进行。注意，降低光输入功率，会造成*C/N*值的下降，必须统筹兼顾，使各项指标的实际测量值都能达到设计要求。

如果每个光节点都存在光功率偏小，*C/N*值达不到要求，则应重点检查光发射机和光放大器的输出功率和尾纤、跳线的连接以及前端光分路器的连接。

如果出现某一光节点输入光功率小，*C/N*值低的情况，应该重点检查尾纤和光分路器的连接以及光纤的熔接点，可使用光时域反射仪（OTDR）测量光纤链路，查出问题，排除故障。使用光时域反射仪测量光纤链路时，注意必须先关掉前端的光发射机再进行测量。

9.4　分配网络的安装与调试

9.4.1　分配网络的安装

在 CATV 系统中，介于干线网络与用户单元之间的部分称为分配网络。分配网络首先从干线网络取得信号，然后经短距离（≤1.0 km）传输，将信号送至用户。因此，分配网络一般为高电平工作系统，区别于干线网络的低电平多级级联长距离传输。

1. 网络结构

分配网络既可以采用树状结构，也可以采用星形放射状结构。具体采用哪种形式，应视用户的分布情况、现场路由情况及网络发展总体规划作综合考虑。其典型结构如图 9-1 所示。

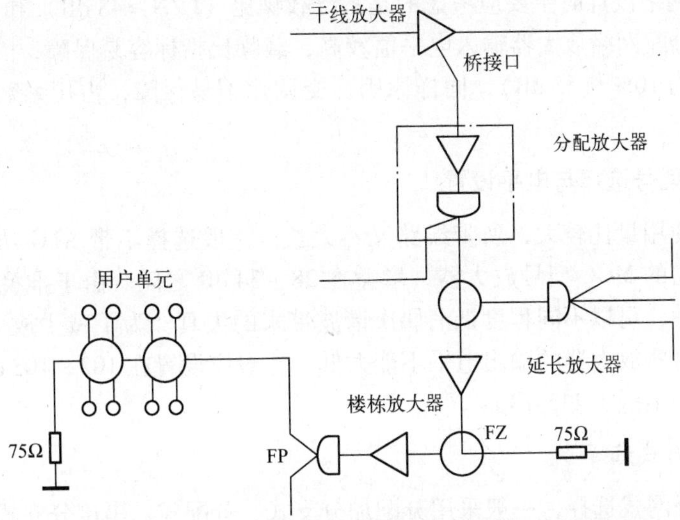

图 9-1　典型分配网络结构

分配网络包括分配放大器、延长放大器、楼栋放大器、各类分配器、分支器和电缆等。分配放大器是将从干线桥接口方向进出的信号进行放大，以补偿支线或分支线中的衰减，满足较大片区不同方向信号的需要。延长放大器是将从分配放大器送出的信号进行再放大，以满足离干线较远距离的片区信号分配的需要。分配网络传输距离有限，分配放大器、延长放大器总的级联数一般不要超过 3 级，两种放大器一般选用高增益、高电平工作的 MGC 型放大器。分配放大器和延长放大器在结构和电气性能上并没有本质性区别，只不过分配放大器一般为多输出口，各输出口之间可以等电平输出，也可以不等电平输出，而延长放大器一般为单一输出口。分配放大器和延长放大器一般采用电缆芯线供电方式，电源供电器应设置于电网（AC 220 V/50 Hz）相对稳定可靠的位置，必要时应加装 UPS 电源作后备。

楼栋放大器在分配线路上作为末级放大，其后面不再级联其他放大器。为了满足楼栋信号分配，也要求它工作在高电平输出状态。楼栋放大器一般为单路输出，但在具体安装时应依据分配系统设计要求，确定可以在其输出端口选配合适的分配器或者分支器，以适应具体楼栋的电缆走线要求。

楼栋放大器和延长放大器尽管都采用单一输出方式，又都工作在高电平状态，但两者在性能和使用上还是有区别的。首先从内部电路配置上讲，延长放大器一般采用双放大模块，而楼栋放大器一般采用单一放大模块；其次，延长放大器多采用缆芯供电型（AC60 V）。而楼栋放大器多采用住宅楼本地供电方式（AC 220 V）；再次，延长放大器外壳一般是压铸铝防水型，而楼栋放大器除此之外还可以采用较低成本的钣金结构型（钣金结构型的楼栋放大器必须安装在室内，若要安装于楼栋外墙上，则该楼栋放大器及其相配合使用的分配器、分支器等均应放置于防水箱内）。

考虑到 CATV 系统目前或将来具有信号双向传输的需要，以上三种放大器均应选择具有双向传输功能型或具有双向传输可改造型。

2. 指标的分配

在进行分配网络设计时主要应考虑的是系统载噪比（C/N≥43 dB）和交扰调制比（CM≥46 dB）。由于分配网络放大器输入电平值较高，载噪比指标容易保障，因此，占用全系统系数较低，一般为 10%（53 dB），同样原因，交调比不易保障，占用系数相对较高，一般为 50%（52 dB）。

3. 放大器的型号选择与电平设置

分配放大器使用量比较大，所带线路又不太长，一般选择不带 ALC 功能的，但必须是采用推挽输出电路的 MGC 型号放大器，增益在 28 ~ 34 dB 之间。由于推挽输出电路具有电路结构上的对称性，可以不同程度抵消偶次谐波带来的失真。为了减少放大器的使用数量，降低工程造价，这些放大器的输出电平不能太低，一般应设置在 102 ~ 108 dBμV，要求放大器的最大输出电平不低于 115 dBμV。

4. 用户分配方式选择

用户分配部分网式选择，一般采用分配加分支式、分配式、串接分支式、分支加分配式等，具体如图 9-2 ~ 图 9-5 所示。

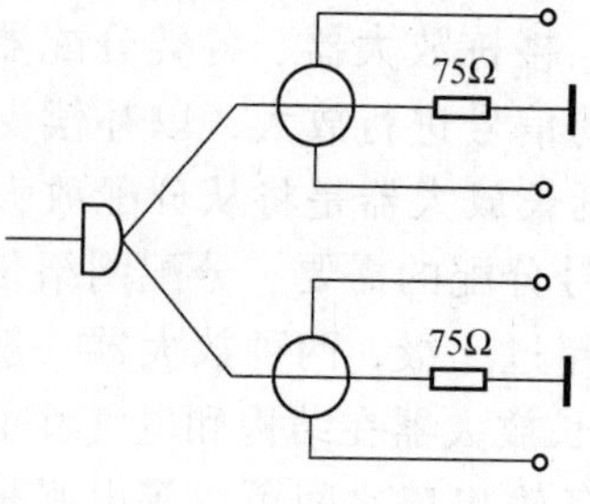

图 9-2 分配加分支式

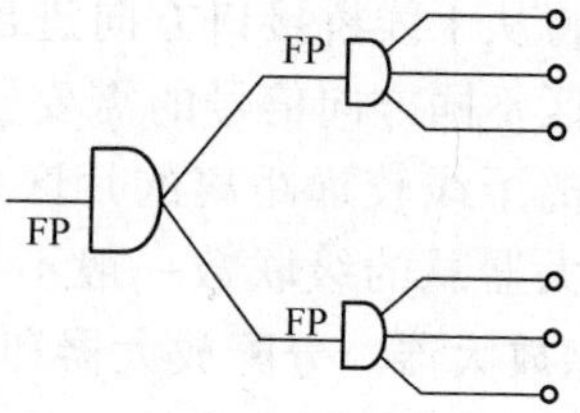

图 9-3 分配式

5. 用户电平的确定

我国规定，用户电平为 57 ~ 83 dBμV，其电平变化应该控制在 26 dBμV 以内。究竟用户电平应取多高要视具体情况而定。

（1）根据用户所处位置的电场强度

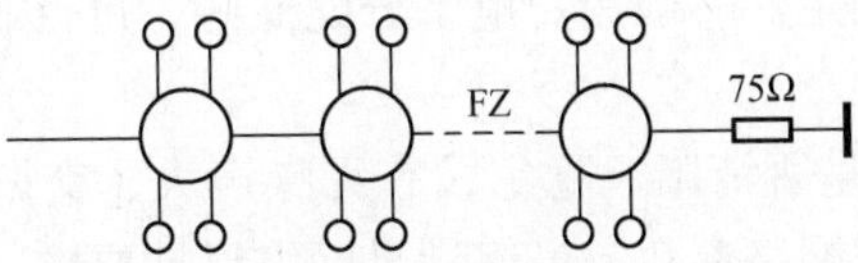

图 9-4　串接分支式

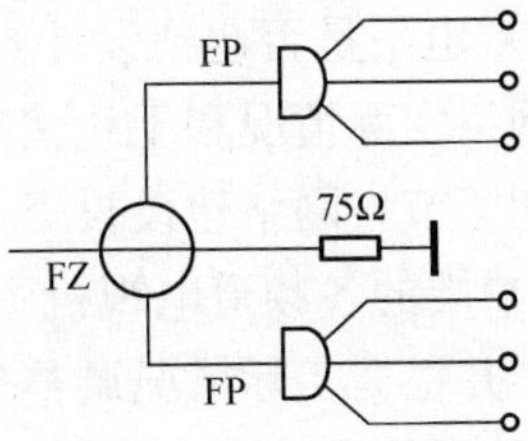

图 9-5　分支加分配式

如果用户位置距发射塔较远，又无其他干扰源影响。用户电平可选择为（65 ± 5）dBμV；如果距发射塔较近，或有其他干扰源影响，则用户电平可选为（70 ± 5）dBμV；对于处在特强场强的用户，用户电平可选择 80 ~ 85 dBμV；选择 80 dBμV 以上的用户，要注意电视机不可过载。

（2）根据建筑物的性质

对钢筋水泥结构的建筑物，由于其具有较强的屏蔽作用。空中信号不易进入，故用户电平可以适当选低些。普通砖木建筑，如平房或木板房等，用户电平应适当选高些。

（3）根据用户电视机的灵敏度

电视机要求输入的电平与电视机的灵敏度有关，灵敏度较高的电视机，用户电平可以适当低些，灵敏度较低的电视机，用户电平可以适当给高一些。

6. 安装注意事项

1）制作电缆接头时，芯线长度要留够，-9、-7 电缆头芯线尺寸应参照所用接头安装说明要求掌握，制作 -5 接头时，芯线应长出 F 头 3 ~ 5 mm，以防断路，屏蔽线应比绝缘介质长出 2 ~ 3 mm，并向外翻，避免 F 头插入时把屏蔽网线推下，这样做可以在束紧 F 头的同时又能使网线可靠接触。

2）连接器件输入、输出的各类电缆应留有 150 ~ 250 mm 的余量，以便今后维修与防止断路。余量部分应向下呈弯曲状，以防雨水沿电缆进入器件内部。

3）放大器是一种有源设备，在安装时应考虑到防雨。对独立供电的放大器，应考虑取电方便，还应注意避开阳光直射。

4）进入设备箱的电缆应加装保护套，并作适当固定，以免随风摇动，割伤电缆。

5）防护箱体要安装牢靠，最好箱门加锁，以防他人随意拆动。

6）所有器件端口如有空闲，应加 75 Ω 电阻接地，以防系统失配。

7）打用户线孔时，应该内高外低，以防雨水沿线流入室内。

8）单元间的横线使用 -5 电缆沿墙爬行，遇雨水管道等竖向设施时，应从内侧穿过，经过底层窗户上沿时，应与顶部保持 10 cm 距离，以防用户安装防盗窗及防雨罩时，盖压损伤电缆。

9）用户盒安装时，避免屏蔽网线与在电路铜板上的芯线短路。

10）所有接头连接时，螺钉应当拧紧，使接触可靠，尤其是过流头，更应当引起注意。

9.4.2　分配网络的调试

1）延长线放大器和分配放大器的调整与干放大器调整基本相同。

2）检查用户电平是否达到设计要求，一般用户电平在（67±4）dB或（70±5）dB之间，主要根据网络实际情况和干扰情况而定。一般用户电平分配低些，每台放大器所能带的用户更多，有利于节省网络建设投资。

3）观看用户端的各频道电视机图像是否清晰、稳定，有无噪声大、交调干、互调干或外来信号干扰，并根据实际情况调整分配网络参数，最终满足网络设计要求。

4）依据国标，终端输出口各频道电视信号电平值应为60～80 dB，邻频传输系统应为（64±4）dB，任意频道之间电平差值≤10 dB，相邻频道之间电平差值≤2 dB，一般用户终端电平可设为（70±3）dB。将场强仪接于用户终端口，测试电平是否符合上述要求，若不满足指标要求，可通过调整分配放大器增益电平及相应无源器件（分配器、分支器、均衡器）规格来达到设计要求。

5）用户终端是CATV传输的末端，传输中每一环节的故障都会反映在用户电视屏幕上，因此判断是否由用户终端及相关分配支路引发的故障显得很重要。若某几栋楼（片区）用户反映CATV故障，则相应干线放大器及分支分配器件可能有问题；若只有个别用户反映CATV故障，则该楼分配放大器及分支分配器件可能有问题；若只有一户反映CATV故障，则大多系该用户终端有问题。用户终端维护应注意检查用户是否私自更改线路及器件，如：用三通接头代替分配器，多条同轴电缆拧在一起，私自增加终端数量等；用户端口电平是否为设计值；用户电视机是否正常；终端盒内电缆压接是否良好，绝不能有断芯、缩芯、短路存在。电视连接线过长、同轴电缆屏蔽铜网与电视插头压接不良也会引发故障。

9.5 防雷与接地

雷电常常使有线电视设备严重损坏，在CATV系统中，防雷设计是一项十分重要的工作，在实际工程中，一旦遭到雷击，没有良好防雷措施的系统就会遭到严重破坏，甚至瘫痪。

对于系统的防雷最有力的措施是系统有良好的接地，良好接地不仅能及早地释放感应雷所产生的电压，同时也可释放由于设备漏电而产生的对地电压，达到保护设备和人身安全的目的。所以，在需要的地方安装避雷针、避雷器，同时，选用器材的抗雷击性能也不能忽视，在选用器材时，考查器材的抗雷击性能也是重要的一环。目前，我国大量生产和使用避雷器，有以电工碳化硅阀片为基本元件的各种阀式避雷器；有以氧化锌阀片为基本元件的氧化锌避雷器，氧化锌避雷器较之阀式避雷器具有动作迅速、通流容量大、残压低、无续流、结构简单、可靠性高、寿命长、维护简便等优点。

1. 天线的防雷接地

有线电视的接收天线和竖杆一般架设在建筑物的顶端，应把所有的接收天线，包括卫星接收天线的接地焊在一起，接收天线的竖杆（架）上应装设避雷针，避雷针的高度应能满足对天线设施的保护，安装独立的避雷针时，由于单根避雷针的保护范围呈帐篷状，边界线呈双曲线，所以避雷针高于天线顶端的长度应大于天线的最大尺寸，避雷针与天线之间的最小水平间距应大于3 m，建筑物已有防雷接地系统时避雷针和天线竖杆的接地应与建筑物的防雷接地系统共地连接；建筑物无专门的防雷接地可利用时，应设置专门的接地装置，从接闪器至接地装置采用两根引下线，从不同的方位以最短的距离沿建筑物引下，其接地电阻应小于 4 Ω，无论是新制作的接地线还是原建筑的接地线，接地电阻都应小于 4 Ω，除天线应有良好的避雷接地外，还应采取如下措施：

1）无线输出端应安装专用 CATV 保安器。

2）天线输出电缆按接地要求接地。

3）使用装有气体放电管及快速反应保护二极管的天线放大器或频道放大器。

2. 前端设备的防雷接地

如果在前端附近发生雷击，则会在机房内的金属机箱和外壳上感应出高电压，危及设备及人身安全。前端设备的电源漏电也会危及人员的安全，因此，对机房内的所有设备，输入、输出电缆的屏蔽层，金属管道等都需要接地，不能与层顶天线的接地接在一起，设备接地与房屋避雷针接地及工频交流供电系统的接地应在总接地处连接在一起。

系统内的电气设备接地装置和埋地金属管道应与防雷接地装置相连，不相连时两者的距离应大于 3 m，机房内接地母线表面应完整，并无明显锤痕以及残余焊剂渣；铜带母线应光滑无毛刺。绝缘线的老化层不应有老化龟裂现象。一些前端设备如调制器、接收机等没有过电压保护，而只有过电流保护，一旦有雷击往往会出现电源烧坏而保险不断的情况，针对此种情况应在总电源处加装避雷器，以更好地保护前端设备。

3. 干线和分配系统的防雷接地

敷设于空旷地区的地下电缆，当所在地区年雷暴天数大于 20 天及土壤电阻率大于 100 Ω 时，电缆的屏蔽层或金属护套应每隔 2 km 左右接地一次。在系统接地时，一定注意接地电阻的最小化，接地电阻大，防雷效果就差，应尽量减小接地电阻、控制在 8 Ω 以下。

1）架空电缆的屏蔽层及金属护套、钢纹吊线每隔 250 m 左右接地一次，在电缆分线箱处的架空电缆金属护套，屏蔽层及钢绞线应与电缆分线箱合用接地装置。埋设于空旷地区的地下电缆，其屏蔽层和护套应每隔 2 km 左右接地一次，以防止感应电的影响。

2）电缆进入建筑物时，在靠近建筑物的地方，应将电缆的外导电屏蔽层接地，架空电缆直接引入时，在入户处应增设避雷器，并将电缆外导体接到电气设备的接地装置上，电缆直接埋地引入时，应在入户端将电缆金属外皮与接地装置相连。

3）不要直接在两建筑物屋顶之间敷设电缆，可将电缆沿墙降至防雷保护区以内，并不得阻碍车辆的运行，吊线应作接地处理。

4）系统中设备的输入输出端应有气体放电保护管，220 V 供电的放大器的电源端应有过电压保护装置，在选用干线器材时，应该把防过电压保护作为一个重要的前提条件来考虑。

5）CATV 系统中的同轴电缆屏蔽网和架空支撑电缆用的镀锌铁线都有良好的接地。

6）雷电最容易从电源线进入电子设备，把供电线进户瓷瓶铁脚接地，对保护电力设备和人身安全可以起到一定的作用，但由于 CATV 等电子设备的耐受过电压的能力比电力设备差得多，因此除必须在进户线上安装低压避雷器外，可把光屏蔽的电线、电缆等在埋地金属管中，使雷电波通入地中。电源线在进入电子设备前可绕几个圈以形成小电感，对 50 Hz 电流没有什么影响，对阻挡雷电波侵入设备却有一定作用。

本章小结

1. 有线电视系统的安装与调试是一项综合的技术工程，任何一个环节出了纰漏，都会影响整个系统的数据传输效果。

2. 有线电视系统的安装与调试主要涉及前端设备系统、光缆传输干线、电缆传输干线系统、分配网络的安装和调试。

3. 设备的安装应参考规范，注意防水，避雷和接地，接头的工艺直接影响传输质量。

4. 干线敷设方式有直埋、管道、架空、海底等，应注意各自的工艺限定和要求。

5. 分配网络应注意方式的选择，同时需要注意网络环境的影响，线路接头和器件连接是施工重点。

6. 调试技术人员应具备一定的 CATV 理论基础知识和实践经验。在对系统进行调试之前，首先要认真、仔细阅读系统设计图纸和资料，了解系统有多少条干线，传输距离多长，串接多少台干线放大器，每条主干线有几条支干线，每个分配放大器带多少用户，传送多少距离（m）。

习题

1. 比较干线敷设过程中，使用同轴电缆和光纤架设方式的异同之处。
2. 在分配网络中，使用了哪些放大器？
3. 简述有线电视防雷接地系统的必要性。

第10章　有线数字电视系统

10.1　数字电视系统概述

数字化是一场全世界范围的新技术革命，是广播电视发展的必然趋势。广播电视数字化的实现是一个循序渐进的过程，2003 年国家广电总局提出发展数字电视的步骤是先有线、后直播卫星、再地面无线的“三步走”战略。从数字电视的发展趋势来看，中国数字电视发展将经历三个阶段：机顶盒、标准清晰度数字电视（SDTV）和高清晰度数字电视（HDTV），这三者将在一个很长的时期内并存。

有线电视的数字化就是将模拟用户整体转换为数字用户，进而成为国家信息化、社会信息化、城市信息化、家庭信息化的重要标志。在模拟电视系统向数字电视广播系统转换的过程中，完成整体的转换包括有线数字电视广播、卫星数字电视广播、地面数字电视广播三种传输系统全面实现全数字化，用户通过相应的数字接收装置可以完美接收全数字电视节目。由于国内目前是有线数字电视为主体的发展方向，中国数字电视的高速发展主要依靠有线数字电视系统。

根据传输方式的不同，可将数字电视系统分为三类，即地面数字电视系统、卫星数字电视系统和有线数字电视系统，如图 10-1 所示。

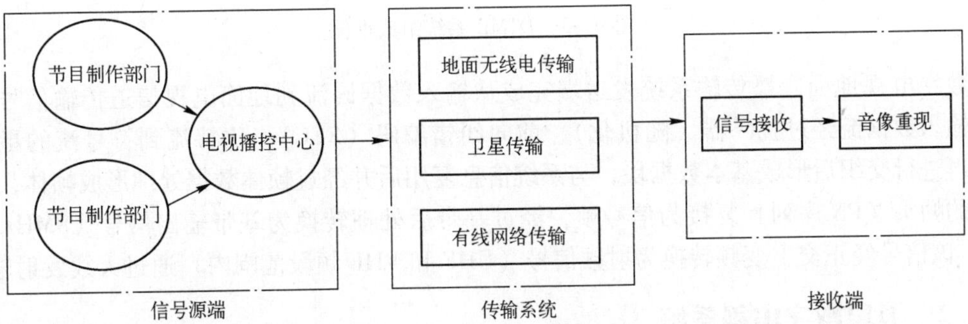

图 10-1　三类电视广播系统框图

10.1.1　地面数字电视系统

地面电视是利用微波进行电视节目传输、覆盖的一种广播方式，即在发送端将电视信号由电视中心传送到地面发射台，射频调制后通过发射天线以空间电磁波的形式向周围空间辐射；在接收端，接收天线将空间电磁波变成感应电流，送入接收机中进行解调，变成原始的音、视频输出。

地面数字电视技术和目前城镇主流的有线数字电视信号相比，地面数字电视信号覆盖面更广，可以向广大农村提供优质的服务。其无线传输的方式也将令收视更加便捷，可以满足新媒体业务的需求，能够支持固定、便携、步行或高速移动设备的接收（包括车载、楼宇、便携的商业模式正在形成）。但同时，地面数字电视信号频道有限，并且是单向传输，不能实现目前有线电视网络的智能互动等功能。

我国地面数字电视的发展分为两个阶段。第一阶段采用 DVB－T（Digital Video Broadcasting －Terrestvial，数字地面广播系统）标准；第二阶段从 2008 年 8 月开始采用具有自主知识产权的中国数字电视地面广播传输系统（Digital Television Terrestrial Multimedia Broadcasting，DTMB）标准（GB20600－2006）。2011 年，DTMB 为国际电联组织（ITU）接纳，成为继美国、欧州、日本后第四个国际标准。

我国地面数字电视标准规定了在 UHF 和 VHF 频段中，每 8 MHz 数字电视频带内，数字电视地面广播传输系统信号的帧结构、信道编码和调制方式。标准适用于地面传输的数字多路电视、高清晰度电视固定和移动广播业务的帧结构、信道编码和调制系统。我国地面数字电视业务采用的技术必须符合 DTMB 标准。DTMB 系统组成框图如图 10-2 所示。

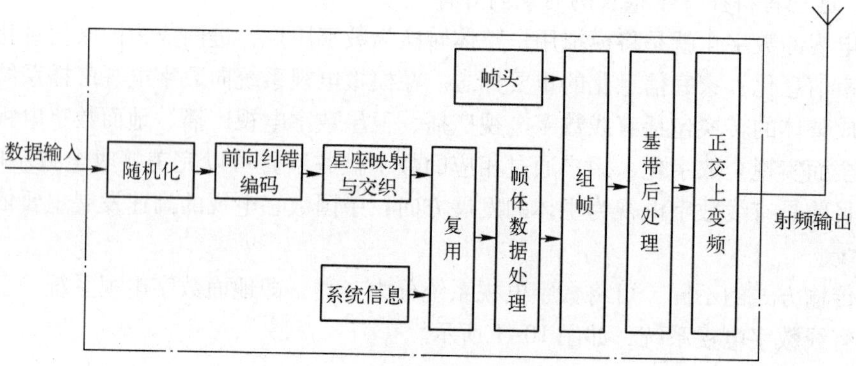

图 10-2　DTMB 系统组成框图

数字电视地面广播传输系统发送端完成从输入数据码流到地面电视信道传输信号的转换。输入数据流经过扰码器（随机化）、前向纠错编码（FEC）、比特流到符号流的星座映射，再进行交织后形成基本数据块，与系统信息复用后并经过帧体数据处理形成帧体，再与相应的帧头（PN 序列）复接为信号帧，经过基带后处理转换为基带输出信号（8MHz 带宽内）。该信号经正交上变频转换为射频信号（UHF 和 VHF 频段范围内）通过天线发射输出。

10.1.2　卫星数字电视系统

随着数字技术的发展和日趋成熟，模拟卫星电视广播系统已经被数字卫星广播系统所代替。我国卫星电视系统采用欧洲广泛应用的 DVB－S（数字卫星广播系统标准）系统。

DVB－S 标准提供了一套完整的适用于卫星传输的数字电视系统规范，选定 ISO/IECMPEG－2 标准作为音频及视频的编码压缩方式，对信源编码进行了统一；随后对 MPEG－2 码流进行打包形成传输流（TS），进行多个传输流复用，然后进行信道编码和数字调制，最后通过卫星传输。采用数字电视频带压缩技术可以实现在一个卫星转发器内同时传送多套电视节目（6 套以上），这样不仅大大节约了传输费用和信道资源，而且由于电视信号数字化处理，还大大提高了电视图像质量，同时可以极大地节约卫星发射功率，减小接收天线尺寸。

卫星数字电视广播的原理如图 10-3 所示，音视频信息以及数据信号经过 MPEG - 2 数字编码压缩器（ENC）进行编码压缩，数字电视信号由原来的 200 Mbit/s 以上的速率压缩到 6 Mbit/s 以下，多路被压缩的 MPEG - 2 数据流被送入数字多路复用器（MUX）进行混合，以获得更高速率的 MPEG - 2 码流。依据节目制作的需要，可以将传输的电视节目进行加扰，加扰后的数据流送入 QPSK 数字调制器（MQP），调制后的信号经过上变频，达到 C 波段或 Ku 波段所需的微波频率，通过天线进行发射。

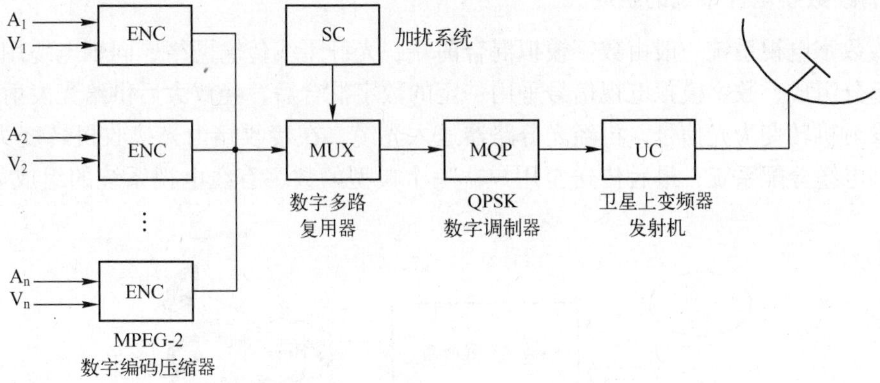

图 10-3 卫星数字电视广播的原理图

10.1.3 有线数字电视系统

为适应数字电视广播和未来高清晰度电视广播的传输需求，并满足不断增长的数据业务对网络带宽的需求，有线电视系统的数字化已全面启动实施。国家广播电影电视总局在 1997 年将有线电视业务定位为基本业务、扩展业务、增值业务等三类业务，以推动有线电视系统的数字化。HFC 网络结构的改造是数字化建设的主要方面，根据网络覆盖地域的实际情况，建设环形或星形结构的光纤骨干网，尽量将光节点下移，以缩小同轴电缆分配系统的用户规模；拓宽电缆分配系统的传输带宽，优化回传通道的设计，改善上行信道的传输特性。

数字有线电视系统与模拟有线电视的主要区别有两点：一是前端系统是融合了电视、计算机、数字通信等技术，含有数字电视播出、用户管理等硬件和软件的综合系统；二是用户端需要增加数字机顶盒以便开展各项业务。有线电视系统的数字化的最直接的好处是：

1） 提高频谱利用率，增加频道容量。

2）有条件接收、加强网络管理。

3）开发交互式业务、增加网络收益。

数字有线电视的传输标准目前已实施的有北美的有线电视数字视频传输标准和欧洲的 DVB 标准，我国有线数字电视系统采用 DVB - C 数字有线电视广播系统标准。有线数字电视系统中规定了有线网络内上行传输和下行传输的频率划分，或者标示为反向传输和正向的频率划分。上行信道的频段划分为高分割、中分割和低分割三种方式，高分割的上行频率范围为 5 ~ 87 MHz，中分割频率范围为 5 ~ 65 MHz，低分割频率范围为 5 ~ 42 MHz. 我国采用中分割方式，频段划分标准如表 10-1 所示。

表 10-1 有线电视系统的频段划分

符　号	频段/MHz	业务内容	符　号	频段/MHz	业务内容
R	5~65	上行传输	A	108~550	模拟电视
X	65~87	过渡带	D1	550~750	数字电视
FM	87~108	调频广播	D2	750~1000	数据通信

1. 有线数字电视系统的组成

有线数字电视系统一般由数字模拟混合前端、光纤干线传输网络、同轴电缆用户分配系统三大部分组成，数字模拟电视信号采用一定的数字混合后，经放大后供给光发射机，电信号经光发射机转变为光信号，再经光分路器送入光缆。在接收端由光接收机转变为电信号，送入同轴电缆分配系统，最后传送至用户。一个典型的数字有线电视系统的组成如图 10-4 所示。

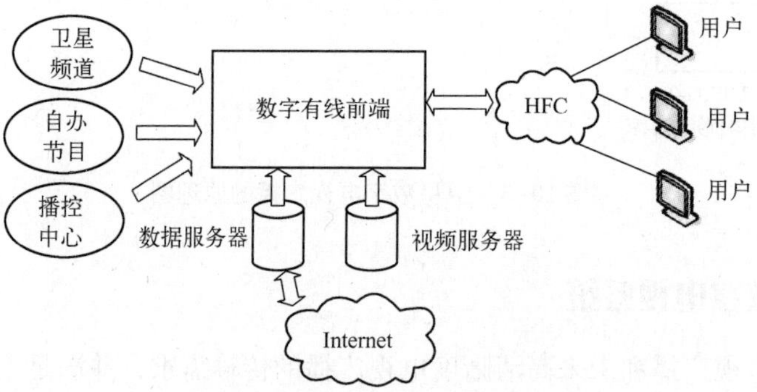

图 10-4　数字有线电视系统

目前，许多省市的有线电视台在进行以数字节目播出为主的数字化改造，而前端系统的改造则决定了整个系统开展业务的能力。前端系统将接收到的数字卫星节目信号直接送入复用器，或将模拟电视信号进行相应的编码后也送入复用器，复用器完成多套节目的复用后通过调制器，借助光纤传输到用户终端。随着有线电视数字化的推进，条件接收系统（CA）、用户管理系统（SMS），中文电子节目指南（EPG）及各种业务系统逐渐在全国开始推广。

数字有线前端主要由以下几个部分组成：数字电视信源系统、业务系统、存储播出系统、复用加扰系统、条件接收系统、用户管理系统、编码调制系统、回传处理系统以及其他辅助系统。数字有线电视前端系统的一般结构如图 10-5 所示，下面对各主要部分进行简单说明。

（1）数字有线电视信源系统

数字电视信源系统包括数字卫星信号的接收系统、模拟信号的编码系统、SDH 网络信号的分接、转换系统。该系统以后还将逐步传输来自宽带 IP 等多种网络节目源的能力，它的特点是将信号进行一定格式转换，使之成为符合 DVB－C 标准的 TS 流信号，它对节目的内容不加以编辑和存储，只起到节目转发的作用。凡是符合 DVB 标准的数字卫星接收机可以直接输出 TS 的信号，而对于传统的模拟信号或非标准的数字视音频信号需要通过压缩编码系统将其转换成 TS 流。

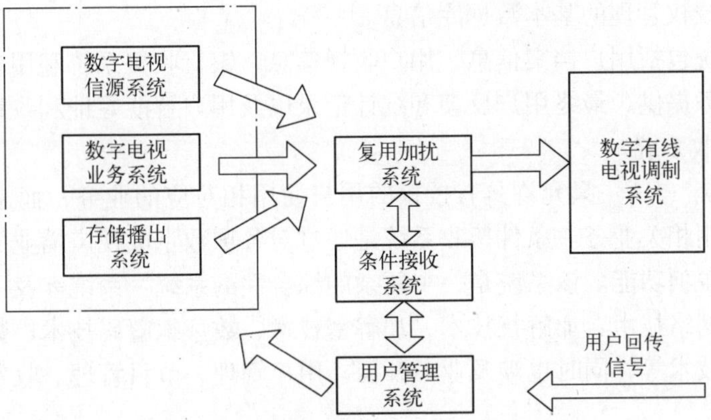

图 10-5　数字有线电视前端系统的结构图

数字电视的压缩编码系统的功能是将模拟的视音频信号数字化，采用广播级 MPEG-2 的编码方式进行编码，并实时传输到视频服务器或直接到复用器。数字电视节目复用系统将多路单节目数字视频流复合成单路多节目数字视频流，并符合 DVB 传送标准，调整节目带宽实现多节目的数字广播，并确保与 CA 及其他系统的良好配合。

（2）存储播出系统

存储播出系统包括节目素材上载与收录系统、节目存储与节目库管理系统、节目预编/审核系统、准视频点播（NVOD）系统和专业频道管理播出系统。该系统的特点是可以对多种格式节目进行上载，收录存储多种传输方式的节目，并将其转换成 TS 流文件，并且支持手动和自动采集方式；对节目库中存储的文件进行分类编目，提供高效的文件检索功能；对（延时）播出的节目进行监审/编辑的功能；通过准视频点播（NVOD）系统和专业频道管理播出系统完成节目播出。

（3）业务系统

目前，DVB 业务在世界上许多国家已经实现。有线电视台播出前端对素材和信息进行编辑和整理，采用 DVB-DATA 标准对信息进行封装，完成播出 TS 流的打包；接收端机顶盒集成相应接收模块完成对数据信息的解析。目前，国内的业务系统包括数据广播、Internet 接入、实时股票信息等。

（4）复用加扰系统

复用加扰系统将从数字有线前端输入的信号，根据码率进行节目、数据信息复用并完成加扰，形成若干个频道的码流。根据使用设备的不同，系统的结构也各不相同，有些复用器内置加扰模块，信号在复用器的内部可以完成加扰，有些复用器内部不具有加扰模块，需要外接独立加扰设备。多路复用器是整个系统的核心部分，相当于交通枢纽中心，把不同方向运载的货物经过复用器，根据用户的不同需求重新装到不同的车上从不同的路径运到不同的用户手中。

（5）用户管理系统

用户管理系统与条件接收系统使用专用的接口进行连接，主要对网络中的信号进行商品化定义、管理以及用户收看节目的权限控制和收费。用户管理系统主要对用户信息、用户设备信息、节目预定信息、用户授权信息、财务信息等进行处理、维护和管理，同时可为其他子系统提供用户授权管理的基本数据库信息。

用户管理系统包括用户档案信息、用户收视信息、银行收费系统和用户结算及授权信息的管理。实现服务提供、最终用户反馈和统计记录以及用户智能寻址和收费管理等。

（6）条件接收系统

条件接收系统（CA）只允许具有授权的用户使用相对应的业务，而未经授权或权限受限的用户不能使用相关业务。条件接收系统是通过对各项数字电视广播业务进行授权管理和接收控制来实现各项功能。该系统是一个复杂的综合性的系统，系统涉及了多种技术，包括系统管理技术、网络技术、加解扰技术、加解密技术、数字编解码技术、数字复用技术、接收技术、智能卡技术等，同时也涉及业务开展、用户管理、节目管理、收费管理等信息管理应用技术。

条件接收系统是数字电视接收控制的核心技术保障系统。该系统可以按不同情况对数字电视广播业务按时间、频道和节目进行管理控制。在用户端，未经授权的用户将不能对加扰节目进行解扰，而无法收看节目。条件接收是现代信息加密技术在数字电视领域的具体应用。

2. 有线数字电视的特点

有线数字电视系统的优点是易于实现前端与用户间的双向交互式传输，向用户提供方便的视频点播（VOD）、信息查询、上网浏览以及电视购物等功能。有线数字电视是一项全新的有线电视服务系统，与传统的模拟电视相比，有线数字电视有以下特点和优势。

1）内容更精彩。提供了更多的基本电视节目，使用户在享受广播电视服务的同时，还能够享受到如股票、生活服务、市政公告、天气预报、交通信息等各种资讯信息的服务。

2）节目更个性。100 多个专业化电视节目使用户能够按照自己的需要，点播自己想看的电视节目，可以享受如在线游戏、短信等多种交互式点对点的娱乐和信息等服务。

3）收视更方便。独特的电子节目指南为用户提供了一张电子版的电视节目报。

4）图像更清晰。能够提供更加清晰的图像质量和优美的音质，用户可以享受到高清晰度电视节目和电影院的音响效果。

5）频道更丰富。有线电视数字化使频谱资源得到了充分的释放，模拟电视一般只能传输 50 套左右。而有线数字电视节目容量可以达到 500 套，能够提供丰富多彩的节目。

10.2 数字电视基本知识

数字电视是高科技的产物，数字电视是指从节目摄制、制作、编辑、存储、发送、传输，到信号接收、处理、显示等全过程完全数字化的电视系统。数字电视系统建成后将成为一个数字信号传输平台：它使整个广播电视节目制作和传输质量显著改善；图像的清晰度是现有模拟电视的几倍，信道资源利用率大大提高，在技术上可以达到同时播出 500 套节目的容量。数字电视具有丰富的电视节目并且提供其他增值业务：数据广播，视频点播，电子商务，软件下载，电视购物，资讯服务、互动游戏等功能。

数字电视采用了包括超大规模集成电路、计算机、软件、数字通信、数字图像压缩编解码、数字伴音压缩编解码、数字多路复用、信道纠错编码、各种传输信道的调制解调以及高清晰显示器等技术，它是继黑白电视和彩色电视之后的第三代电视。

10.2.1 高清晰度数字电视

数字电视按其传输视频（活动图像）比特率的大小粗略划分为 3 个等级，即普及型数字电视（PDTV）、标准清晰度数字电视（SDTV）、高清晰度数字电视（HDTV）。三者的区别主要在于图像质量和信号传输时所占信道带宽的不同。

1）普及型数字电视（PDTV）采用逐行扫描，视频比特率为 1 ~ 2 Mbit/s，显示清晰度为 300 ~ 350 线，只有 VCD 级图像分辨率。

2）标准清晰度电视（SDTV）采用隔行扫描，视频比特率为 4 ~ 6 Mbit/s，显示清晰度为 350 ~ 400 线，图像质量相当于演播室水平，显示图像分辨率为 720 × 576 像素（PAL 制）或 720 × 480 像素（NTSC 制），成本较低，具备数字电视的各种优点。

3）数字高清晰度电视（HDTV）是目前世界上发达国家积极开发应用的高新电视技术，它采用数字信号传输技术，比普通模拟电视信号传输具有更强的抗干扰性能。HDTV 采用隔行扫描，视频比特率为 18 ~ 20 Mbit/s，显示清晰度为 800 ~ 1000 线，图像质量可达或接近于 35 mm 宽银幕电影的水平，显示图像分辨率达 1920 × 1080 像素，幅型比为 16:9，配合多声道数字伴音，适合大屏幕观看。

其中 PDTV 是属于 SDTV 的最低等级，是针对中国国情而专门命名的，美国和欧洲在 SDTV 和 HDTV 之间，都分别使用增强清晰度电视（EDTV），它采用逐行扫描，视频比特率为 6 ~ 10 Mbit/s。显示清晰度为 400 ~ 500 线。

HDTV 是一种电视业务，原 CCIR（国际无线电咨询委员会，现改名为 ITU）给高清晰度电视下的定义是："高清晰度电视是一个透明的系统，一个视力正常的观众在观看距离为显示屏高度的 3 倍处所看到的图像的清晰程度，与观看原始景物或表演的感觉相同。"图像质量的视觉效果可达到或接近 35 mm 宽银幕电影的水平。

HDTV 具有以下鲜明的特点：

1）图像清晰度在水平和垂直方向上均是常规电视的 2 倍以上。

2）扩大了彩色重显范围，使色彩更加逼真，还原效果好。

3）具有大屏幕显示器，画面幅型比（宽高比）从常规电视的 4:3 变为 16:9，符合人眼的视觉特性。

4）配有高保真、多声道环绕立体声。

10.2.2 数字电视的国际标准

目前数字电视标准有三种：美国的 ATSC、欧洲的 DVB 和日本的 ISDB，其中前两种标准用得较为广泛，特别是 DVB 已逐渐成为世界数字电视的主流标准。

1. ATSC 标准

ATSC 是美国高级电视系统委员会的简称，于 1995 年经美国联邦通信委员会正式批准作为美国的高级电视（ATV）国家标准。ATSC 标准规定了一个在 6 MHz 带宽内传输高质量的视频、音频和辅助数据的系统，在地面广播信道中可靠地传输约 19 Mbit/s 的数字信息，在有线电视频道中可靠传输 38 Mbit/s 的数字信息，使该系统能提供的分辨率达常规电视的 5

倍之多。

ATSC 被加拿大、韩国、阿根廷、中国台湾以及墨西哥采用，亚洲及中北美洲的许多国家也正在考虑使用。

2. DVB 标准

DVB 即数字视频广播，是欧洲广播联盟组织的一个项目，目前已有 220 多个组织参加。DVB 项目的主要目标是找到某一种对所有传输媒体都适用的数字电视技术和系统。因此，它的设计原则是使系统能够灵活地传送 MPEG－2 视频、音频和其他数据信息，使用统一的 MPEG－2 传送比特流复用，使用统一的服务信息系统、统一的加扰系统（可有不同的加密方式）、统一的 RS 前向纠错系统，最终形成一个统一的数字电视系统。不同传输媒体可选用不同的调制方式和通道编码方法，其中，DVB－S 采用 QPSK，DVB－C 采用 QAM，DVB－T 采用 COFDM。所有的 DVB 系列标准完全兼容 MPEG－2 标准，同时制定了解码器公共接口标准、支持条件接收和提供数据广播系统等特性。目前，DVB 已经扩展到欧洲以外的国家和地区。欧洲的 DVB 重点放在 SDTV，其 COFDM 制式的地面广播正在欧洲各国陆续开播。卫星的 MPEG－2/DVB－S 广播已于 1996 年开播。

3. ISDB 标准

日本数字电视 ISDB 标准于 1993 年 9 月制定。其核心内容包括，既传数字电视节目，又传其他数据的综合业务服务系统。视频编码、音频编码、系统复用均遵循 MPEG－2 标准，传输信道以卫星为主。迫于欧洲和美国的发展速度，将原定于 2005 年才开始数字电视广播的计划改为 2000 年开始，并提出了 ISDB－T 制式。使数字电视地面广播再次出现三大制式并存的局面。

ATSC 与 DVB 标准在信道传输方式、数字音频压缩标准和节目信息表上都有所差别。同时美国 ATSC 标准关注的是 UHF 和 VHF 频道的数字地面 HDTV，在 6 MHz 信道内只提供 19.3 Mbit/s 的固定码率，而欧洲 DVB 以单一系统方式针对 SDTV 和 HDTV，可用于所有广播媒体。在设计上码率可变，在 8 MHz 内可选择 4.9～31.7 Mbit/s 不同的传输码率。

上述 3 个标准的不同点主要表现在以下几方面：

1）在传输方面，美国首先考虑的是地面广播信道，而欧洲和日本考虑卫星信道。

2）在图像规格方面，美国考虑地面广播 HDTV，欧洲强调图像可分级性，日本强调多种数字业务集成，不只传一种 HDTV 信号。

3）数字调制方式方面，美国地面广播采用 8－VSB 或 16－VSB，欧洲和日本地面广播采用 COFDM；而有线广播均采用 QAM，卫星广播均采用 QPSK。

4）在音、视频编码复用方面，除美国采用 AC－3 外，其余均采用 MPEG－2。

10.3 有线数字电视机顶盒

10.3.1 数字机顶盒的功能

有线电视网络正在向数字化、网络化、产业化方向发展，有线电视网络提供综合信息业务的关键设备之一是用户终端设备数字机顶盒。机顶盒（Set Top Box，STB）起源于 20 世纪 90 年代初的欧美。机顶盒的主要作用是用普通模拟电视机收看数字电视节目或数字高清晰度电视节目，同时具备网络和有条件接收功能，这种机顶盒被称为数字电视机顶盒。根据传输媒体的不同，数字电视机顶盒又分为数字卫星机顶盒（DVB－S）、地面数字电视机顶盒（DVB－T）和有线数字电视机顶盒（DVB－C）三种，三种机顶盒的硬件结构主要区别在于解调部分。

数字机顶盒是利用有线电视网络向用户提供综合信息业务的终端设备。从广义上说，凡是与电视机连接的网络终端设备都可称为机顶盒（STB）。它可以支持几乎所有广播和交互式多媒体应用，诸如数字电视广播接收、数据广播、电子节目指南、准视频点播、视频点播、电子邮件、因特网接入以及 IP 电话等。

数字机顶盒的基本功能是接收数字电视广播节目，同时具有所有广播与交互式多媒体应用功能。主要包括以下几方面。

1）电子节目指南（EPG）。电子节目只能给用户提供一个容易使用、界面友好、可以快速访问想看节目的方式，用户可以通过该功能看到一个或多个频道甚至所有频道上近期将播放的电视节目。同时，EPG 可提供分类功能，帮助用户浏览和选择各种类型的节目。

2）高速数据广播。高速数据广播能给用户提供股市行情、票务信息、电子报纸、热门网站等各种信息。

3）软件在线升级。软件在线升级可看成是数据广播的应用之一。数据广播服务器按 DVB 数据广播标准将升级软件传播下来，机顶盒能识别该软件的版本号，在版本不同时接收该软件，并对保存在存储器中的软件进行更新。

4）Internet 接入和电子邮件发送。数字机顶盒可通过内置的电缆调制解调器方便地实现 Internet 接入功能。用户可以通过机顶盒内置的浏览器上网，发送电子邮件。同时机顶盒也可以提供各种接口与 PC 相连，用 PC 与因特网连接。

5）有条件接收。有条件接收的核心是加扰和加密，数字机顶盒应具有解扰和解密功能。到目前为止，围绕数字机顶盒的数字视频、数字信息与交互式应用三大核心功能开发了多种增值业务。

6）支持交互式应用。数字机顶盒具有双向通信能力，可以为每个用户提供视频点播功能，使用户能在他希望的时间和地点观看到他想看的节目，还可以进行互动游戏等。

10.3.2　有线数字电视机顶盒的基本原理

数字电视机顶盒接收各种传输介质来的数字电视和各种数据信息，通过解调、解复用、解码和音视频编码（或者通过相应的数据解析模块），在模拟电视机上观看数字电视节目和各种数据信息。有线数字电视机顶盒接收数字电视节目、处理数据业务和完成多种应用的解析。信源在进入有线电视网络前完成两级编码，一级是传输用的信道编码，另一级是音、视频信号的信源编码和所有信源封装成传输流。与前端相应，接收端机顶盒首先从传输层提取信道编码信号，完成信道解调；其次是还原压缩的信源编码信号，恢复原始音、视频流，同时完成数据业务和多种应用的接收、解析。

有线数字电视机顶盒的原理框图如图 10-6 所示。机顶盒由高频头（调谐器）、QAM 解调器、TS 流解复用器、MPEG－2 解码器、PAL/NTSC 视频编码器、音频 D/A、嵌入式 CPU 系统和外围接口、CA 模块等组成。具有交互功能的机顶盒则需要回传通道。

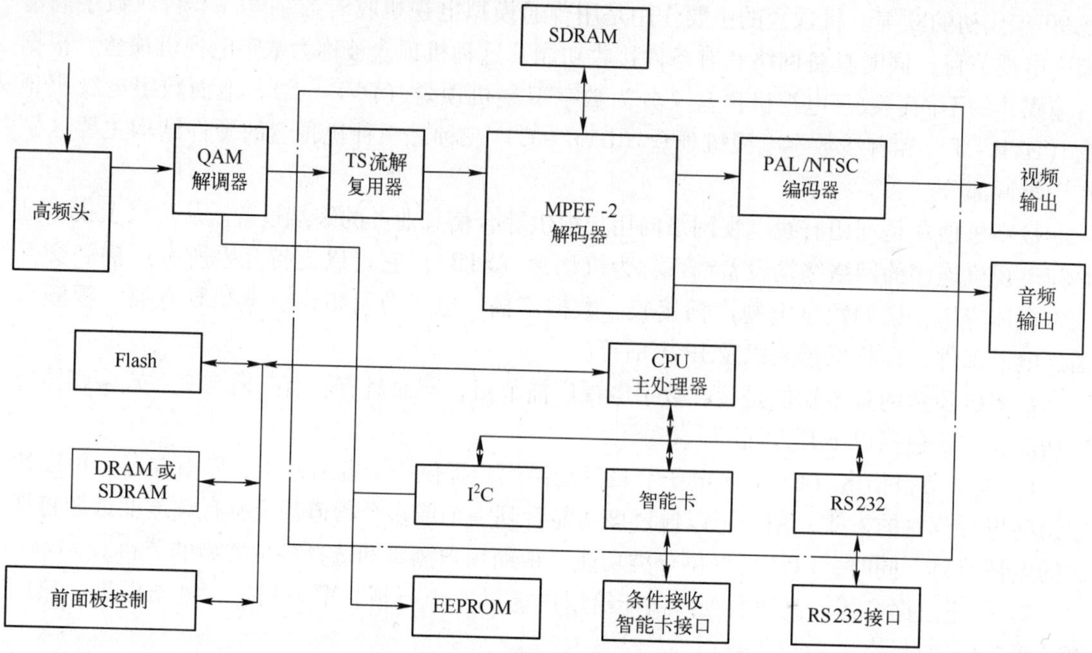

图 10-6　有线数字电视机顶盒原理框图

数字电视机顶盒的工作过程如下：高频头接收来自有线网的高频信号，通过 QAM 解调器完成信道解码，从载波中分离出包含音、视频和其他数据信息的传送流（TS）。传送流中一般包含多个音、视频流及一些数据信息。解复用器则用来区分不同的节目，提取相应的音、视频流和数据流，送入 MPEG－2 解码器和相应的解析软件，完成数字信息的还原。对于付费电视，条件接收模块对音、视频流实施解扰，并采用含有识别用户和进行记账功能的智能卡，保证合法用户正常收看。MPEG－2 解码器完成音、视频信号的解压缩，经视频编码器和音频 D－A 转换，还原出模拟音、视频信号，在常规彩色电视机上显示高质量图像，并提供多声道立体声节目。

10.3.3　有线数字电视机顶盒的基本结构

机顶盒从功能上看是计算机和电视机的融合产物，但结构却与两者不同，从信号处理和应用操作上看，机顶盒包含以下层次：

1）物理层和链路层：包括高频调谐器，QPSK/QAM/OFDM/VSB 解调，卷积码解码，去交织，RS（里德—所罗门）码解码，解能量扩散。

2）传输层：包括解复用，它把传输流分成视频、音频和数据包。

3）节目层：包括 MPEG－2 视频解码和 MPEG/AC－3 音频解码。

4）用户层：包括服务信息、电子节目表、图形用户界面（GUI）、浏览器、遥控、有条件接收、数据解码。

5）输出接口：包括分模拟视音频接口、数字视音频接口、数据接口、键盘、鼠标等。

有线数字电视机顶盒从结构上分硬件系统和软件系统。

1. 硬件系统

为实现实时的解复用和数据信息处理，目前的系统大多采用专用芯片，将 CPU 内存、DVB 通用解扰器、MPEG－2 传输解复用器、MPEG 视音频解码器以及 PAL 解码器集成，形成 STB 的核心芯片。

1）调谐和解调：有线电视信号范围为 47～860 MHz，由于频带内是多路信号频分复用的，因此首先通过调谐器取出需要的 RF 信号，经过下变频后进入 64QAM 解调器。

2）解复用：解复用器将复用在一起的传送流（TS）进行解复用，区分不同的节目，提取相应的视、音频和数据流，分别送入 MPEG－2 解码器和相应的解析软件，完成数字信息的还原。

3）解压缩：解压缩模块主要由 MPEG－2 视、音频解码器构成，完成音、视频信号的解压缩功能。

4）视音频信号处理与接口：数字机顶盒的“外设”是电视机或显示器和音响系统，数字视音频信号必须经视音频处理器转换为与外设接口相适应的视音频信号如分量视频 Y/C，复合视频（CVBS）输出等。

5）模拟视音频信号：调谐器完成射频选择转换，模拟解调器解调出视音频信号。

6）线缆调制解调器（Cable Modem）：开展交互式应用，需要考虑上行数据的调制编码问题。有线双向网使用带有 Cable Modem 芯片的数字机顶盒，利用有线电视频道内 5MHz～65MHz 频段进行回传信号的传输。在下行方向大多采用 QPSK 或 QAM 调制方式。

7）CPU 系统：CPU 与存储器模块用来存储和运行软件系统，并对各模块进行控制。

8）加解扰模块：在有线电视运营中，付费电视是一种增值业务，要求数字机顶盒具备电视信号的加解扰功能，即 CA 系统。

2. 软件系统

在数字电视技术中，软件技术占有重要的地位。除了视、音频的解码由硬件实现外，包括电视内容的重现、操作界面的实现、数据广播业务的实现以及和 Internet 的互联都需要软件来实现。可以将数字机顶盒分为 4 层，如图 10-7 所示。

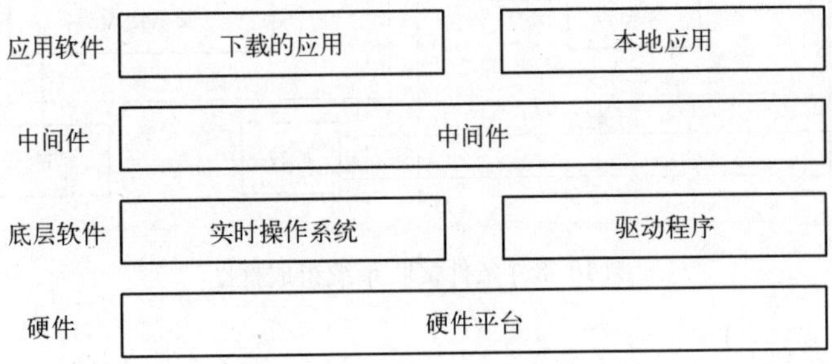

图 10-7　数字电视机顶盒的组成

从底向上分别为：硬件平台、底层软件、中间件、应用软件。其中，硬件平台通过驱动程序实现驱动硬件的功能，如射频解码器、传输解复用器、A/V 解码器及视频编码器等；底层软件提供操作系统内核以及各种硬件驱动程序；应用软件包括本机存储的应用程序和下载的应用程序，这些应用程序实现了机顶盒的各种功能；中间件将应用程序与依赖于硬件平台的底层软件分隔开来，使应用程序不依赖于具体的硬件平台，从而将应用的开发变得更加简捷，使产品的开放性和可移植性更强。

10.4 数字电视的条件接收

在数字电视广播上，不仅能够实现传统的电视广播业务，还可以衍生出多种增值业务，如付费电视、视频点播和网上游戏等。为了确保这些新业务的实现，不仅需要有一个安全可控的综合管理业务平台，更重要的是要有一个安全、开放的条件接收（Conditional Access）系统，简称 CA 系统。

条件接收系统就是保证授权用户可以接收已预订的有线数字电视广播节目、业务及服务，未授权的用户则无法获得。通常所说的付费电视，就是有条件接收系统。其主要功能是对信号加扰、对用户电子密钥的加密以及建立一个确保被授权的用户能接收到加扰节目的用户管理系统。

10.4.1 条件接收系统的基本组成

数字电视广播中条件接收系统主要由加扰器、解扰器、加密器、控制字发生器、用户授权系统、用户管理系统和条件接收子系统等部分组成。它的组成结构如图 10-8 所示。

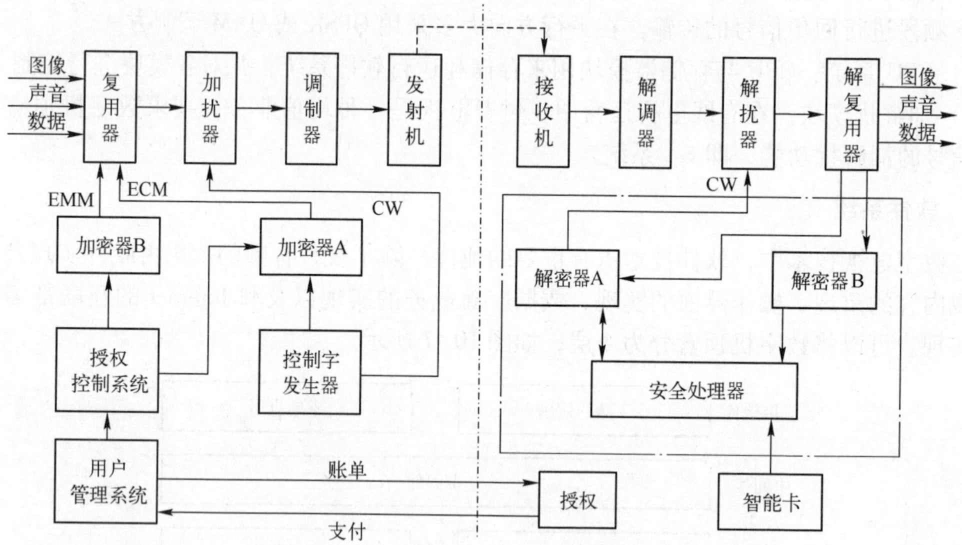

图 10-8 条件接收系统组成框图

（1）用户管理系统

用户管理系统（SMS），是指采用数字技术及网络技术，对用户收看数字电视节目以及进行多功能信息服务的运营管理系统。它主要对用户和智能卡进行管理，包括管理和编辑用户信息，所有客户端的地址号、智能、证书和用户设备信息，同时还处理用户的节目预定信息、用户授权信息，财务信息并将这些信息转换成 EMM 信息。

(2) 加扰与解扰

加扰（scramble）是 CA 系统的重要组成部分。所谓加扰就是在前端 CA 系统的控制字的控制下，连续不断地对被传送的视频、音频或辅助数据进行有规律的扰乱。从信号功率谱角度看，加扰过程相当于将数字电视信号的功率谱拓宽，使其能量分散，因此加扰过程又被称为“能量分散”过程。如果直接显示将是杂乱无章的画面，只有经过解扰（Descramble）处理后才能正确恢复原始图像。

数字电视 CA 系统的加解扰技术中普遍采用了伪随机二进制数序列，其过程就是在发送端将原始信息由伪随机序列进行实时扰乱控制，伪随机序列的产生则由图 10-8 中的控制字发生器来进行控制。接收端也有一个和发送端结构相同的伪随机序列产生器，只要收、发两端间的序列同步（即用同一个初始值启动），接收端的伪随机序列（解扰序列）就可用来将加扰信息恢复为原始信息。为了达到同步要求，必须由发送端向接收端发送一个去同步伪随机序列的起始控制字（是一个随机数）。起始控制字（CW）作为解扰密钥使用。

(3) 控制字加密与传输控制

有条件接收的核心是控制字（CW）加密与传输的控制。为了使发送端和接收端两个 PRBS 发生器同步，必须由发送端向接收端发送一个初始控制字去同步 PRBS 发生器，控制字是个随机数，在采用 MPEG－2 标准的数字电视系统中，与节目流有条件接收系统相关的有两个数据流：授权控制信息（ECM）和授权管理信息（EMM）。由业务密钥（SK）加密处理后的 CW 在 ECM 中传送，ECM 中还包括节目来源、时间、内容分类和节目价格等节目信息。对 CW 加密的 SK 在 EMM 中传送，SK 在传送前要经过用户个人分配密钥 PDK 的加密处理，EMM 中还包含地址、用户授权信息。这是一种三层加密机制。

(4) 节目信息管理系统

节目管理系统为即将播出的节目建立节目表。节目表包括频道、日期和时间安排，也包括要播出的各个节目的 CA 信息。

(5) 智能卡

智能卡是一张塑料卡，内嵌入 CPU、ROM（EPROM，E^2PROM）和 RAM 等集成电路，组成一块芯片。智能卡中有一个专用的掩膜过的 ROM，用来存储用户地址、解密算法和操作程序，它们不可被读出。而且芯片内部寻址的数据是加密的，存储区域可以分成若干独立的小区，每个小区都有自己的保密代码，保密代码可以作为私人口令使用。智能卡内的数据和位置结构应随卡的不同而不同，否则安全性大大降低。智能卡与外界通过异步总线连接，芯片内的存储器不能直接从外部访问。因而可以有效地防止非法攻击者的进入。

10.4.2 条件接收系统的工作原理

在发送端，利用某个密钥（key）将所要传送的节目信息进行加扰，使其随机化，这样，当普通的接收机接收到这些没有恢复加扰的节目比特流时，未付费用户是无法正常观看节目的。在传输加扰的节目比特流之前，将加扰所使用的密钥进行加密，然后提前将其传送给机顶盒的 CA 组件。在接收端，机顶盒的 CA 组件从比特流的特殊位置中将加密后的密钥取出，通过特殊算法将其解密恢复原始的密钥信息，对接收到的加扰节目信息进行解扰，恢复出正常的节目信息，付费用户就可以收看了。在实际的应用中，CA 系统采用多重密钥传送机制将控制字安全地传送到经过授权的用户端，且密钥的产生、数量及变换的频率是随机的，完全取决于节目的提供者。

数字电视条件接收系统采用多重加密机制使整个数字电视广播 CA 系统的安全性得到了三重保护。

1）利用条件接收对图像、声音和数据进行加扰，使没有得到授权的用户接收机无法进行解扰，不能正常收看节目。

2）利用业务密钥对授权控制信息加密，用户端只有在得到现行有效的密钥后，才能对授权控制信息解密。

3）利用个人分配密钥对授权管理信息加密，使得整个系统的安全性更强。

10.5 交互式电视 ITV

随着数字电视技术的日趋成熟，以及各地数字电视节目的陆续开播，特别是当今信息时代的需要，传统的单向传输的数字电视逐渐向数字交互式电视发展。所谓交互式电视（Interactive Television，ITV），就是在节目之间或节目内，用户可以随时收看自己喜爱的节目，即视频点播（VOD）；在收看电视的过程中，可以随时调出节目主要演员或体育运动员的资料，或者查看剧情简介；还可以通过宽带网络进行电视购物、远程教学、远程医疗、家庭银行等服务。

交互式电视是一种非对称双工形式的新型电视技术，它已迅速成为信息高速公路中最热门的话题之一。交互式电视改变了人们被动接收电视信息的传统方式，是一种受用户控制的电视技术，电视技术中通常把完成交互电视功能的传输系统称为交互电视网。

10.5.1 交互式电视的主要实现形式

交互电视系统是近年来新出现的一种新的信息服务形式，它为普通的电视机增加了交互能力，交互式电视的主要实现形式有以下三种。

1. 在线交互

将交互内容在线上轮播，用频道带宽换取用户进入的时间，让用户等待时间不超过轮播一个周期所要的内容。主要应用于股票资讯、网站浏览以及 NVOD 等大众内容传播业务。优点是不受用户数量的限制，系统造价低。缺点是频道资源利用率低，内容数量受频道限制较大，交互功能弱。

2. 中央交互

通过交互网络与播出中心的直接连接实现各种交互，是交互的最高境界。优点是功能最全面，缺点是使用成本高，用户数量受交互网络带宽限制。

3. 分布互动

以集中管理、分散播出的方式通过紧靠观众的分布式播出中心实现各种交互业务。优点是网络资源利用率高，交互性能好，缺点是系统成本相对较高，管理系统较复杂。

互动电视的实现方式要依据国情，针对我国用户基数大，居住较集中，收入差异大的现状，应采取在线交互和分布交互相结合，利用大网在线交互为大众提供廉价服务，在小区建立与大网相连的交互分播中心，提供个性化交互服务，选择一些收入相对比较高的小区先做。这样就可以通过大网套小网的方式，一步到位把所有的用户阶层都覆盖起来，然后针对不同的特点去分别应用。具体实施过程中，在一个城市里用城域网做在线交互，用小区网做分布交互网。

10.5.2 交互式电视系统的组成

交互式电视系统的组成从大的方面来讲，包括电视节目源、视频服务器、宽带传输网络、家庭用户终端和管理收费系统五个部分。

（1）电视节目源

媒体管理及制作单位要提供 VOD 的服务，首先要将节目内容数字化。拥有内容丰富、画面清晰、声音优美的电视节目源，是交互式电视服务所必需的前提条件。而且可以利用电影和电视联合的优势，以及数字电视中加密和条件存取的功能，来扩大交互式电视节目的数量和质量。

（2）视频服务器

视频服务器是交互式电视系统中的关键设备，虽然它不直接与用户接触，但它的性能好坏对于实现 VOD 和扩大电视的应用范围起着重要的作用。视频服务器实际上就是一个存储和检索视频节目信息的服务系统。因此视频服务器必须具备大容量、低成本存储、迅速准确响应和安全可靠等特性。

（3）宽带传输网络

视频流从视频服务器到家庭用户是通过传输网络进行的。传输网络包括主干网和用户分配网。目前主干网比较统一，都是利用 SDH、ATM 或 IP 技术的光纤网络，但是用户分配网则因提供交互式电视业务的行业不同而分为三类：

① 广播电视行业采用的是有线电视网即光纤同轴电缆混合网（HFC），一般是光纤到路边，同轴电缆进户，多采用 750 MHz 系统。其中的 5 ~ 65 MHz 为上行信号频段，110 ~ 550 MHz为 CATV 模拟信号通道，550 ~ 750 MHz 频段为数字信号通道，每个 8MHz 的频道采用64QAM 调制；可以提供8 ~ 10 个经 MPEG - 2 压缩后的视频流通过，是比较理想的宽带传输网络。

② 电信行业采用的是以非对称数字用户线路（ADSL）为特点的公众电话网。采用这种方式的优势是现有的电话用户比有线电视用户多，易于普及，缺点是带宽不够只能采用 MPEG - 1 方式，且用户离交换中心不能超过 6 km。

③ 计算机公司采用局域网（LAN），利用第 5 类线为用户服务。LAN 的带宽在 10 ~ 100 Mbit/s以上，可以满足需要。但是其传输距离不远，只能用于用户密集的区域，如机关大楼、酒店等。

（4）家庭用户终端

用户终端是广大用户实现交互电视的重要工具。用户终端可以分为三种：多媒体计算机，交互式电视接收机，电视机加机顶盒的方式。多媒体计算机或交互式电视接收机比电视机具有不能比拟的优点，但价格相对较贵，一般用户可采用电视机加机顶盒的方式，通过控制机顶盒来完成选择节目、遥控节目运行等功能。

(5) 管理收费系统

交互式电视和数字电视是一种可以提供给不同的观众，满足各自不同需求服务的电视形式，需要有地址编码和寻址功能，还可按提供的不同内容和数量，进行有偿服务。因此需要有一种安全可靠、有效合理的管理收费系统。

10.5.3 有线电视视频点播

视频点播 VOD (Video On Demand) 是一种典型的交互式业务，并正引起电视界和通信界的高度重视。有线电视视频点播 (VOD) 就是用户通过一定的通信方式 (市话、有线电视用户上行信号) 将所需点播的节目信息提供给前端，前端按照用户的点播要求随时下传 (点到点) 用户所需的电视节目信号。也就是说，用户在家里可随时点播自己想看的有线电视台服务器存储的各种电视节目，实现人与电视系统的直接对话，使人们看电视由被动式向主动式变化，极大地丰富了人们的文化生活。

有线电视交互式 VOD 系统由前端处理系统、宽带交换网络、用户接入网、用户终端设备 (机顶盒加电视机) 等几个部分组成。视频点播 (VOD) 系统框图如图 10-9 所示。

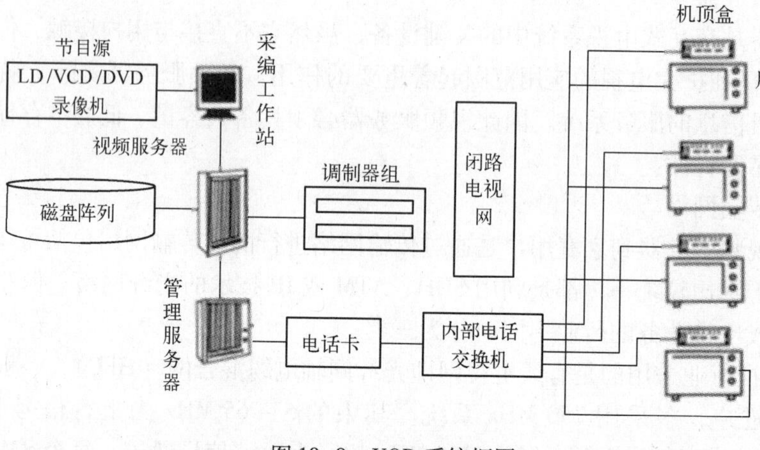

图 10-9 VOD 系统框图

视频点播系统由采编工作站、视频服务器、客户点播端及相应的网络系统组成。当有用户向服务器发出请求时，服务器端将点播的视频流调制到有线电视网；客户端通过机顶盒解码，在电视机上实现全动态视频的实时回放。点播的视频节目可以多种多样，既可以是影视节目、体育比赛等，也可以是由服务方提供的自制节目，如商务信息、餐饮、旅游景点介绍等。通过与酒店管理系统的联网，客人还可在房间里方便地查询自己的消费情况等。系统扩展后可以完成因特网接入、网络浏览和电子邮件以及交互式多媒体信息服务的要求。

目前视频点播按其交互性的程度，分为全视频点播 (TVOD) 和准视频点播 (NVOD) 两种。

1. 全视频点播

全视频点播系统具有双向对称的传输容量，人们能够完全实现独立收视，可实时地控制节目播放，并可在收视过程中控制所点播的节目快进、快退、暂停等。但它对前端、传输网络及终端都有严格的要求。全视频点播组成框图如图 10-10 所示。

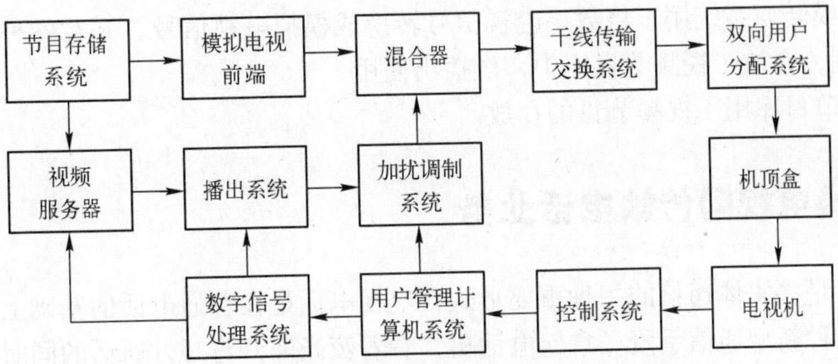

图 10-10　全视频点播的原理示意图

该系统在前端部分需要增加用户管理计算机系统、视频服务器系统、超大容量的节目存储器、数字信号处理系统、播出系统、加扰调制系统等；传输网络需要有性能优良、覆盖范围较广的 SDH 光纤环形网和具有双向传输功能的 HFC 网，需要采用 ATM 或 IP 交换技术；在用户端增加一个机顶盒，负责进行点播指令的上行传输和对点播节目的解压、解码（解扰）的播出。由于该系统技术难度大、价格昂贵，目前尚未进入商业化运营。但随着数字电视时代的来临，有线电视数字传输的实现，全视频点播系统将最终走进人们的生活。

2. 准视频点播

由于全视频系统价格昂贵，目前在我国的有线电视系统中大多采用准视频点播系统，如图 10-11 所示。

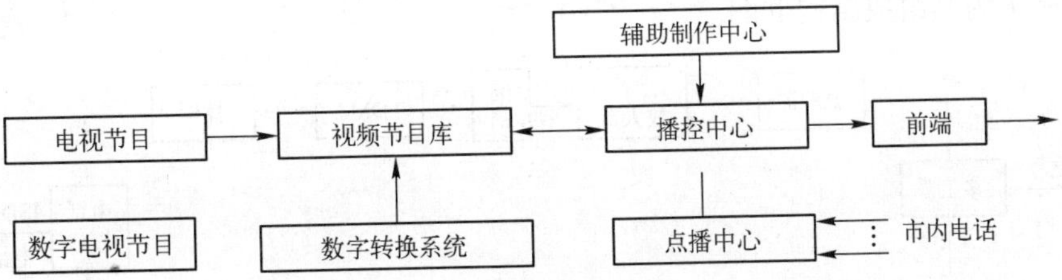

图 10-11　准视频点播系统示意图

由图 10-11 可知，系统对有线电视台的前端、传输网络和用户终端不需要改变任何设备即可实现视频点播。用户是通过电话由电信局的电话网传输到有线电视机房的 VOD 设备来实现点播。视频点播 VOD 设备主要由点播中心、播控中心、视频节目库、数模转换系统所组成。其主要功能如下：

1）点播中心用于接收用户打入的电话并对其点播的节目进行自动编辑。它可以同时接入多部用户打入的电话，按其要求自动安排节目播出时间，并对用户的语音进行检查、修改以决定是否播出。同时，还可以在节目播出时加字幕和照片等。

2）播控中心主要用于自动播出节目。它把点播中心制作的节目、留言、字幕按要求及时地播出。

3）辅助制作中心主要用于字幕、歌单、广告、图文页等制作，以便在用户点播时播出。

4）数－模转换系统用于将数字电视信号转换成模拟电视信号，并对各种节目源和视频文件进行录制，存放于视频节目库中，供播出使用。

5）视频节目库用于视频节目的存放。

10.6 有线电视网传输电话业务

电视电话是多媒体通信的一种重要形式，电视电话是在普通电话的基础上，进一步传递图像信息的一种新型通信手段。拿起电话机，看着荧光屏，与对方通话的同时，还可以观看到对方的形象，一改过去“只闻其声，不见其面”的电话方式，明显增强了通信效果。电视电话系统中的摄像机不但可以摄取通话双方的容貌，而且可以拍摄实物、图表及文档传送给对方，双方可同时在荧光屏上进行讨论、修改和定稿，既直观又便捷。在有线电视系统中，利用已经架设好的 HFC 网络传送电话信号，具有很大的经济价值，可在系统中实现电话、传真、电视电话及个人通信等业务。

1. 电缆电话

有线电视系统是射频传输系统，要想在系统中传输电话业务，必须是载波电话，这就要对电话信号进行调制、解调、复用、变频、交换等处理。这种处理可以在有线电视前端进行，也可以在 HFC 网的光节点进行，甚至还可以在同轴电缆终端进行。每个载频所占的带宽是 50 kHz，在反向传输信道内，可容纳 500 个非成组交换声音频道，按典型的 4:1 接通率，可同时服务 2000 个用户。在前端和光节点等放置交换机就可实现电缆电话的功能。在实现电话业务的同时也可实现传真。有线电视传输电话业务的关键是同轴网络终端（CNT），图 10-12 所示为其组成结构框图。

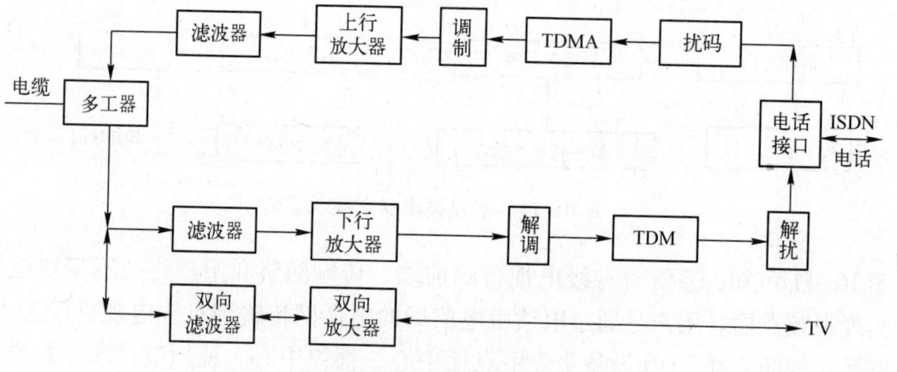

图 10-12　CNT 结构示意图

从电缆送入的信号经过滤波器分成两路，电视信号经过双向放大器送入电视机，数字电话信号经过放大、解调、时分多路复用和解扰，送入电话接口和电话机。从电话机来的信号经过扰码、时分多址复用、调制和放大，进入电缆系统。

电缆电话的下行与普通电话相同，采用时分复用方式。接收端的每一个同轴网络终端可以根据前端的通知，从中选出 1 ~ 32 个信道来使用。上行则采用时分多址复用方式，动态分配信道带宽，即各用户不占用固定的频段，而是通过竞争方式选择适当的频段进行通信，这样不仅增加了系统的容量，而且提高了系统的可靠性、灵活性和网络的管理能力。每个节点交换机可以同时接收 20 个上行电话信号。

2. 网络电话

网络电话是利用计算机网络，特别是因特网来实时地、交互式地传送电话业务。只要在因特网上有固定 IP 地址的计算机，若双方均配置 14.4 kbit/s 以上的调制解调器和标准的 Winsock 通信软件、扬声器、传声器、16 位的声卡等必需的器材，利用相同的、基于 IP 的实时接收和发送压缩语音的软件（例如 Internet Phone 5.0），就可以在约定的时间通过因特网打国际长途或拨打国内任何一部电话机。网络电话可以为用户节省大量的电话费，如果通过电话线与因特网连接，打国际长途时只需付市话费；如果通过计算机局域网与因特网连接，打国际长途时所花的钱更少。所以网络电话有着更高的经济效益。

3. 可视电话

在有线电视系统中传送可视电话正好充分利用了其带宽的优势。由于可视电话是要同时传送图像和声音，因此，所需的频带宽度较宽，对信号的传输速率要求较高。由于电视电话中传输的图像主要是通话人的头肩像，图像内容简单，对图像细节的要求不高，因此可以使用较低的传码率，降低可视电话的成本。可视电话的原理框图如图 10-13 所示。

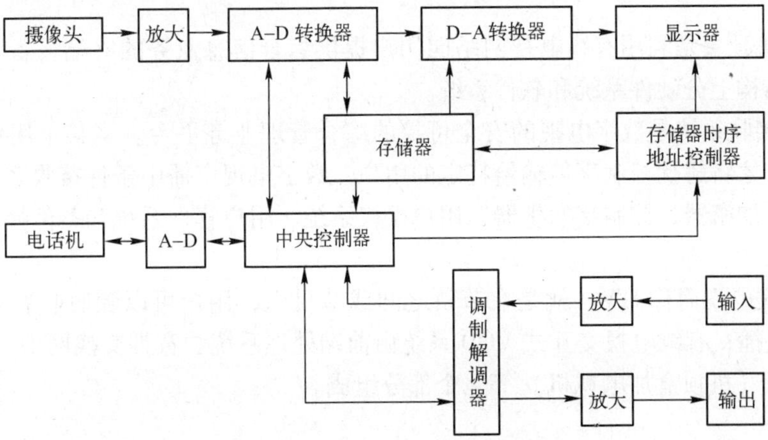

图 10-13　可视电话原理框图

摄像头把通话人的图像拍摄下来，经放大以后送入 A-D 转换器转换为数字信号，存入存储器，同时又经过 D-A 转换送入显示器，显示自己的图像，图像数字信号经过中央控制器进入调制解调器进行幅度与相位相结合的数字调制，经放大后输出传送给对方。从对方来的信号，经过放大、解调，也进入中央控制器，经过存储器时序控制器和存储器，进入 D-A 转换器，转换为模拟信号送往显示器，显示出对方的图像。由地址控制器来控制在显示器上所显示的通信双方中哪方的图像。

可视电话的扫描行设计为 100 行，每行 96 个像素，每幅图像共 9600 个像素。传输一幅图像所需的时间约 5.6 s。完全可以利用通话的间隙来传输，并不影响通话。

未来有线电视的最终目标是综合业务信息网。它是以双向传输方式的形式把电视、电话、信息高速公路（Internet）融合在一起的多种综合业务服务系统。

本章小结

数字电视系统分为三类，即地面数字电视系统、卫星数字电视系统和有线数字电视系统，本章首先分别介绍了三类系统的组成和采用的标准，包括有线电视系统有线网络内的频率划分，数字有线前端的各部分组成及功能。接着介绍了数字电视的一些基本知识、有线数字电视机顶盒的功能、基本原理、组成等。然后讲述了数字电视条件接收系统的工作原理以及系统各部分器件功能。最后简介了交互式电视 ITV 的分类和组成；有线电视网传输电话业务的各种方式特点。

1. 数字电视系统根据传输方式的不同可分为三类，即地面数字电视系统、卫星数字电视系统和有线数字电视系统，

2. 数字有线前端主要由数字电视信源系统、业务系统、存储播出系统、复用加扰系统、条件接收系统、用户管理系统、编码调制系统、回传处理系统以及其他辅助系统组成。

3. 数字电视是高科技的产物，目前数字电视标准有三种：美国的 ATSC、欧洲的 DVB 和日本的 ISDB，其中前两种标准用得较为广泛，特别是 DVB 已逐渐成为世界数字电视的主流标准。

4. 数字机顶盒是利用有线电视网络向用户提供综合信息业务的终端设备。有线数字电视机顶盒从结构上分硬件系统和软件系统。

5. 条件接收系统是数字电视的安全可控的综合管理业务平台。当某个用户被授权使用某项节目时，才将解扰控制字传输给特定的用户。数字电视广播中条件接收系统主要由加扰器、解扰器、加密器、控制字发生器、用户授权系统、用户管理系统和条件接收子系统等部分组成。

6. 交互式电视简称 ITV，就是在节目之间或节目内，用户可以随时收看自己喜爱的节目，即视频点播；有线电视交互式 VOD 系统由前端处理系统、宽带交换网络、用户接入网、用户终端设备（机顶盒加电视机）等几个部分组成。

习题

1. 数字电视系统分几类？各采用什么标准？
2. 什么是数字电视？分为哪三个等级？
3. 什么是交互式有线电视？
4. 什么是视频点播？它有哪两种形式？
5. 有线电视系统中能传送哪些电话业务？
6. 简述条件接收系统的工作原理。
7. 简述卫星数字电视广播的原理。

第11章　有线广播系统

有线广播是利用金属导线或光导纤维所组成的传输分配网络，将广播节目直接传送给用户接收设备的区域性广播。可有专用的传输分配网络，也可利用电信传输网络和低压电力传输网络。有线广播系统是指建筑物（群）自成体系的独立有线广播系统，它是以传声器作为信号输入，以扬声器作为扩声输出的系统。可以播送报告、通知、背景音乐及文娱节目等。

11.1　声学基本原理

有线广播系统中的声学技术主要是指对声音的扩声和美化技术，它涉及物理声学、生理声学、建筑声学和电声学等诸多方面。建筑物中的声音效果不仅取决于建筑的声学设计，还可以利用电声技术扩大响度、美化音色并进行音场的优化组织，以达到特定的音质要求和效果。因此，在建筑电气技术方面，主要进行的是电声学设计。建筑的电声设计主要包括有线广播、背景音乐、客房音乐、舞台音乐、多功能厅的扩声系统、教室的扩音系统，以及会议厅的扩声和与建筑有关的室外扩声系统等。

11.1.1　声音的产生和传播

实践证明，一切声音都是由物体的振动产生的。例如，讲话声音是由于喉管内声带的振动产生的，喇叭（扬声器）的发声是由于纸盆的振动产生的，机械噪声是由于机械部件的振动产生的。能够发出声音的物体称为声源，扬声器、各种乐器以及人和动物的发音器官等都是声源体。地震震中、闪电源、雨滴、刮风、随风飘动的树叶、昆虫的翅膀等各种可以活动的物体都可能是声源体。

声源发声后，还要经过一定的媒质才能向外传播。例如当喇叭纸盒振动时，使邻近的空气交替产生紧密和稀疏，这紧密和稀疏很快从一个空气层传到另一个空气层，空气振动形成的疏密状态很快地传播出去。空气这种一疏一密地振动而传播的波叫做声波，声波以一定的速度向四面八方传播，当声波传到人耳中时，会引起人耳鼓膜发生相应的振动，这种振动通过听觉神经，使人产生声音的感觉，因而听到了声音。传播声音的媒介是具有弹性的物质，如气体、液体和固体，都能传播声波，真空中没有弹性媒质，因此真空不能传送声波。

声波作为机械波的一种，具有波在传播中的一切特性，在传播过程中会产生反射，折射、透射和衍射等现象。

1. 声波的反射

声波在传播过程中如果遇到尺寸甚大于其波长的坚硬界面，声波将会产生反射。声波从界面反射的角度与声波入射到界面的角度相等，即反射角等于入射角。反射的声波如同从界面后面与声源相对应位置处发射出来的一样，即如同在该位置处有一声源，称为虚声源，也称为镜像声源，它与界面的距离等于声源与界面的距离，如图 11-1a 所示。

当反射面为曲面时，仍可利用声波反射定律求声波在曲线上的反射声线。例如欲求图 11-1b 或图 11-1c 所示曲面上某点的反射线，则以过该点的曲面的切线作为镜面，使其入射角等于反射角，即可确定反射声线。

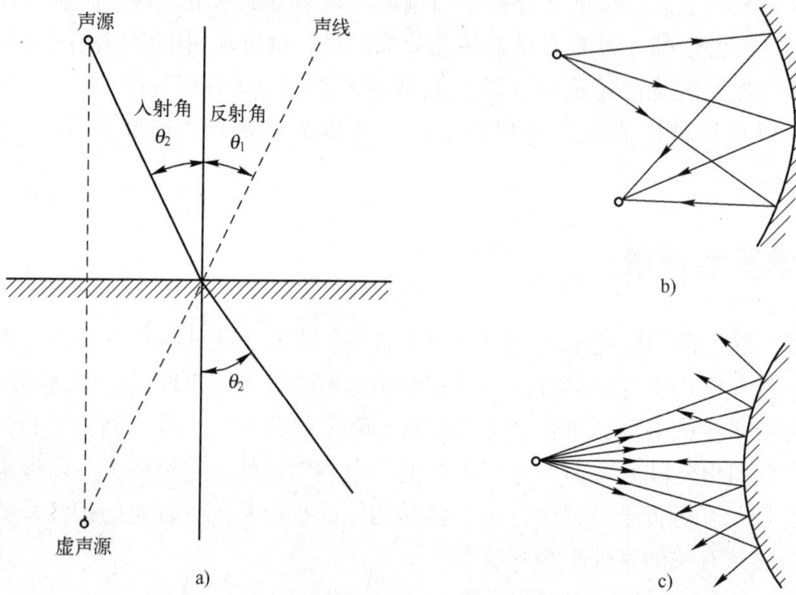

图 11-1　声波的反射和折射

a）声波的反射和折射　b）声波在凹界面前的聚焦　c）声波在凸界面前的扩散

由图 11-1c 可见，凸曲面对入射声波有明显的散射作用，而图 11-1b 为凹曲面，反射的特点是使声音会聚于某一区域或出现声焦点。当声源在一个凸界面前，声波会产生扩散，这有助于声场的扩散均匀；当声源在一个凹界面前，声波会产生聚焦，从而造成声场分布的不均匀，这在室内音质设计中应注意防止。

2. 声波的衍射和绕射

声波在前进过程中，遇到尺寸比其波长大得多的障碍物时，会发生反射；当遇到尺寸较小的障碍物或孔隙时，就会发生衍射（绕射），所谓的衍射或绕射是由于媒质中的障碍物（或孔洞）或其他不连续性而引起声波波阵面畸变，低频声更容易发生衍射。

声波的衍射（绕射）现象与声波的频率、波长及障碍物的大小有关。当声波在传播过程中遇到有孔洞的墙时，如果孔洞尺寸（直径 d）大于声波波长 λ，声波将从小孔穿过向前传播；如果孔洞尺寸（直径 d）远小于声波波长 $\lambda(d<<\lambda)$，此时声波能够绕到墙的另一侧改变原来传播的方向，这时孔洞的质点可以近似看做一个新声源发射的声波，人们在墙的一侧能听到另一侧的声音．就是声波绕射的结果。一般声波的波长较长在其传播过程中，极易发生衍射现象，而超声波长波较短，就不易发生衍射现象。如果声波的频率比较低、波长较长而障碍物的尺寸又比波长 λ 小得多，这时声波能绕过障碍物，并在障碍物后面继续传播。当障碍物的尺寸小于 $\lambda\sim5\lambda$ 时，声波将发生绕射现象；当物体的尺寸相当于 $5\lambda\sim10\lambda$ 时，

声波仍有一些绕射，但只限于局部范围；如物体的尺寸接近 30λ 时，声波几乎完全被遮挡，障碍物后面会形成一无声区，声波的衍射现象如图 11-2 所示。

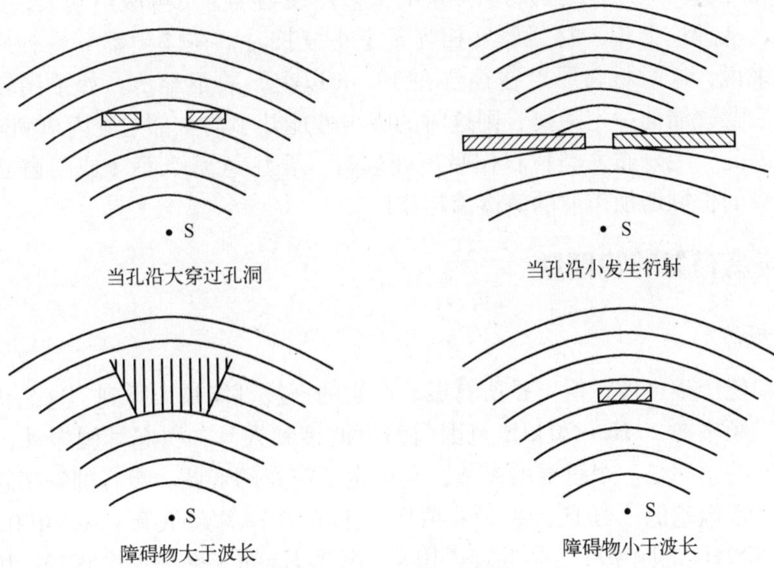

图 11-2　声波的衍射现象

3. 声波的折射

声波在传播途中遇到不同介质的分界面时，除了发生反射外，还会发生折射，传播方向将改变，如图 11-1a 所示，入射角 θ_1 与折射角 θ_2 的关系如下：

$$\frac{\sin\theta_1}{\sin\theta_2}=\frac{c_1}{c_2} \tag{11-1}$$

式中，c_1、c_2 分别表示两种介质的声速。

由上式可见，当 $c_1>c_2$ 时，$\theta_1>\theta_2$；当 $c_1<c_2$ 时，$\theta_1<\theta_2$ 即声波从声速大的媒质折射入声速小的媒质中时，声波传播方向折向分界面的法线；反之，声波从声速小的媒质折射入声速大的媒质中时，声波传播方向折离分界面的法线。因此，声波的折射是由声速决定的，即使在同一媒质中如果存在着速度梯度（声速变化），同样会产生折射。例如，大气中白天地面温度较高，因而声速较大，声速随地面的高度而降低，因而声传播方向向上弯曲。反之，晚上地面温度较低，因而声速较小，声速随地面的高度而增加，声传播方向就向下弯曲。这种现象可用来解释为什么声音在晚上要比白天传播得远些。此外，风速也会影响声音传播的方向，有风时实际声速是平均声速与风速的矢量相加。因此，当声波顺风传播时声传播方向向下弯曲，逆风时声传播方向则向上弯曲并产生声影区，这一现象可解释从声源逆风传播的声音常常是难以听到的。

4. 声波的透射与吸收

当声波入射到墙壁等物体时，声波一部分被反射，一部分透过物体，还有一部分由于物体的振动或声音在物体内部传播时介质的摩擦或热传导而被损耗，这通常称为材料的吸收。材料的吸收能力除了与材料本身性质有关外，还与声波的频率、入射方向等有关。一般来说，坚实光滑的地面和墙面吸声能力很小，而多孔性（通气）的材料则是常用的高效吸声材料。

通常，多孔性材料吸声能力与材料厚度有关。厚度增加，低频吸声增大；但材料厚度对高频影响较小，从理论上说，材料厚度相当于1/4 波长时，在该频率下具有最大的吸声效果。但对低频来说，这时材料厚度往往要在10 cm 以上，故不经济。如果用较薄的多孔材料，使它离开后背硬墙面一定距离，则这时的吸声性能几乎与全部空腔内填满同类吸声材料的效果一样。因此，用幕布之类材料作吸声处理时，要注意离墙面（或门窗面）有适当距离，并利用较深的折裥增加声波的摩擦消耗作用。

11.1.2 与声音有关的物理量

1. 声音的频率

声源的振动能产生声波，但不是所有振动产生的声波都能被人听到，这是由人耳特性所决定的。只有当频率在20 Hz ~20 kHz 范围内的声波传到人耳，引起耳膜振动，才能产生声音的感觉。声音的频率是一个重要的参数，它决定了声音的音调。声音的频率越高，音调越高；频率越低，音调越低。习惯上将20 ~40 Hz 之间的频率称超低音，50 ~100 Hz 的频率称为低音，200 ~500 Hz 的频率称为中低音，1000 ~5000 Hz 的频率称为中高音，10000 ~20000 Hz 的频率称为高音。

2. 声压

在声波传播的过程中，大气因振动而形成的空气时疏时密的变化，使压强在原来大气压附近变化，相当于在原来大气压强上叠加了一个变化的压强，这个叠加上去的压强就叫做声压，声压的单位为P_a。通过声压的测量也可以间接求得质点速度等其他物理量，所以声学中常用这个物理量来描述声波。在实际应用中也常用瞬时声压、峰值声压和有效声压来描写声波的特性，瞬时声压是瞬时总压强与大气压之差；峰值声压为某一时间间隔内的最大瞬时声压，有效声压是指一段时间内瞬时声压的均方根值。

声压的范围很宽，人耳可听见的声音声压相差一百万倍，由于数值太大，所以用仪器测量和计算声压的绝对值都很不方便，而实验也表明，人耳的听觉特性是呈指数特性的。因此，可以采用对数计量划分声音强弱的等级，即按每增加十倍（一个数量级）作为一级。在实际应用中，声压常以声压级来表示：

$$声压级\ L_{P} = 20\lg \frac{P}{P_0}(\mathrm{dB}) \tag{11-2}$$

式中 P——声压（Pa）；

P_0——参考基准压，$P_0 = 0.00002$ Pa。

所以，人耳在1 kHz 时可感知声压级的范围即为0 dB（可闻阈）~120 dB 声压级（痛阈）。

3. 声功率

声波是声音的能量传播形式，当然具有一定的能量。因此人们也常用能量的大小来衡量声音的强弱，声音的能量可以用声功率表示。声源在单位时间内向外辐射的总声能称为声功率，单位为瓦（W）。

声功率也可以声功率级表示，单位为 dB，选定一个统一的声功率作为参考值，则声功率级表示为

$$声功率级\ L_W = 10\lg\frac{W}{W_0}\text{dB} \tag{11-3}$$

式中　W——声功率（W）；

W_0——参考基准声功率，$W_0 = 10^{-12}$ W。

4. 声强

声强也是衡量声波在传播过程中声音强弱的物理量。声场中某点的声强，是指在单位时间内，通过垂直于声波传播方向的单位面积的平均声功率，单位为 W/m^2。

如果声源均匀地向它的周围辐射能量，就称为球面辐射。在距声源为 r 处的球面（球面积 $S = 4\pi r^2$）上的声强为

$$声强\ I = \frac{W}{4\pi r^2}\quad （单位\ \text{W/m}^2） \tag{11-4}$$

声强也可用声强级来表示，其定义为

$$声强级\ L_I = 10\lg\frac{I}{I_0}\text{dB} \tag{11-5}$$

式中　I——声强（W/m^2）；

I_0——参考基准声强，$I_0 = 10^{-12}\ \text{W/m}^2$。

5. 声强、声功率和声压的关系

直接测量声功率和声强是困难的，一般是通过测量声场中的声压，再将声压转换成声功率和声强。

（1）声强与声压的关系

$$I = \frac{P^2}{\rho_0 C_0} \tag{11-6}$$

式中　I——声强（W/m^2）；

P——声压（Pa）；

ρ_0——空气静态密度（kg/m^3）；

c_0——声速（m/s）。

即声强与声压的平方成正比，$I \propto P^2$。

（2）声压与声功率的关系

因为，声强 $I = \frac{W}{4\pi r^2}$，而 $I \propto P^2$，所以 $P^2 \propto \frac{W}{4\pi r^2}$。

声压的平方与声功率成正比，可见声功率越大，声压越大。或 $P \propto \frac{I}{r}$ 这表明声压与声源的距离成反比，即离声源越远，声压越小。

声强与声压都用于量度声场中声音的大小，二者的区别就在于声强表示能量关系，声压是压强的关系。直接测量声压比较方便，实际上用声压而不用声强；而说明声音能量概念就只能用声强。

当几个声压级同时出现在一点上，此点的总声压级不是几个声压级的算术和，而是要用

能量的叠加方法计算。设 I_1、I_2、…、I_n 分别表示 n 个声音在某一点的声强，则总声强 $I = I_1 + I_2 + \cdots + I_n$。

因为

$$I = \frac{P^2}{\rho_0 c_0}、I_1 = \frac{P_1^2}{\rho_0 c_0}、I_2 = \frac{P_2^2}{\rho_0 c_0}、\cdots、I_n = \frac{P_n^2}{\rho_0 c_0}$$

所以，此点的总声压

$$P^2 = P_1^2 + P_2^2 + \cdots + P_n^2$$

或

$$P = \sqrt{P_1^2 + P_2^2 + \cdots + P_n^2}$$

于是总声压级

$$\begin{aligned} L_P &= 20\lg \sqrt{\frac{P_1^2 + P_2^2 + \cdots + P_n^2}{P_0}} \\ &= 10\lg \frac{P_1^2 + P_2^2 + \cdots + P_n^2}{P_0^2} \end{aligned} \tag{11-7}$$

11.1.3 人耳听觉特征

听觉是人们对声音的主观反应。人们对声音通常用所谓声音三要素来描述。这三要素就是声音的响度、音调和音色。由于声音三要素是人们的主观感觉，所以它不但与声音的振幅、频率、频谱等客观物理量有关，还与人耳的听觉特性及心理因素有关。

1. 响度

通常，人们用响不响来描述声音的强弱。响度固然与声强（或音量）有关，但它和声强的概念是不同的。声强是一个客观物理量，它表示声波在单位时间内通过单位面积的声能量，而响度却是人耳对声音强度的主观感觉。人耳对声音响度的感觉不仅与声强大小有关，还要受到频率的影响，人耳的听觉感受随频率的变化而变化。同样，声压强度因频率的不同，人耳感到的响度也不同，全面描绘响度和频率关系的曲线称为等响曲线，如图 11-3 所示。

响度级的单位用 PHON 表示。等响曲线是以 1 kHz 的纯音刚刚能听到声音响度定为 0 dB，即“基准响度级”。声强超过听阈后，随着声强的逐渐增加，主观上产生了由弱到强的程度不同的响度感觉，直到 120 dB 时声音已达到震耳欲聋的程度，人们将人耳能容忍的最大声压级称为痛阈。

等响曲线反映出人耳响度听觉的一些特性：

1）响度主要取决于声强。提高声强，响度级也相应增加。但是声音的响度不唯一地取决于声强，它也受频率的影响。在同一条等响曲线上的不同频率、不同声压级的纯音信号，给人的响度感觉是一样的。如图 11-3 所示，50 dB 的 100 Hz 纯音和 40 dB 的 1 kHz 等响，因为两者在同一条等响曲线上。

2）1 ~ 5 kHz 的频率范围内，人耳的听觉灵敏度最高、最敏感的是 3 kHz 左右，这对语言可懂度和音乐欣赏很重要，这是由外耳道的共鸣引起的。1 kHz 以下 5 kHz 以上，人耳听觉灵敏度将会下降很多，尤其在低频段下降得更厉害，要使其达到等响程度，必须在两端尤

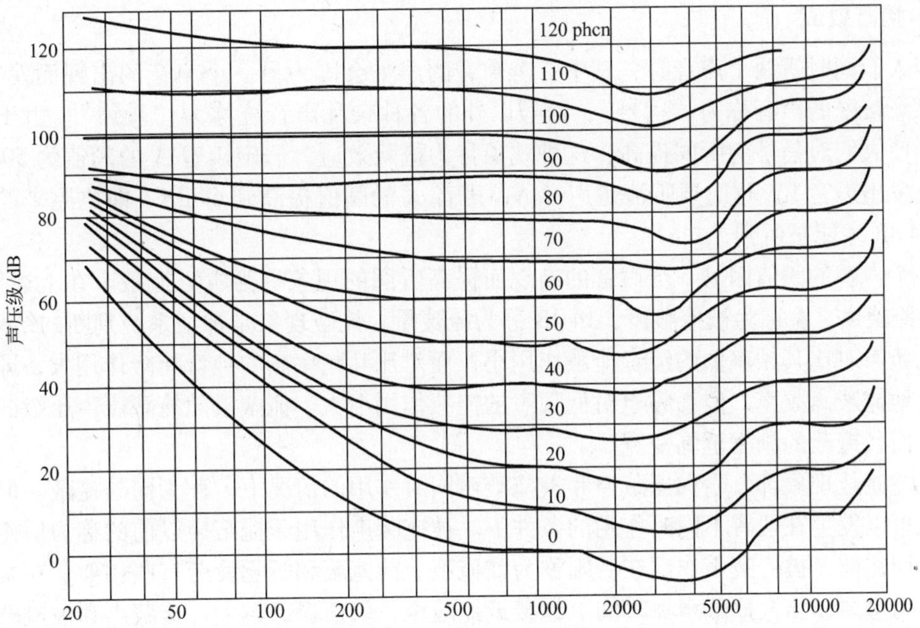

图 11-3　纯音标准等响曲线

其在低频段加大声功率。声音的响度还与声音持续时间有关，当声音持续时间缩短时，人耳会感到响度下降。它说明人耳具有在一定时间内对声能进行积分的性能，人耳会感到响度下降，这主要是由听觉神经特性决定的。

3）等响曲线上可以看到响度越高，曲线越趋于平缓，即响度越小，受频率的影响越大，响度越大，受频率的影响越小。

2. 音调

声音的高低叫做音调，频率决定音调。物体振动得快，发出声音的音调就高，振动得慢，发出声音的音调就低。根据音调可以把声音排列成为由低到高的序列。音调高低主要依赖于声音的频率，但也与声压级及波形有关。

对音调可以进行定量的判断。音调的单位称为美（mel）：取频率为 1000 Hz、声压级为 60 dB 的纯音的音调作标准，称为 1000 mel，另一些纯音，听起来调子高一倍的称为 2000 mel，调子低一半的称为 500 mel，依次类推，可建立起整个可听频率内的音调标度。

3. 音色

人耳不但对响度、音调有较强的辨别能力，而且还能判断声音的音色。音色主要由声音的波形或它的频谱结构决定。一个非正弦波的波形可以分解为许多个正弦波成分的综合，即频谱。音色除了与频谱有关，也受基频和强度的微小影响。音色难以定量表示，通常以谐波结构的数目、强度、分布和它们之间的相位关系来描述。两个不同的乐器发出相同的响度和音调时，人耳能清楚地辨出它们之间不同的音色特征。语言和音乐都是复合波，人耳不能把各种频率成分分辨成不同的声音，也不能把各种频率成分分辨成不同的声音，只不过是根据声音的各个频率成分的分布特点得到一个综合印象，这就是音色的感觉。

4. 掩蔽效应

当人们同时听两个声音时，其中一个声音的感受会因为另一个声音的出现而发生改变。人们愿意接受的声音称为“信号”，信号以外的各种杂乱声音统称为“噪声”。由于噪声的干扰，使人们对信号的听阈提高，这种现象称为掩蔽效应。假定声音 A 的阈值为 50 dB，若同时又发出声音 B，这时要听清楚声音 A，声音 A 的阈值提高到 64 dB，即比原来的阈值要提高 14 dB 才能被听到。

一个声音的阈值因另一个声音的出现而提高听阈的现象称为听觉掩蔽。在上述例子中，B 称为掩蔽声，A 称为被掩蔽声，14 dB 称为掩蔽量。掩蔽现象是神经系统判断的结果。

掩蔽声对比其频率低的纯音掩蔽作用小，而对比其频率高的纯音掩蔽作用大，即低频声能有效地掩蔽高频声，但高频声对低频声的掩蔽作用不大。掩蔽量随掩蔽声声压级的增加而提高，而且掩蔽的频率范围变宽。

上述掩蔽现象都发生在掩蔽声和被掩蔽声同时作用的情况下，称为同时掩蔽。但是掩蔽效应也可以发生在两者不同时作用的条件下。被掩蔽声作用于掩蔽声以前的称为后掩蔽。掩蔽声作用在前，被掩蔽声作用在后则称为前掩蔽。前掩蔽和听觉疲劳有些相似。在实践中后掩蔽更为重要，当被掩蔽声在时间上越接近掩蔽声，阈值提高越大。掩蔽声和被掩蔽声时间上相距很近时，后掩蔽作用大于前掩蔽作用。掩蔽声强度增加，并不产生掩蔽量相应增加。例如，掩蔽声增加 10 dB，掩蔽阈只提高 3 dB，这和同时掩蔽的效果不同。在室内听声音时存在着混响声的掩蔽作用。

5. 混响声

于 50 ms 以后络绎不绝陆续到达的反射声使得声音在室内的传播产生延续，这就是所谓的混响声。混响声对后到的直射声会产生掩蔽，即为无效反射声，从而降低了音节的清晰度，它恶化了语言的听闻条件，但它在听觉上可造成一种“余音不绝”的感觉，从而使得音乐更加浑厚悦耳，即增加了“丰满度”。

从声源停止发声，声压级自发声的原始值衰减 60 dB 所需的时间叫混响时间 T_{60}。混响时间 T_{60} 可以利用赛宾公式进行计算：

$$T_{60}=\frac{0.161V}{A}\qquad(\text{单位:s})\tag{11-8}$$

式中 V——房间容积（剧院不计算舞台容积，音乐厅则包括舞台容积）（m^3）；

A——室内吸声总量（m^3/s）。

吸声总量 A 是室内总表面积 S 与其平均吸声系数 $\bar{a}$ 的乘积，即

$$A=S\,\bar{a}\qquad(\text{单位:}m^3/s)\tag{11-9}$$

而室内各个表面积的平均吸声系数 $\bar{a}$ 为

$$\bar{a}=\frac{a_1S_1+a_2S_2+\dots\dots+a_nS_n}{S_1+S_2+\dots\dots+S_n}\qquad(\text{单位:m/s})\tag{11-10}$$

式中 S_n——第 n 种材料面的总面积（m^2）；

A_n——第 n 种材料面的吸声系数（m/s）。

11.1.4 音质的评价标准

使用电声系统放声的最终目的是让人们听清楚语音广播和欣赏各种音响。因此人耳听觉

对电声系统播放声音的主观响应就是评价电声系统音质的主要依据。音质评价是一个十分复杂的问题。由人发出来的声音、由乐器发出来的声音、由电声设备重放出来的声音，都可以对其音质进行描述，但都很难作出是"好"或是"坏"的简单评定。事实上，对于同一个声音，不同的人听起来，其评价是不同的；即使是同一个人，在不同的时间、不同的场合、不同的心境下，其评价也会是不同的。因此音质评价有主观音质评价和客观音质评价两类。客观音质评价主要取决于建筑声学和电声学所造成的声学条件，一般是通过使用各种测量仪器对重放声音的一些参数（例如声压级、声场均匀度、传声增益、频率响应特性、功率储备、信噪比、清晰度等）进行测量，给出是否符合要求的结论。主观音质评价是组织一批对音质有一定判断经验的人，对重放声音给出一定评语，以确定音质大致达到什么水平。主观评价是一种依据人对声音的听感表达方法，主观性极强，表现个人音质主观感受。在 GB/T 16463—1996《广播节目声音质量主观评价方法和技术指标要求》中给出了主观音质评价中的评价术语。

- 清晰：声音层次分明，有清澈见底之感，语言可懂度高，反之则模糊、混浊。
- 丰满：声音融会贯通，响度适宜，听感温暖、厚实，具有弹性，反之则粗糙。
- 圆润：优美动听，饱满而有润泽，不尖噪，反之则粗糙。
- 明亮：高、中音充分，听感明朗、活跃，反之则灰暗。
- 柔和：声音温和，不尖、不破，听感舒服、悦耳，反之则尖、硬。
- 真实：保持原有声音的音色特点。
- 平衡：节目各声部比例协调，高、中、低音搭配得当。
- 立体效果：声像分布连续，构图合理，声像定位明确，不漂移，宽度感、纵深感适度，空间感真实、活跃、得体。

11.2　有线广播系统简介

11.2.1　有线广播系统的组成

有线广播系统按其用途又可分为语言扩声系统和音乐扩声系统两大类。

语言扩声系统主要用来播放语音信息。该系统多用在人口聚集、流动量大、播送范围广的场合。如火车站、候机大厅、大型商场、码头、宾馆、学校等。该系统的特点是传播距离远、带的扬声器多、覆盖范围大、对音质要求不高。语言扩声系统主要用于公共广播系统、紧急广播系统、背景音乐系统和客房音响系统等。一般情况下紧急广播与公共广播系统集成在一起，平时播放背景音乐或其他节目，需要时用于紧急广播。

音乐扩声系统主要用来播放背景音乐，对声压级、传声增益、频响特性、声场不均匀度、噪声、失真度和音响效果等方面比语言扩声系统具有更高的要求。一般采用双声道立体声、多声道和环绕立体声系统。音乐扩声系统大多采用调音台作为控制中心，多用于音乐厅、歌厅、多功能厅、剧场等场合。

有线广播系统由于应用范围不同，因而规格大小不一，一般都由声源设备、信号放大和处理设备、传输线路和扬声器系统四大部分组成。图 11-4 是一个典型的有线广播系统组成框图。

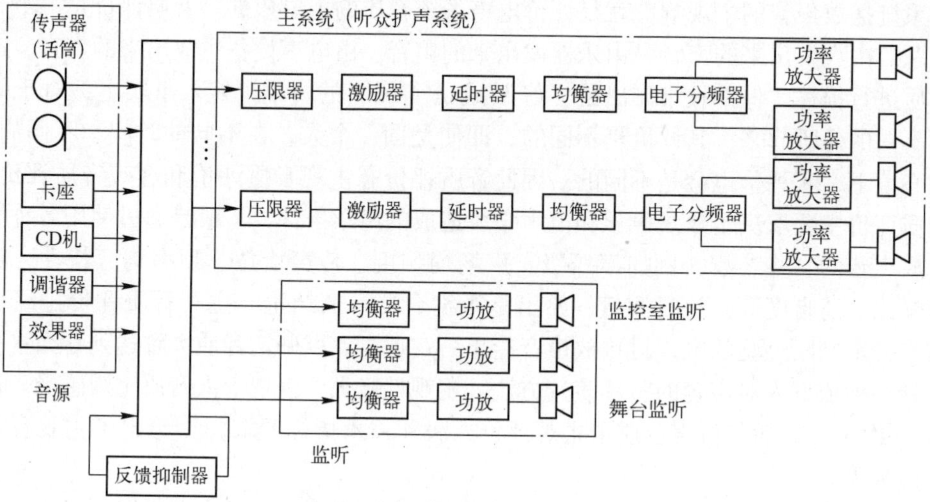

图 11-4　典型有线广播系统框图

声源设备是把声音信号转换成广播系统能处理的电信号，主要包括传声器、录音卡座、激光唱机等节目源设备；声频信号处理设备起美化音色、减少失真和噪声的作用，主要包括调音台、前置放大器及音响加工设备等。调音台是将多路输入信号进行放大、混合、分配、音质修饰和音响效果加工的信号处理设备，主要包括前置放大、混合、编组、均衡（一般为每路均衡）、调音和监听等；传输线路一般采用低阻、大电流的直接馈送方式，传输线要求用专用音频信号线，而对公共广播系统，由于服务区域广，距离长，为了减少传输线路引起的损耗，往往采用高压传输方式，由于传输电流小，故对传输线要求不高；扬声系统是进行声音还原的，其质量直接影响系统的效果，主要包括扬声器、分频器和音箱。扬声器是将功率放大器送来的电信号还原成声信号的设备，是一种典型的电－声转换系统，扬声器分为电动式、静电式、电磁式、电压式、气流调节式和离子式等多种。

11.2.2　主要技术指标

有线广播系统最终是给人听的，因而衡量一个扩声系统的质量应该从“听得到”和“听得好”两方面考虑。实现前者的技术指标主要有最大声压级、传声增益和声场不均匀度；实现后者的技术指标主要有传输频率特性、失真、总噪声和语言清晰度等。

1. 最大声压级 L_{pmax}

足够的响度是保证听闻的必要条件，电声设计应根据听音场合的功能，保证最大声压级所需的声功率。最大声压级是指厅堂内空场稳态时的最大压级，单位为 dB。不同的场所所需要的最大声压级不同如表 11-1 所示，一般要求 80～110 dB。

表 11-1　重放声压级和平均噪声水平

建筑物用途	最大重放声压/dB	场所噪声平均值/dB
播音、录音、电视播送室		30～35
旅馆客房	80～85	40～50

（续）

建筑物用途	最大重放声压/dB	场所噪声平均值/dB
教室	80 ~ 85	40 ~ 50
办公室	80 ~ 85	40 ~ 50
走廊、前厅	80 ~ 85	50
体育场	90	60 ~ 75
大型会场（堂）	85	60
中小型会场（堂）	85	50
剧院、音乐厅	90	40 ~ 50
舞厅	90 ~ 105	67 ~ 75
电影院	85 ~ 90	40 ~ 50

2. 传声增益 G

传声增益 G 是指扩声系统达到最高可用增益时，厅堂内各测点处稳态声压级平均值与扩声系统传声器处声压级的差值。所谓最高可用增益是指扩声系统中由于扬声器输出的声能的一部分反馈到传声器而引起啸叫（反馈自激）的临界状态的增益减去 6 dB 的值。传声增益一般为负值，差值越小，指标越好，通常扩声系统的传声增益最高只能做到 -2 dB 左右，在要求不太高的情况下，一般只要大于 -10 dB 就可以了。

例如：在扩声系统达到最高可用增益时，声音信号在传声器处的声压级为 80 dB，在扬声器声场中各点的稳态声压级平均值为 75 dB，则系统的传声增益为

$$G = 75\ \text{dB} - 80\ \text{dB} = -5\ \text{dB}$$

一般情况下，传声增益 G 的值在 -4 ~ -10 dB 之间，当使用传声器数量 N 增加时，系统的传声增益将按 $10\lg N$ 规律降低，如增加第二个传声器时，需降低增益 3 dB，才能保证系统的稳定性。

3. 声场不均匀度

声场不均匀度是指有扩声时，厅堂内各测点得到的稳态声压级的极大值和极小值的差值，以 dB 表示，一般要求不大于 10 dB。

建筑设计应该使得听音场所在不使用电声手段时就能获得比较均匀的声场分布，特别要消除回声、声影区等建筑声学缺陷。电声设计应根据声场的空间和平面，正确布置扬声设备；安装时，应利用各种不同型号的扬声设备的不同指向特性，并控制扬声设备的位置、悬点、俯角和它们的功率分配来组织声场，尽量使声场均匀。

4. 传输频率特性

传输频率特性是指厅堂内各测试点处稳态声压的平均值相对扩声系统传声器处声压或扩声设备输入端电压的幅频响应。系统传输频率特性直接涉及扩声系统的还音音质和声音清晰度，是一项重要的声学特性指标。

5. 总噪声

总噪声是指扩声系统达到最高可用增益，但无有用声信号输入时，厅内各测点处噪声声

压的平均值，一般要求为 35 ~ 50 dB。

噪声的来源主要是环境噪声和电噪声。环境噪声可能来自于音场附近的交通车辆声和机械运转声，乃至场内外的诸如空调机等设备的运转声和各种人为噪声。电噪声可能来自设备噪声和串扰、低频交流噪声、扩音机的本底噪声、有线广播的外界线路噪声串人和晶闸管的调压噪声干扰等。因此，降低噪声要从建筑设计中考虑吸声减噪、隔音防震，设置声锁等措施；在各种设备的选用时应选择低噪声产品或采取消音减噪的手段。

6. 系统失真

扩声系统失真是指扩声系统由输入声信号到输出声信号全过程中产生的非线性畸变。电声系统应有相当的频率响应范围，频响特征要平滑，谐波失真要小。对于语言扩声，频率范围应在 200 ~ 7000 Hz；对于音乐扩声，频率范围应为 40 Hz ~ 15 kHz；背景音乐广播系统，其频率范围可稍窄一些。一般要求电声系统非线性失真应小于 5% ~ 10%。

7. 语言清晰度

语言听闻条件的最重要指标是语言的清晰度，特别是诸如教室、会议室等语言听音场所，清晰度更是首要的评判指标。语言清晰度是指对扩声系统播出的语言能听清的程度。定义为

$$语言清晰度 = \frac{听众正确听到的单音节数}{测定用的全部单音字数} \times 100\%$$

语言清晰度大于 85% 为良好，小于 60% 就表明听众费力难懂。所以，对于以语言为主的听音场所，一般要求语言清晰度大于 80%。

11.3 有线广播系统主要设备

11.3.1 传声器

传声器也叫话筒、“麦克风”（MIC），它是一种把声音转变为相应电信号的设备。

1. 传声器类型

传声器是广播、音响系统最前端关键设备，是声 - 电转换的换能器。如果对传声器选配不当或使用不当，将直接影响声音质量和广播效果。从换能原理和结构上，传声器可分为动圈式、电容式、铝带式、驻极体式等。从结构和使用方式又分为坐式、立式、防风式、无线式等。从接收声音方向、灵敏性上，又分为心状线指向性、全方位指向性、8 字指向性等。

（1）动圈传声器

动圈传声器历史悠久，是使用最广泛的一种传声器。它是利用电磁感应原理将声音转变为电能的设备。它具有结构简单、坚固耐用、噪声低、频响好、使用方便、寿命长和价格较便宜等优点，是最常用的传声器；缺点是转换效率、输出电压较低。动圈传声器适宜用于较高质量的录音和扩音。

（2）电容传声器

电容传声器实质是一个电极位置可动的电容器。工作时，可动电极随声波而振动，这就引起电容器容量变化，进而引起流过电容器的电流按声波波形变化，从而实现声 - 电转换。

从质量来看，电容传声器是电声特性最好的一种高效传声器。其特点是：频带宽、灵敏度高、失真小、瞬态响应好，并且有良好的稳定性；电容传声器的缺点是需要极化电源和前置放大器，这给使用带来麻烦，并且前置放大器的输入阻抗很高，容易产生噪声，易反馈（啸叫），怕潮、怕摔。

（3）带式传声器

带式传声器也是按电磁换能原理工作的。带式传声器是用一条薄的、带有折纹铝带或其他金属带（如钛、铍）作导体，悬挂在一对强磁极之间构成。当金属带受到声波的作用而发生振动时，金属带切割永久磁铁的磁力线而感应电动势输出。

带式传声器由于金属带薄而轻，较低和较高频率的声波都能使它振动，故其频率响应较宽，音质好。但因为薄金属带是很松弛地悬于磁极之间的，抗风能力极差，易坏，它只适于室内使用，故使用不及动圈传声器广泛。

（4）驻极体传声器

某些电介质经高温高电压处理后，能在两表面上分别储存正、负电荷，这种电介质称为驻极体。驻极体传声器的结构与一般电容传声器大致相同，工作原理也相同，只是不需外加极化电压，而是由驻极体膜片或带驻极体薄层的极板表面电位来代替，一种是用驻体高分子薄膜材料做振膜（振模式），此时振膜同时担负着声波接收和极化电压双重任务；另一种是用驻极材料做后极板（背极式），这时它仅起着极化电压的作用。由于这种传声器不需要极化电压，简化了结构。另外由于其电声特性良好，所以在录音、扩声和户外噪声测量中已逐渐取代外加极化电压的传声器。

驻极体传声器的膜片多采用聚全氟乙丙烯，其湿度性能好，产生的表面电荷多，受湿度影响小。由于这种传声器也是电容式结构，信号内阻很大，为了将声音产生的电压信号引出来并加以放大，其输出端也必须使用场效应晶体管。

（5）无线传声器

无线传声器是用超高频（VHF 和 UHF）载波无线传送声音信号的驻极体电容传声器。它包括两部分：包含驻极体传声器和发射单元在内的手持式无线传声器和公开安装的接收机。

无线传声器有单接收和双接收、单通道和双通道、手持式和领夹式之分。无线传声器无须传声器线连线，使用灵活方便，特别适合于活动范围大的场合，它可传送的无障碍距离从几十米到几百米。无线传声器具有体积小、灵敏度高、频带宽、接收稳定（无哑点和信号失落现象很少）等特点。常见传声器实物图如图 11–5 所示。

普通传声器　　录音传声器　　会议传声器　　无线传声器

图 11–5　传声器实物图

2. 传声器的主要技术参数

传声器的主要指标包括灵敏度、频率响应、指向性、等效噪声和输出阻抗等。

（1）灵敏度

灵敏度表示传声器的声 - 电转换效率。它规定在自由声场中，传声器在频率为 1 kHz 的恒定声压下与声源正向（即声入射角为 0°）时所测得的开路输出电压。习惯上用传声器膜片在 0.1 Pa 声压作用下在输出阻抗上产生的电动势表示，其单位为 mV/Pa，有时以分贝表示，并规定 1 V/Pa 为 0 dB。由于传声器灵敏度为 mV 级，所以其灵敏度级的 dB 值为负值。一般动圈传声器的灵敏度约为 0.7 ~ 2 mV/Pa，带式传声器的灵敏度约为 0.5 ~ 2 mV/Pa，电容式传声器的灵敏度 >5 mV/Pa，驻极体电容传声器的灵敏度约为 30 mV/Pa。

（2）频率响应

频率响应是传声器输出与频率的关系。它是指传声器在一恒定声压下，对应声源正方向（0°）的不同频率时所测得的输出电压变化值。0°主轴上灵敏度随频率而变化不超过某一规定值（例如不大于 10 dB）所对应的频率范围称频率响应范围。选择传声器要求有合适的频响范围，并且在该范围内的特性曲线应该尽量平滑，以改善音质和抑制声反馈。

（3）指向特性

传声器的指向特性是指在某一指定频率下，当声波以 θ 角入射时，传声器灵敏度与声波轴（0°）入射时灵敏度的比值，可以用指向性图（极坐标形式）或指向性因数表示。指向性因数是无指向性传声器声能响应和指向性传声器声能响应之比，指向性因数取常用对数称为指向性增益。传声器的指向性如图 11-6 所示。

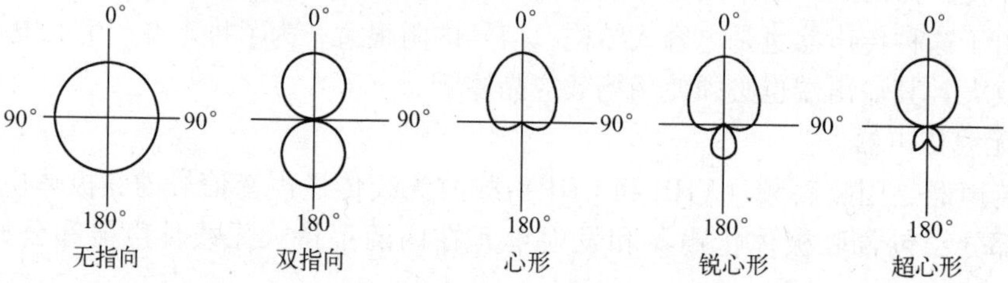

图 11-6　传声器的指向性

其中全向指向性传声器是指 360°范围传声器对接收声能转化效率相同，它适于舞台乐队拾音，能增加层次和深度感；心形单向性传声器对心状线内的声音较为敏感，主要用于语言拾音和歌手演唱；超心形指向性传声器有较强的抑制声场噪声和降低声反馈作用，有利于提高直达声的清晰度，通常用于采访或舞台台口拾音，或加强突出某处拾音。

动圈传声器的指向特性有无指向型、心形等几种；带式传声器的指向特性为 8 字形，电容式传声器的指向持性有无指向型、8 字形、心形和锐心形等几种。

（4）输出阻抗

输出端测得的交流内阻就是传声器的输出阻抗。通常在频率为 1 kHz，声压约为 1 Pa 时测得。传声器输出阻抗有低阻抗和高阻抗之分，一般低阻抗的数值常为 50 Ω、150 Ω、200 Ω、250 Ω、600 Ω；高阻抗的数值常为 10 kΩ、30 kΩ、50 kΩ 几种。

在使用传声器时要注意必须使用音频传输屏蔽线，并且要求有良好的接地。高阻抗传声器的传输屏蔽线不宜超过 10 m，否则由于高输出阻抗传声器的空载灵敏度较高，容易出现感应交流声等干扰；低阻抗传声器的音频传输线也不宜超过 30 m，由于屏蔽线存在微小线间分布电容，过长的屏蔽线会影响传声器的高频频率响应。由于低阻传声器不易引入干扰电压，且易与固体放大器输入级匹配，因而目前舞台演出等专业用高质量传声器基本上都采用低阻抗传声器。只有在语音扩音时才较多使用高阻传声器。

（5）传声器的最高声压级和动态范围

在过强声压作用下，传声器会产生非线性失真，当失真达到某一允许值时的声压级为最高声压级。传声器所能接收声音的强弱，上限受非线性失真的限制，下限受噪声限制。因此，传声器工作的动态范围等于最高声压级减去等效噪声级。

动态范围小会引起传输声音失真，音质变坏，因此要求传声器有足够大的动态范围。高保真传声器的最大声压级在谐波失真≤0.5%时，要求≥120 dB。若等效噪声级为 22 dB，则动态范围为 98 dB。

（6）等效噪声级

在没有声波作用于传声器时，由于周围空气压力的起伏和传声器电路的热噪声影响，传声器会有微小的噪声电压输出，称为固有噪声。传声器等效噪声是使传声器产生与固有噪声声压级相等的输出声压所对应作用于传声器的信号的声压级。它的大小直接限制了传声器能接收有用声信号的最低声压级。

（7）传声器的工作电压

动圈式传声器不需外加工作电压，电容式传声器需外加 12 ~ 48 V 直流工作电压，驻极体电容式传声器需外加 1.5 ~ 9 V 直流工作电压。

11.3.2　扬声器

扬声器又称喇叭，它的作用与传声器相反，是一种把电信号转变为声音信号并向空间辐射声波的电声器件。扬声器的性能优劣对音质的影响很大。扬声器在音响设备中是一个最薄弱的器件，而对于音响效果而言，它又是一个最重要的部件。一般扬声器是由：磁铁、框架、定心支片、模折环锥型纸盆组成的。

1. 扬声器种类

扬声器的种类繁多，根据驱动方式（技能方式）、辐射方法、振膜形状、结构、用途、重放频带等来分，可有多种分类方法。按频率范围可分为低频扬声器、中频扬声器、高频扬声器；按声辐射材料分为纸盆式、号筒式、膜片式；按纸盆形状分为圆形、椭圆形、双纸盆和橡皮折环；按工作频率分为低音、中音、高音，有的还分成录音机专用、电视机专用、普通和高保真扬声器等；按音圈阻抗分为低阻抗和高阻抗；按效果分为直辐和环境声等。按换能原理和结构分为动圈式（电动式）、电容式（静电式）、压电式（晶体或陶瓷）、电磁式（压簧式）、电离子式和气动式扬声器等。其中电动式扬声器具有电声性能好、结构牢固、成本低等优点，应用广泛。

（1）电动式扬声器

在电动式扬声器的中心有一个由垫圈架在一个恒定强磁场中的音圈，当音圈中有代表声音的信号电流通过时，音圈会受到强磁场的电动力的作用，从而使音圈做相应的振动。

电动式扬声器可分为纸盆扬声器和号筒扬声器。常用的纸盆扬声器的口径尺寸为 $\phi40$ ~

400 mm，频响宽，音质好，标称功率一般为 0.05 ~ 20 W，但纸盆扬声器发声效率低，约在 0.5% ~ 2% 左右，一般适用于室内的高音质放音；号筒高音扬声器的特点是频率高而频带窄（通常在几百赫至十几千赫）其振动辐射面做成号筒形，以控制其指向性。号筒扬声器的发声效率可达 10% ~ 40% 左右，工作频率较窄，低频端频率失真大。其中折叠号筒扬声器高频响应差，它有适合露天安装的外壳，适用于要求不高的语言扩声及室外扩声；而高频号筒扬声器的高频响好，但不适合于 800 Hz 以下的低频声音，输入低频信号时，将因振幅过大而损坏扬声器，因此高频号筒扬声器不能单独使用，必须通过分频器才能与低频扬声器联用。

（2）静电扬声器

静电扬声器是根据静电场产生机械力的原理做成，它由一个固定电极和一个可动电极形成电容器。为了产生一恒定的静电场，在两个电极间需加一个固定的直流电压（即极化电压）。当声频电压加到两个电极上时，极板间所产生的交变电场与固定静电场相互作用，使电极之间的距离变化并有一个与声频电压相应的交变力，可动电极随着交变电流产生振动而辐射声波。可动电极通常是在塑料膜片上喷镀一层导电金属制成。这种扬声器的高频响应可达 20 kHz，并具有良好的瞬态响应，可以用作高音扬声器。

（3）平膜扬声器

全驱动式平膜扬声器的结构较新，其音圈不用骨架，而是在膜片上蒸发一层铝膜，用光刻方法做成印刷音圈，直接与膜片形成一个整体。这种振膜重量轻、尺寸小，振膜同相位驱动，在高频可获得平滑响应并展宽至 40 kHz 以上。

（4）磁流体扬声器

磁流体是由一种四氧化三铁和二元酸脂油状合成物研磨成极细的微粒组成的油墨状液体。由于微粒非常小，其直径只有 1000 nm，液体分子的不规则运动就可以使它们保持悬浮状态。把这种粘稠性流体注入放置电动扬声器音圈的磁隙中，当纸盆和音圈来回运动时，磁流体就会与音圈一起运动。

由于在扬声器的磁隙中加入了磁流体，使磁流体扬声器具有了以下特点：由于磁流体黏在磁隙中，可使音圈自动定位于磁隙中心；磁流体能把音圈的热量传给周围金属而加速散热，从而提高了扬声器的功率容量；如果磁流体的黏度合适，可以起阻尼作用，使某些频率的有害共振减弱，减少了重发声音的失真；磁流体可以减少音圈高频振动时有害的弯曲变形，使重发声音更纯。

（5）RES 扬声器

RES 扬声器由一个或几个扬声器驱动单元策动一个长方形的聚合物薄膜，使之振动发声。RES 扬声器由成千上万个紧密压缩的聚苯乙烯球构成，由计算机辅助设计的膜片具有独特的轮廓，膜片的不同部分在各自特定的频带重放声音，因此一个振膜可以实现全频带、无指向性的声音重放。

（6）功反馈扬声器

将负反馈技术应用到包含放大器和扬声器在内的放声系统中，就可以改进放声系统的放声质量。动反馈是将与扬声器的振动成正比的电压反馈到作为驱动系统的放大器的输入端，从而减小扬声器振动系统的失真，改善放声系统的频率特性。如图 11-7 所示为扬声器实物图。

图 11-7　扬声器实物图

2. 扬声器的技术参数

扬声器是一个电声换能器，其主要特性有灵敏度、额定功率、频率响应、阻抗、指向性、非线性畸变和瞬态畸变等。

（1）灵敏度

扬声器的灵敏度是在其轴线上 1 m 处测出的平均声压，它反映扬声器电－声转换效率，是计算观众厅平均声压级和扬声器功率的重要依据。在同等电功率输入条件下灵敏度高的扬声器发出的声音大。扬声器的灵敏度有特性灵敏度级和平均特性灵敏度两种表示方法，前者最常用且误差较小。

（2）功率

扬声器的功率分为额定功率、最小功率、最大功率和瞬间功率，单位均为 W。额定功率是指扬声器能够连续稳定工作的有效功率，也就是能够长期承受这一数值而无明显失真的输入平均电功率。最小功率是指扬声器能被推动工作的基准电功率值。扬声器最大允许功率，指的是能够使扬声器不损坏在短时间里可承受的最大功率；扬声器的最大瞬时功率，指的是能够使扬声器谐波失真小于某个数值条件下允许输入的电功率。

（3）频率响应

频率特性是指当输入扬声器的信号电压恒定不变时，扬声器有参考轴上的输出声压随输入信号的频率变化而变化的规律。它是一条随频率变化的频率响应（简称频响）曲线，反映了扬声器对不同频率声波的辐射能力。在频响曲线上，不均匀度 15 dB 之间的频响宽度称为有效频率范围，一般低音扬声器的频率范围在 20 Hz～3 kHz 之间，中音扬声器的频率范围在 500 Hz～5 kHz 之间，高音扬声器的频率范围在 2～20 kHz 之间。频率响应是选择高、中、低音扬声器的依据。

（4）阻抗特性

扬声器的阻抗是在输入端测得的交流阻抗，它随输入信号的频率而变，一般指在 400 Hz 时测得的阻抗，扬声器的阻抗随频率变化的特性称阻抗特性。在阻抗频率曲线上，由低频到高频第一个共振峰后的最小值，称为扬声器的额定阻抗，它接近于一个纯电阻。扬声器阻抗是功率放大和扬声器匹配的依据。扬声器的阻抗一般为：4 Ω、8 Ω、16 Ω、25 Ω 等几种。

（5）指向特性

扬声器指向特性表示灵敏度和辐射方向的关系，用指向性系数表达，某一给定频率的指向性系数是：在与扬声器轴向成 θ 角的方向上给定距离处的有效声压与在扬声器轴向上相同距离处的有效声压的比值。指向特性包括指向性图、指向性因数、指向性增益等，是计算电声功率和声场均匀度的主要依据。

(6) 失真度

扬声器的失真主要表现为重放声音与原始声音有差异。它又分为谐波失真、瞬态失真、互调失真和相位失真。谐波失真是由振幅的非线性引起的一种失真，谐波失真的大小通常用谐波声压的有效值与总声压的有效值之比表示。扬声器的标注失真度一般是指额定功率下的最大非线性谐波失真度。

11.3.3 调音台

广播站的声源是多种多样的，即有多路传声器拾取的音频信号，又有CD机或录放机播放的音频信号，这些信号来自不同设备、具有不同输出阻抗、不同频率、不同幅度，要编制一路或数路广播节目必须通过调控设备、对信号进行调控、加工和编组。这一工作由调音台来完成，除了少数简单的系统外，一般在传声器与功率放大器之间均接入调音台，调音台是一个一体化的设备，它内部包括多路（通道）基本相同的电路（每路包含前置混音放大器、频率均衡与滤波器）和输出网络等基本部分。

1. 调音台的功能

(1) 放大

调音台的首要任务是对来自传声器、卡座、电子乐器等声源的大小不等的低电平信号按要求进行放大。在放大过程中还必须对信号进行调整和平衡，所以信号经放大后有可能还要对其适当加以衰减，然后再次放大，最后达到下级设备所需要的电平。一般，调音台内设置的放大器有：前置放大器（输入放大器），节目放大器（混合放大器或中间放大器），线路放大器（输出放大器）。广播系统对调音台放大器的质量要求很高，要求有优良的电声指标（包括频率响应、谐波失真及信噪比等），并要能与不同的节目源（即声源）设备相匹配。

(2) 混合

调音台具有多个输入通道或输入端口，例如连接有线传声器的传声器（MIC）输入、连接有源声源设备的线路（LINE）输入、连接信号处理设备的断点插入（INSERT）和信号返回（RETURN）等。调音台对这些端口的输入信号进行技术上的加工和艺术上的处理后，混合成一路或多路输出。信号混合是调音台最基本的功能。

(3) 分配

调音台通常都具有多个输出通道或输出端口，主要包括：单声道（MONO）输出，立体声（STEREO）主输出，监听（MONITOR）、辅助（AUX）、编组（GROUP）输出等。调音台要将混合后的输入信号按照不同的需求分配给各输出通道，为下级设备提供信号。同时，要求接通或断开某输出通道时，不能影响其他输出通道。

(4) 音量控制

在调音台中，音量控制器一般称做衰减器。现代调音台的衰减器通常采用线性推拉式电位器，俗称推子。

(5) 均衡与滤波

由于放（录）音环境对不同频率成分吸收或反射的量不同，再加上音响元器件或整机设备的电声指标不完善，从而使话筒拾音或扩声系统放音出现“声缺陷”，影响节目的艺术效果；有时，演员或乐器也可能因声部不同而对放（录）音的要求不同。因此，调音台的每一个输入通道都设有均衡器或滤波器，通过调整可以弥补“缺陷”，提高音频信号的质量，以达到频率平衡这一基本要求。

(6) 压缩与限幅

调音台输入声源的信号电平和动态范围各不相同，电声器件也会导致信号的非线性失真。因此，在调音台放大器电路上要采取相应措施，例如在线路放大器上采用扩展、压缩、限幅放大电路等。

(7) 声像定位

调音台各输入、输出通道都有一个用于声像方位（Panorama）选择的电位器，称为声像电位器或全景电位器。用它来调节信号在左、右声道的立体声分配或制造立体声效果，使声源具有立体声方位感。

(8) 监听

在对调音台进行调音的过程中，要经常对声源信号和经过加工处理的音色质量进行监测，为系统调音提供依据。一般在调音台上都设有耳机插孔和相应的音量控制电位器，可以单独监听各路输入信号或输出信号，也可以有选择地监听混合信号。有条件时（如在音控室）还可以通过调音台某输出端口用扬声器系统实施总监听。

(9) 振荡器测试

为了检验音响系统的技术指标及工作状态，有些调音台内部设置了振荡组件作为测试声源，产生音频振荡信号供试机使用。一般调音台提供一个 1 kHz 的声源，高档调音台可提供 10 kHz、1 kHz、100 Hz、50 Hz 四个频率的声源，有些高档调音台甚至可以提供试机用的粉红噪声。

(10) 通信与对讲

调音台上还专门设有一个通信传声器接口，可接入一个动圈式传声器，供音响操作人员与演出单位对讲使用。当开启调音台上的对讲开关时，除接通通信传声器外，同时将其他传声器从节目传送系统转接到通信对讲系统。

以上所述的各种基本功能，并非所有调音台都具备，而是根据调音台的档次不同及使用场合不同而定。例如，用于录音制作和剧院演出的大型专业调音台，其具备的功能较多，结构也较复杂，价格昂贵；而一般娱乐用调音台就相对简单一些。如图 11-8 所示为调音台实物图。

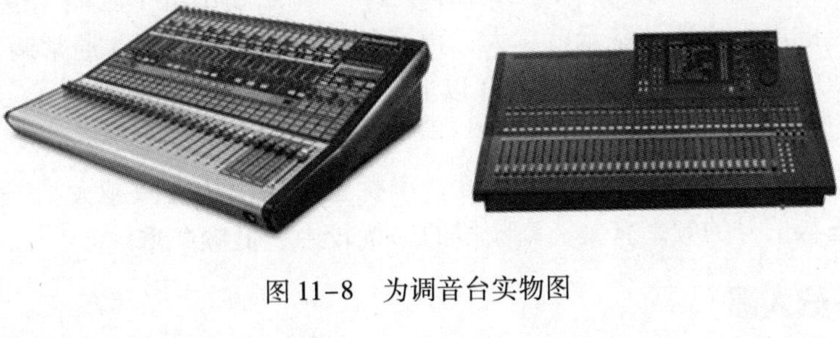

图 11-8 为调音台实物图

2. 调音台的主要技术参数

(1) 增益

调音台通道要有足够的增益，将传声器输出的低电平信号提高到主放大器灵敏度电平，以供主放大器正常工作之用。增益应是可调整的，以满足各种传声器不同灵敏度的要求。调音台的增益应首先考虑最低灵敏度传声器输出的信号以及主放大器的灵敏度电平。例如，考虑最低灵敏度传声器输出信号为 -70 dBV 放大到 -10 ~ 0 dBV，则调音台在传声输入时增益至少应有 60 dBV，较高的可在 80 dBV 以上。通常调音台在正常工作时，应留有 20 dBV 的动态余量。在线路输入时，调音台的增益通常为 0 dBV。

（2）等效输入噪声电平

调音台的噪声是一个很重要的指标，它标志着调音台放大传声器输出微弱信号的能力。调音台噪声的大小，对传声器输入通道的噪声是用等效输入噪声电平表示，即将输出端总的输出噪声电平折算到输入端来衡量。所以，等效输入噪声电平等于输出端总的噪声电平减去调音台增益，并以 dBV（dBmV）表示为 0 dBV = 0.775 V。

由于一般剧场空场时本底噪声的声压级约为 45 ~ 50 dB，这个声压级可使灵敏度较低的动圈传声器（约 0.6 mV/Pa）的输出电平约 -106 ~ -112 dBV，这个电平直接送到调音台输入端，所以调音台的等效输入噪声电平要低于这个电平，考虑到信噪比的要求并留有一定的余量，因此专业调音台的等效输入噪声电平通常应在 -124 ~ -126 dBV 以下。

（3）频率响应

调音台的频响，应能保证不窄于传声器的频响，故一般频率范围为 20 Hz ~ 20 kHz，但也不宜太宽，否则会增加噪声能量，影响音响效果。调音台频率特性的不均匀度，一般在整个工作频率范围内约为 ±1 dB。

（4）非线性谐波失真

调音台的谐波失真通常是指在额定输出电平时，在整个工作频段内的总谐波失真值。由于一般传声器的失真≤0.5%，当然调音台也不应大于此值。专业用调音台的非线性谐波失真一般均小于 0.1%。

（5）动态余量

剧场演出时平均声压级约 85 ~ 95 dB，一般节目的上限声压级约 115 ~ 120 dB，有些大动态的节目在高潮时的声压级可达 120 ~ 125 dB，瞬时值可达 125 ~ 130 dB，但这种情况出现次数很少，且每次出现的持续时间又极短。因此，要求调音台的输入端对最高声压级约 120 ~ 125 dB 的信号不出现限幅失真。对于高灵敏度传声器的输入，可以利用调音台输入衰减器，调整输入电平，保证信噪比不受损失，防止大信号限幅。

调音台的动态余量是指最大的不失真输出电平与额定输出电平之差，以 dB 表示。动态余量越大，节目的电平峰值储备量就越大，声音的自然度也就越好。通常调音台的动态余量至少应有 15 ~ 20 dB，较高档的可在 20 dB 以上。

（6）串扰

调音台的串扰是指相邻通道间的隔离度，串扰越小（串扰衰减越大），通道之间隔离的越好。隔离度还与信号的频率有关。高频段的串扰较中、低频严重。

11.3.4 功率放大器

功率放大器也叫扩音机。扩音机是有线广播系统的重要设备之一。它主要是将各种方式产生的微弱音频信号进行功率放大，以足够的功率推导音箱发声。

1. 功率放大器类型

按照使用元器件的不同，功放又有“胆机”（电子管功放），“石机”（晶体管功放），“IC 功放”（集成电路功放）；按功能不同，可分为前置放大器（又称前级）、功率放大器（又称后级）与合并式放大器。不带信号源选择、音量控制等附属功能的功率放大器称为后级。前置放大器是功放之前的预放大和控制部分，用于增强信号的电压幅度，提供输入信号选择，音调调整和音量控制等功能。将前置放大和功率放大两部分安装在同一个机箱内的放大器称为合并式放大器，前置放大器也称为前级；按用途不同，可以分为 AV 功放，Hi－Fi 功放。AV 功放是专门为家庭影院用途而设计的放大器，一般都具备 4 个以上的声道数以及环绕声解码功能，且带有一个显示屏。该类功放以真实营造影片环境声效让观众体验影院效果为主要目的。Hi－Fi 功放是为高保真地重现音乐的本来面目而设计的放大器，一般为两声道设计，且没有显示屏。如图 11-9 所示为功率放大器实物图。

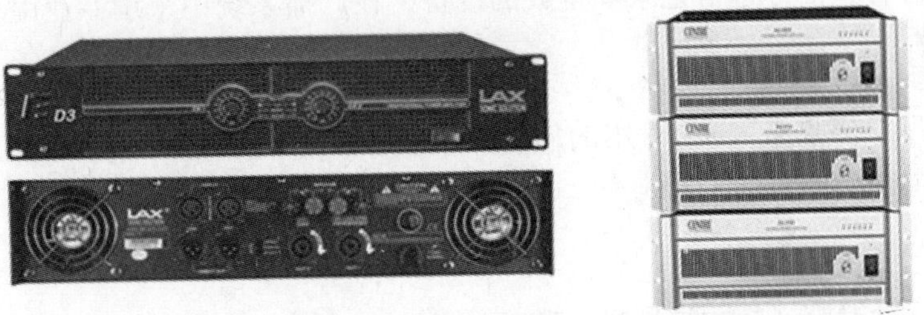

图 11-9　功率放大器实物图

2. 功率放大器的主要技术参数

（1）额定输出功率

额定输出功率是指功率放大器在一定负载电阻，一定谐波失真条件下（如 1%），加入正弦信号时在负载电阻上测得的最大有效值功率，在未注明谐波失真时通常是指谐波失真为 10% 时的输出功率有效值。常见功率放大器输出功率有 5 W、15 W、25 W、50 W、100 W、150 W、250 W、275 W、500 W 和 1000 W 等多种。

（2）频率响应

频率响应是指扩音设备对声源发出的各种声音频率的放大性能（响应程度），是衡量扩音机在电信号放大过程中对于原音音色的失真程度，一般以不均匀度为 ±2 dB 响应范围内的频率宽度作为频响指标。专业的功率放大器在 20 Hz ~ 20 kHz 范围内频率响应一般不超过中频段 800 Hz 的响应值 ±1 dB。

（3）失真

失真度表明谐波失真的程度，产生原因是音频信号通过功率放大器后，音频波形加入了谐波成分，谐波成分的幅度越大，非线性畸变越严重。通常用新增加总谐波成分的均方根与原来信号有效值的百分比来表示。普通功率放大器约 1.2%；优质功率放大器约 0.01 ~ 0.003%。此外，还有互调失真、瞬态失真和交越失真等也是功率放大器的指标。

（4）输出阻抗

功率放大器的输出阻抗是指功率放大器能长期工作，并能使负载获得最大输出功率的匹配阻抗。由于专业功率放大器绝大多数都是采用固体器件，因而输出阻抗低而且范围大，根据不同设备可分为1Ω，2Ω，4Ω，8Ω，16Ω，常见的有4Ω，8Ω，16Ω。

（5）信噪比

信噪比是功放信号电压和本底噪声电压的比值，数值越大，表明功放的噪声越低。一般专业产品的信噪比要求大于100 dB。

11.3.5 其他常用设备

1. CD机

CD机是广播站（室）最常用的放音设备，一般采用专业用型。要求具有节目编辑、定时等多种功能，在广播站也可以用VCD、DVD代替。

2. 录音机

录音机是将音频信号进行记录和重放的设备，在广播系统中采用专业用型录音机。

3. 调谐器

调谐器又叫“接收头”，是专用的广播站用收音机，具有接收调频、调幅台锁存功能，为广播系统提供电台广播信号。

4. 均衡器

均衡器是一种对声音频响特性进行调整的设备。通过均衡器可对声音中的某些频率成分的电平进行提升或衰减，以达到不同的音响效果。

5. 压限器

压限器的主要功能是对音频信号的动态范围进行压缩或扩张，即把音频信号的最大电平与最小电平之间相对变化量进行压缩或扩张，达到保护设备、减小失真、降低噪声和修饰音质的目的。

6. 激励器

音频信号在系统的传输过程中损失最大的是中频和高频的谐波成分，使扬声器放出来的声音缺乏现场感、穿透力和清晰度。激励器是一种在原来音频信号上添加丢失的中频和高频谐波的设备。

7. 移频器

移频器是一种可改变声音频率的设备，工作原理类似于变调器。它能破坏产生声反馈的条件，从而抑制了声反馈。主要用于各种会议，演唱、表演活动中，起到回声抵制效果。

8. 延时器和混响器

延迟器与混响器是模拟室内声场声音信号特性的专用设备。利用延时器先对音频信号进行延时，再送入扩声系统中放大，可使不同位置处音箱发出的声音几乎同时到达听众的耳朵，获得高清晰度的理想音响效果。利用混响器可以模拟出各种不同环境和不同情境的音响效果。在节目录音制作中，延迟器和混响器可以在模拟的艺术声场中传递时间、空间、方位、距离等重要信息，并且可以制作某些特殊效果。

9. 分频器

分频器用于将输入的模拟音频信号分离成高音、中音、低音等不同部分，然后分别送入相应的高、中、低音喇叭单元中重放，以达到互调失真小、音域宽广、调节方便等完美的效果。

本章小结

本章首先对声音的产生和传播特征做了简单的介绍，给出了与声音相关的物理量，并对人耳听觉特征和主观音质评价术语进行了详细的描述；介绍扩声系统的基本结构以及扩声系统的主要技术性能指标，在此基础上对广播系统中的主要设备——传声器、调音台、功率放大器、扬声器等的设备类型、功能及其主要技术性能指标做出了详尽的介绍。

1）一切声音都是物体振动产生的，振动物体周围的空气交替产生压缩与膨胀，并逐渐向外传播，产生声波，声波在传播过程中会产生反射、衍射、折射、透射等现象。声音除了与声源的频率有关外，还与声音的强弱有关。声音的强弱可用声压、声压级、声强、声强级、声功率、声功率级等表示。

2）人耳听觉对电声系统播放声音的主观响应是评价电声系统音质的主要依据。人耳对声音的主观感觉包括响度、音调和音色三要素。音质的评价有主观评价和客观评价两类。

3）扩声系统由于应用范围不同，因而规格大小不一，一般都由声源设备、信号放大和处理设备、传输线路和扬声器系统四大部分组成。衡量一个扩声系统的质量应该从“听得到”和“听得好”两方面考虑。实现前者的技术指标主要有最大声压级、传声增益和声场不均匀度；实现后者的技术指标主要有传输频率特性、失真、总噪声和语言清晰度等。

4）传声器是广播、音响系统最前端关键设备，是声－电转换的换能器。从换能原理和结构上，传声器可分为动圈式、电容式、铝带式、驻极体式等。传声器的主要指标包括灵敏度、频率响应、指向性、等效噪声和输出阻抗等。

5）扬声器把电信号转变为声音信号并向空间辐射声波的电声器件。按换能原理和结构分为动圈式、电容式、压电式、电磁式、电离子式和气动式扬声器等。其主要指标有灵敏度、额定功率、频率响应、阻抗、指向性、非线性畸变和瞬态畸变等。

6）调音台是将多路输入信号进行放大、混合、分配、音质修饰和音响效果加工的信号处理设备，主要包括前置放大、混合、编组、均衡、调音和监听等。主要技术指标包括增益、噪声、频率响应、失真、动态余量、串扰等。

7）扩音机将各种方式产生的微弱音频信号进行功率放大，然后送至各用户设备。主要技术指标包括额定输出功率、频率响应、失真、输出阻抗、信噪比等。

习题

1. 简述声波的衍射。
2. 简述有线广播系统的组成。

3. 音质评价的主要依据是什么?
4. 有线广播系统有哪些主要的技术性能指标?
5. 传声器有哪些主要的技术性能指标?
6. 扬声器有哪些主要的技术性能指标?
7. 扩音机有哪些主要的技术性能指标?
8. 调音台有哪些主要的技术性能指标?

第12章　有线广播系统设备的配接

12.1　有线广播音响系统线路的配接

广播音响系统的信号可以通过有线传输，也可以无线传输。由于无线传输的设备投入大且受频率管理的限制，智能化建筑的广播音响系统一般都采用有线传输方式。

按有线广播音响系统的信号馈送方式划分，有线传输可分为高电平传输、低电平传输和调频载波传输三种传输方式。

1. 高电平传输方式（定压传输方式）

高电平传输也称定压传输，由于其输出电压较高，故电流较小，在线路上的损耗也较小，是智能楼宇中广为采用的传输方式。在这种传输方式的系统中，主要音响设备都集中在中央音控室，节目源输出的信号经调音台或前级处理后，通过定压式功率放大器或外接升压变压器的普通功率放大器将音响系统前级设备输出的低电平信号转换为70 V、100 V或120 V的高电平信号，再通过专门敷设的广播音响传输线路馈送到各个音响接收终端。在这种情况下，当所接扬声器的阻抗相同时，其分配到的功率也相同。

高电平传输方式的优点是线路损耗少，负载连接方便，造价相对便宜，对输出级功率配合要求不严格，扬声器数量的增减自由度较大，收听范围较大；其缺点是由于容易受长距离敷设的线路间分布电容的影响，各路节目之间往往存在串扰。高电平传输方式适用于对音质要求不高的场合。

2. 低电平传输方式（定阻传输方式）

低电平传输方式也称为定阻传输方式。在这种传输方式中，传输线路只向终端（含一组扬声器）传送约等于1V的线路信号到扬声器组附近的功率放大器（分机柜），经功放后再以低电平方式送到扬声器组。低电平传输方式可避免大功率音频电流的远距离传输，可避免电感设备的引入，保证频响效应，较好地抑制各套节目间的串扰，音质较好。它只适用于范围较小、对音质要求较高的场合。

3. 调频载波传输方式

在广播音响控制室内采用调频的方法将每路节目源的输出信号通过各自的调制器分别调制到88～108 MHz频带范围内的某一固定频率，然后将已调制的各路信号经混合器混合放大输出，与电视接收系统的频道信号混合在一起，利用有线电视共用天线电视系统，经电视传输电缆送到每一个电视节目的接收终端盒。在电视接收终端盒的FM插孔输出调频信号，通过FM收音机将调频信号解调还原成音频信号后从扬声器输出。

调频信号传输方式可直接利用有线电视系统的电缆，不需专门敷设电线，节省费用，便于维修。缺点是必须在中央音控室添置多路调频调制器，在每个接收端配置一台调频收音机。

广播音响系统的三种传输方式的特点及适用场合如表 12-1 所示。

表 12-1　三种传输方式的特点及适用场合

<table>
<tr><th>传输方式</th><th colspan="2">系统特点</th><th>适用场合</th></tr>
<tr><td rowspan="2">高电平传输方式</td><td>优点</td><td>集中控制功率放大及输出，便于维修
设备集中，结构简洁，造价较便宜，故障率低
对输出级功率配合要求不严，广播范围大</td><td rowspan="2">对音质要求不高的场合</td></tr>
<tr><td>缺点</td><td>敷设传输线路较多
线路传输损失大
存在串音干扰，音质较差</td></tr>
<tr><td rowspan="2">低电平传输方式</td><td>优点</td><td>中央控制为集中系统，便于维修
系统配线简单
广播音质好</td><td rowspan="2">广播收听范围较小，音质要求较高的场合</td></tr>
<tr><td>缺点</td><td>每个接收终端前须添加小型功率放大电路
安装调试维护工作量大
对输出功率和阻抗匹配要求严格，广播范围小</td></tr>
<tr><td rowspan="2">调频载波传输方式</td><td>优点</td><td>共用 CATV 电视系统的电缆
抗干扰能力强</td><td rowspan="2">不便在建筑物内敷设广播音响电缆的建筑物
已敷设有线电视网络的旧建筑物</td></tr>
<tr><td>缺点</td><td>中央控制室须添置多路调频控制器
每个接收末端须配置调频收音机
音质较差
一次性投资高，系统维修保养工作量大</td></tr>
</table>

广播系统线路与扩音机的配接以及电声设备之间的配接是广播系统正常工作的重要因素之一，配接得不好不但扩音设备发挥不出应有的性能，甚至会损坏设备。在配接过程中，要求连线正确，器材选择合理。

1. 连接导线

为了减少噪声干扰，从传声器、录音机、电唱机等信号源送至前级增音机或扩音机的连线、前级增音机与扩音机之间的连线等零分贝以下的低电平线路都应该采用屏蔽线。屏蔽线可选用单芯、双芯或四芯屏蔽电缆。扩音机至扬声器之间的连线可不考虑屏蔽，常采用多股铜芯塑料护套软线。

2. 线间变压器

定阻抗输出的扩音机与扬声器连接时，常在扩音机与扬声器之间接入线间变压器（输送变压器）以便扩音机能在较高的阻抗输出端输出。目前国内生产的 SBR 型定阻抗式输送变压器其标称功率在 1 ~ 25 W 之间。定电压输出的扩音机与扬声器连接时，为了电压配合，也常在扩音机与扬声器之间接入线间变压器。定阻抗式输送变压器可以用于定电压式系统。目前国内生产的 SBR 型定阻抗式输送变压器其标称功率在 0 ~ 5 W 之间。

3. 前端配接

有线广播音响系统前端的配接是指传声器、录音机、电唱机等信号源与前级扩音机或增音机之间的配接，在配接时需要满足以下两个原则：

（1）阻抗匹配

为了使传输获得高效率，保证频率响应及满足失真度指标的要求，信号源的输出阻抗应与前级扩音机或增音机的输入阻抗匹配，其匹配原则是：负载阻抗应接近信号源的输出阻抗，但不能低于信号源的输出阻抗。

传声器宜采用低阻抗型的，这样可使线路的高频损失和电噪声干扰较小，传输线路的允许长度较长。高阻抗传声器虽然价格便宜，但是由于感应电噪声干扰较大，传输线路的允许长度较短，因此，只适用于要求较低的场合。

（2）电平配合

信号源输入时按其输出电平等级接入前级扩音机或增音机的相应输入端，否则，输入电压过低则音量不足，过高则严重过载失真。

4. 末级配接

末级配接指扩音机与扬声设备之间的配接，按扩音机的输出形式不同可以分为定阻抗和定电压两种配接方式。

（1）定阻抗式配接

定阻抗输出的扩音机要求负载阻抗接近其阻抗，以实现阻抗匹配。扬声器所得功率总和应等于或略低于扩声机额定功率，而扬声器额定功率总和必须大于或等于扩声机的输出功率，以防扬声器超荷或损坏。负载阻抗偏低，会出现重载失配，失真明显，甚至损坏设备；负载阻抗偏高，将出现轻载失配，失真加大，扩音机的实际输出功率降低。

一般阻抗相差不大于 10% 时，不会产生明显的不良影响，可视为配接正常。如果扬声设备的阻抗难以实现正常配接，可选用一定阻值的假阻值阻抗，使得总负载阻抗实现匹配。每只扬声器所得功率不超过额定功率，最好不超过其额定功率的 80%，这样声音虽然轻些(不明显)，但音质优美，且不易使扬声器损坏。对于扩音机来说，同样，在接负载时，其所需功率应考虑留有余量。一般扬声器所需功率维持在扩音机额定功率的 70% ~80%。

定阻抗扩音机的输出一般设有几个抽头，以供连接不同的扬声器及其组合。国产扩音机一般标有 4 Ω、8 Ω、16 Ω、100 Ω、150 Ω、250 Ω 等若干档。16 Ω 及以下阻值称为低阻抗输出，16 Ω 以上阻值称为高阻抗输出。

低阻抗输出一般适用于输出导线长度不超过 50 m 的场合，由于不必配接输送变压器，失真小，效率高。但如果传输线路过长，特别是当扬声器需按要求分配不同功率时，就很难得到所需的匹配阻抗。因此，在实用中，为了减小线路阻抗的影响和利于匹配，线间变压器的初级与次级都各有若干个阻抗抽头，可以灵活实现阻抗匹配。

低阻抗输出由于线路不长，线路阻抗可以忽略不计，此时扬声器可以采用串联、并联或混联接法。

① 串联接法

串联即各扬声器相互串接，此时有

$$Z_{串} = Z_1 + Z_2 + \cdots \sum Z_i \tag{12-1}$$

$$P_{串} = P_1 + P_2 + \cdots = \sum P_i \tag{12-2}$$

$$P_{si} = \frac{Z_i}{Z_{串}} \times P_{SC} \tag{12-3}$$

式中　$Z_{串}$——整个线路扬声器总阻抗；

Z_i——每只扬声器的阻抗；

$P_{串}$——整个线路扬声器的额定功率总和；

P_i——每只扬声器的额定功率；

P_{Si}——每只扬声器在线路中实际得到的功率。

串联接法应该满足下面几个关系：

$$Z_{串}=Z_{SC} \qquad P_{串} \geqslant P_{SC} \qquad P_{Si} \leqslant P_i \tag{12-4}$$

式中，P_{SC}是扩音机传输功率或输送到线路的音频功率；Z_{SC}是扩音机输出功率。

【例12-1】 一台15 W扩音机，输出阻抗为4 Ω、8 Ω、12 Ω，有两只扬声器分别为$P_1=5$ W、$Z_1=4\ \Omega$，$P_2=10$ W、$Z_2=8\ \Omega$，接成串联方式，应如何连接？

解： $Z_{串}=Z_{SC}=Z_1+Z_2=12\ \Omega$

$$P_{s1}=\frac{Z_1}{Z_{串}}\times P_{SC}=\frac{4}{12}\times 15\ \text{W}=5\ \text{W} \qquad P_{S1}=P_1=5\ \text{W}$$

$$P_{s2}=\frac{Z_2}{Z_{串}}\times P_{SC}=\frac{8}{12}\times 15\ \text{W}=10\ \text{W} \qquad P_{S2}=P_2=10\ \text{W}$$

$$P_{SC}=P_{串}=15\ \text{W}$$

扬声器的连接如图12-1所示。

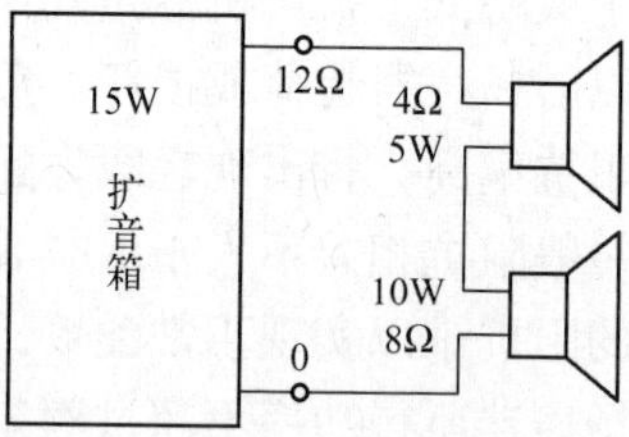

图12-1 扬声器的串联接法

② 并联即各扬声器相互并接，此时有

$$\frac{1}{Z_{并}}=\frac{1}{Z_1}+\frac{1}{Z_2}\cdots=\sum\frac{1}{Z_i} \tag{12-5}$$

$$P_{并}=P_1+P_2+\cdots=\sum P_i \tag{12-6}$$

$$P_{Si}=\frac{Z_{并}}{Z_i}\times P_{SC} \tag{12-7}$$

并联接法应该满足下面几个关系：

$$Z_{并}=Z_{SC} \qquad P_{并} \geqslant P_{SC} \qquad P_{Si} \leqslant P_i \tag{12-8}$$

式中，$Z_{并}$是整个线路扬声器总阻抗；$P_{并}$是整个线路扬声器的额定功率总和。

【例12-2】 一台40 W扩音机，输出阻抗为4 Ω、8 Ω、12 Ω，有两只扬声器为25 W/16 Ω，应如何并接？

解： $Z_{并}=Z_{SC}=16\ \Omega/2=8\ \Omega$

$$P_{S1}=P_{S2}=40/2\ \text{W}=20\ \text{W}$$

$$P_{并}=P_1+P_2=(25+25)\ \text{W}=50\ \text{W}$$

$$P_{SC}=40\ \text{W} \leqslant P_{并}$$

因为每只扬声器的所得实际功率小于80%扬声器的额定功率，所以功率适配合适。扬声器连接如图12-2所示。

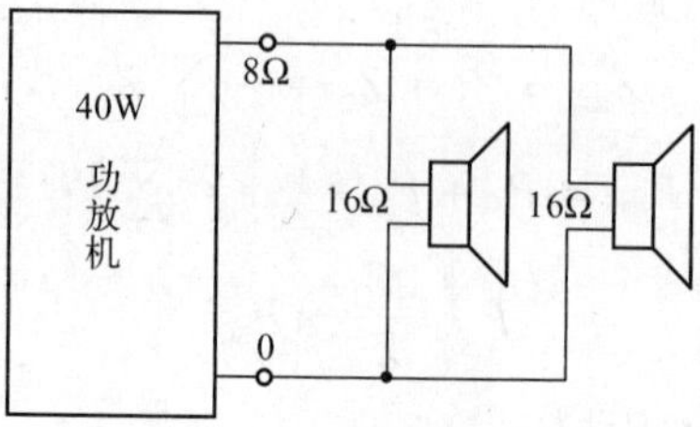

图12-2 扬声器的并联接法

③ 混联接法

混联接法多用于在串联或并联无法匹配时

$$\frac{1}{Z_{混}} = \frac{1}{Z_{\mathrm{I}}} + \frac{1}{Z_{11}} \cdots = \frac{1}{Z_{11} + Z_{12} + \cdots} + \frac{1}{Z_{21} + Z_{22} + \cdots} = \sum \frac{1}{\sum_{j} Z_{ij}} \qquad (12-9)$$

$$P_{混} = P_{11} + P_{12} + \cdots + P_{21} + P_{22} \cdots = \sum P_{ij} \qquad (12-10)$$

$$P_{\mathrm{s}ij} = \frac{Z_{并} \times Z_{混}}{Z_i^2} \times P_{\mathrm{SC}} \qquad (12-11)$$

混联接法应该满足下面几个关系：

$$Z_{混} = Z_{\mathrm{SC}} \qquad P_{混} \geqslant P_{\mathrm{SC}} \qquad P_{\mathrm{S}ij} \leqslant P_i \qquad (12-12)$$

式中　$Z_{混}$——整个线路扬声器总阻抗；

$P_{混}$——整个线路扬声器的额定功率总和；下角标 i 代表并联支路序号，j 代表每支路内串联扬声器的序号。

【例 12-3】 有四只扬声器，各为 $Z_{11}=3\,\Omega$，$Z_{12}=5\,\Omega$，$Z_{21}=8\,\Omega$，$Z_{22}=16\,\Omega$，接在 $P_{\mathrm{SC}}=50\ \mathrm{W}$ 的扩音机上，求总阻抗和各扬声器实际所得功率。

解：

$$\frac{1}{Z_{混}} = \frac{1}{Z_{\mathrm{I}}} + \frac{1}{Z_{\mathrm{II}}} = \frac{1}{Z_{11}+Z_{12}} + \frac{1}{Z_{21}+Z_{22}} = \frac{1}{3+5} + \frac{1}{8+16}\mathrm{s} = \frac{1}{6}\mathrm{s} \qquad Z_{混} = 6\,\Omega$$

$$P_{\mathrm{s}11} = \frac{Z_{11} \times Z_{混}}{Z_{\mathrm{I}}^2} \times P_{\mathrm{SC}} = \frac{Z_{11} \times Z_{混}}{(Z_{11}+Z_{12})^2} \times P_{\mathrm{SC}}$$

$$= \frac{3 \times 6}{(3+5)^2} \times 50\ \mathrm{W} \approx 14\ \mathrm{W}$$

$$P_{\mathrm{s}12} = \frac{Z_{12} \times Z_{混}}{Z_{\mathrm{I}}^2} \times P_{\mathrm{SC}} = \frac{Z_{12} \times Z_{混}}{(Z_{11}+Z_{12})^2} \times P_{\mathrm{SC}}$$

$$= \frac{5 \times 6}{(3+5)^2} \times 50\ \mathrm{W} \approx 23.5\ \mathrm{W}$$

$$P_{\mathrm{s}21} = \frac{Z_{21} \times Z_{混}}{Z_{\mathrm{II}}^2} \times P_{\mathrm{SC}} = \frac{Z_{21} \times Z_{混}}{(Z_{21}+Z_{22})^2} \times P_{\mathrm{SC}} = \frac{8 \times 6}{(8+16)^2} \times 50\ \mathrm{W} \approx 4.17\ \mathrm{W}$$

扬声器的连接如图 12-3 所示。

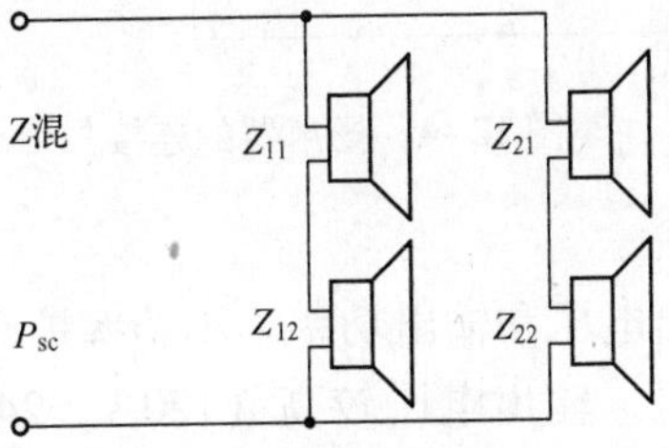

图 12-3　扬声器的连接

④ 高阻接法

定阻输出端子在 100 Ω 及以上输出的扩音机称为高阻抗输出扩音机。

当广播线路较长时，线路的阻抗不能忽略不计，为了减小线路阻抗和便于匹配，常常改在扩音机的高阻抗端输出，各扬声器通过线间变压器与扩音机相连，线间变压器的初级阻抗是通过计算得到的，而次级阻抗即为扬声器的额定阻抗，线间变压器的初级与次级均有若干不同的阻抗抽头，可以灵活的实现阻抗匹配。这种情况下，负载通常采用并联接法。

各线间变压器初级并接时，输送变压器的初级阻抗等可以按下式计算：

$$Z_i = \frac{P_{SC}}{P_{Si}} \times Z_{SC} \tag{12-13}$$

$$P_{并} = P_1 + P_2 + \cdots = \sum P_i \tag{12-14}$$

同时应满足：

$$Z = Z_{SC},\ P_{并} \geqslant P_{SC},\ P_{Si} \leqslant P_i \tag{12-15}$$

式中 Z_i——每只扬声器所接线间变压器的初级阻抗；

Z_{SC}——扩音器的输出阻抗；

P_{Si}——每只扬声器的所得功率；

P_i——每只扬声器的额定功率；

P_{SC}——扩音器的额定输出功率。

【例 12-4】 一台 30 W 扩音机，输出阻抗为 500 Ω，一只 25 W/16 Ω 扬声器，一只 5 W/8 Ω，应如何并接？

解：

$$P_{并} = P_1 + P_2 = 25 + 5 = 30\ \text{W} = P_{SC}$$

$$P_{S1} = P_1 = 25\ \text{W},\ P_{S2} = P_2 = 5\ \text{W}$$

$$Z_1 = \frac{P_{SC}}{P_{S1}} \times Z_{SC} = \frac{30}{25} \times 500\ \Omega = 600\ \Omega$$

$$Z_2 = \frac{P_{SC}}{P_{S2}} \times Z_{SC} = \frac{30}{5} \times 500\ \Omega = 3000\ \Omega$$

25 W 扬声器采用功率 25 W，阻抗比 600 Ω/16 Ω 的变压器；5 W 扬声器采用功率 5 W，阻抗比 3000 Ω/8 Ω 的变压器，连接如图 12-4 所示。

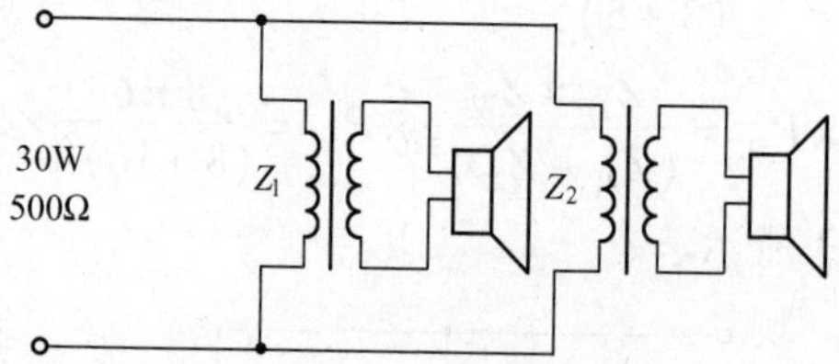

图 12-4 扬声器的连接

（2）定电压式配接

定电压式扩音机都标明输出电压和输出功率。小功率扩音机，输出电压较低，一般可直接与扬声器连接。大功率扩音机，输出电压较高（120 V，240 V），与扬声器连接时须加输送变压器。

① 扬声器额定工作电压的换算

扬声器大部分标明阻抗和功率，而定电压输送变压器都标明电压和功率，因此，需要把扬声器的标称阻抗换算成额定工作电压。换算公式如下：

$$U_{SP} = \sqrt{P_S Z_S} \tag{12-16}$$

式中 U_{SP}——扬声器的换算额定工作电压（V）；

P_S——扬声器的标称功率（W）；

Z_S——扬声器的标称阻抗（Ω）。

扬声器与定电压式扩音机的配接原则是：扬声器的输入电压不得高于扬声器的额定工作电压。声柱的换算额定工作电压可由柱内各只扬声器的换算工作电压及扬声器的连接方式求得。

② 扬声器的实得功率

扬声器的实得功率 P_{S1} 按下式计算：

$$P_{S1} = P_S \times U^2/U_S^2 \tag{12-17}$$

或

$$P_{S1} = U^2/Z_S \tag{12-18}$$

式中　U——扬声器的实际输入电压（V）；

P_S——扬声器的标称功率（W）；

Z_S——扬声器的标称阻抗（Ω）。

从以上公式可知，改变线间变压器的阻值，不但可以使得配接符合要求，还可以改变扬声器的实际输入电压以实现扬声器的输出功率分配。扬声器与定压式扩音机的连接如图 12-5 所示。

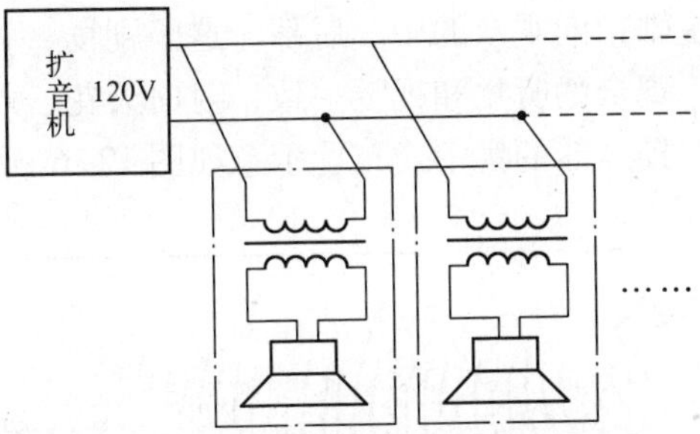

图 12-5　扬声器与定压式扩音机的连接

由于扬声器与定压式扩音机配接比较简单，且定压式扩音机输出功率一般比较大，可以连接多只扬声器。此外，市面上已经有配好线间变压器的吸顶扬声器或小型扬声器箱与定压扩音机配套。使用者只需说明所要定压式扩音机的输出电压和吸顶扬声器或小型扬声器箱的功率，即可购得配套产品。因此，目前背景音乐系统大多采用这种连接方法。

12.2　室内扩声系统扬声器的布置

扬声器布置需要根据厅堂的体型，应用几何声学方法使辐射的声能覆盖整个听众席，使听众席有足够的直达声和前期反射声，并尽可能使声压级均匀。同时扬声器的布置应有利于提高系统的传声增益和节省功率。

12.2.1　扬声器的布置原则

在室内如何布置扬声器，是电声系统设计的重要问题，它与建筑处理的关系也最密切。室内扬声器布置的一般要遵循如下原则：

1）使大厅声场均匀，听感舒适。

2）多数观众席上的声源方向感良好，即观众听到的扬声器的声音与看到的讲演者、演员在方向上一致，有很强的现场真实感。

3）有利于克服声反馈，提高传声增益。

4）按扬声器覆盖角（4 kHz，8 kHz 为轴线下降 6 dB）覆盖全部观众席，扬声器的覆盖角可调节。

5）根据听众与声源的距离，使扬声器发出的声音比自然声源延迟 5 ~ 30 ms，提高声音的清晰度。

6）控制声反馈和避免产生回声干扰。

7）线路简单，便于维修。

12.2.2 扬声器的布置方式

扬声器的布置方式，大体上可分为集中式与分散式，以及将两个方式混合并用的三种方式。

1. 集中布置方式

在观众席的前方或前上方（一般是在台口上部或两侧）设置有适当指向性的扬声器或扬声器组合。将扬声器的主轴指向观众的中、后部。这是剧场、礼堂及体育馆等常用的布置方式。其优点是方向感好，观众的听觉和视觉一致，射向天花、墙面的声能较少，听众区的直达声较均匀，清晰度高。扬声器的集中式布置示意如图 12-6 所示。

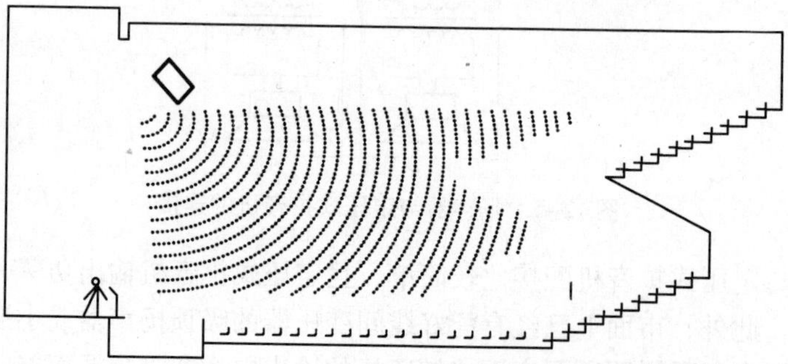

图 12-6 扬声器的集中式布置示意

2. 分散布置方式

在面积较大、天花板很低，体形狭长的场所，用集中式布置无法使声压均匀时，将许多个单扬声器（一般是直射式扬声器）分散布置在顶棚上。但应考虑对中、后场扬声器的信号适当加以延时。这种方式可以使声压在室内均匀分布。分散式布置如图 12-7 所示。

下列情况扬声器（或扬声器系统）宜分散布置：

1）建筑物内的大厅纵向距离长或者大厅可能被分隔成几部分使用，不宜采用集中布置的；

2）厅内混响时间长，不宜集中布置扬声器的。

分散式布置的缺点是听觉和视觉不一致。听众首先听到的是距自己最近的扬声器发出的

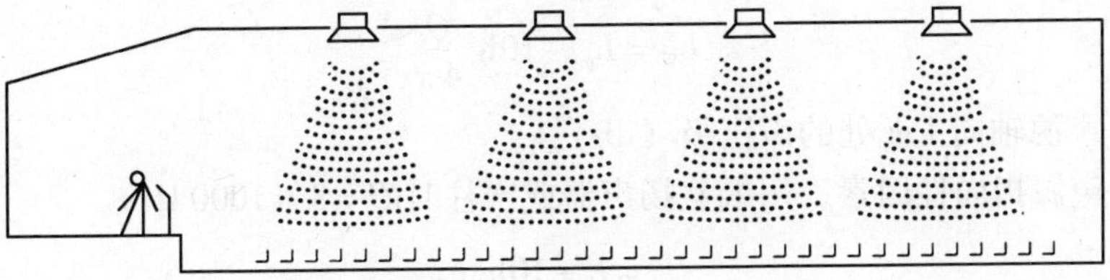

图 12-7　扬声器的分散式布置

声音，所以方向感不佳。若设置延时器，将附近的扬声器的发声推迟到一次声源的直达声到达之后，方向感可以明显改善；在这之后还会有远处的扬声器的声音陆续到达，使清晰度降低，克服的办法是采用延时器使送到后面的扬声器的信号延时一段时间。

3. 混合布置方式

在大、中型的多功能会议厅、剧院等场所应采用集中—分散式布置扬声器。即以集中为主、分散为辅的布置。把主扬声器集中放置于舞台上方或台口两侧，而把功率较小的辅助扬声器置于后座、楼座、天花板或侧墙适当位置作补音。为了使后座不致产生回音和多重声。辅助系统应该适当加入延时。混合布置方式也是目前广为流行的方式。

下列情况扬声器（或扬声器系统）宜采用混合布置方式：

① 眺台过深或设接座的剧院等，宜在被遮挡的部分布置辅助扬声器系统；

② 对大型或纵向距离较长的建筑大厅，除集中设置扬声器系统外，宜分散布置辅助扬声器系统；

③ 各方向均有观众的视听大厅。

对①、②应解决控制声程差和限制声级的问题，在需要时应加延时措施避免双重声现象。

混合布置方式优点：扬声器离听众的距离比集中式大为缩短，能增大观众直接发声能和重放声压级，所需功率比集中式布置的情况要小。但应注意的是，在不同延时的情况下，前后相邻的两组扬声器之间距离最好在 10 ~ 12 m，最大不应超过 15 m，否则后座的听众容易听到双重声。靠近台前的一组扬声器，其供声范围应考虑小些，这对克服声反馈有利。

12.2.3　扬声器的功率估算

根据听众席所需的最大声压级计算出扬声器所需的总输入电功率。在供声面的大部分区域内音响声压级要求一般为 85 dB。

混响声压级的计算式为：

$$L_P = L_W + 10\lg\frac{4n}{R} \tag{12-19}$$

式中 L_P——混响声压级（dB）；

L_W——声功率级（dB）；

R——房间常数；

n——同功率扬声器或声柱的数目。

声功率级的计算式为：

$$L_W = L_m - 10\lg \frac{Q}{4\pi} \tag{12-20}$$

式中 L_m——声源轴向1 m处的声压级（dB）；

Q——声源指向性因素，用纸盆扬声器或声柱时 $Q=8$（1000 Hz）。

$$L_m = \overline{E} + 10\lg P_Y \tag{12-21}$$

式中，$\overline{E}$为声源的平均特性灵敏度（dB/1m · 1VA）；P_Y为声源电功率（W）。

房间常数的计算式为：

$$R = \frac{0.16\,V}{T_{60}(1-a_x)} \tag{12-22}$$

式中 V——房间容积（m^3）；

a_x——直达声吸声系数，取0.68（1000 Hz）；

T_{60}——1000 Hz时房间的混响时间（s）。

将L_W和R的计算式（12-20）、（12-22）代入L_P的计算式（12-19），并整理得到

$$L_P = L_m - \overline{E} - 10\lg \frac{n \cdot T_{60}}{V} - 11\ \text{dB} \tag{12-23}$$

【例12-5】 某观众厅长30 m、宽18 m、高12 m，扬声器采取5组声柱集中式布置，如图12-8所示，混响时间取1.3 s，计算扩音机的电功率。

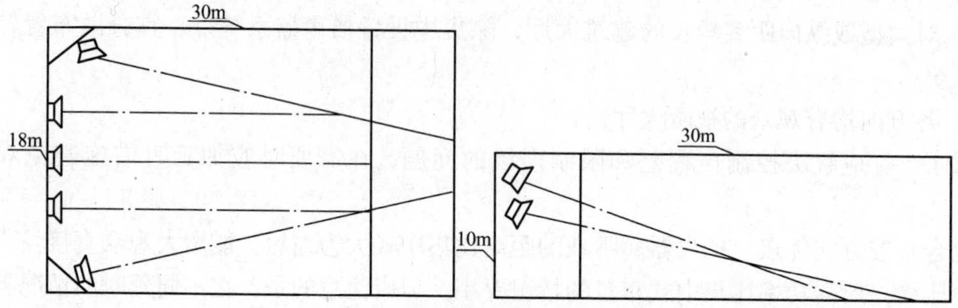

图12-8 五组声柱集中式布置

解：声柱的平均特性灵敏度可以由生产厂家提供的技术特性中查得，这里取$\overline{E}$为95 dB/1 m · 1 VA。

$$10\lg P_Y = 85 - 95 - 10\lg \frac{5\times1.3}{30\times18\times12} - 11 \approx 9\ \text{dB}$$

即 $\lg P_Y = 0.9$，$P_Y = 8$ W

取线路补偿系数 $K_1 = 1.26$，$K_2 = 1.3$，得扩音机的输出功率：

$$P_{机} = K_1 \cdot K_2 \cdot P_Y = 1.26\times1.3\times8\times5\ \text{W} = 65.5\ \text{W}$$

故选用输出功率为80 W的扩音机，此时声柱的总功率宜稍大于80 W。在台口上方的三组声柱各采用6只3 W扬声器，另外两组各采用5只3 W的扬声器。声柱的总功率84 W。

为了保证声场中各处的声压达到要求，扩声系统必须具有足够的总功率。根据经验，也可按室内有效容积，估算扬声器总输入功率。对于一般要求的室内语言扩声系统，可按每立方米有效容积0.3 W估算扬声器总功率；用作音乐扩声时，可按每立方米有效容积0.5 W估

算扬声器总功率。在知道室内的有效容积后，就可以计算出扬声器的总功率。如果条件允许，功放输出的功率应该留有 30% 的余量。

12.3　多功能厅的扩声系统

多功能厅是指可用于歌舞、音乐演出、戏曲演出、会议以及放映电影等多种用途的厅堂。对于主要用于会议和影戏为主的多功能厅，厅堂的混响时间应按照会堂的要求来控制，对电声系统的评价以清晰度为主；对于与舞厅合用的宴会厅，其扩声设备常按照临时性布置，设计时一般只包括主要设备选择和主声柱布置，舞池音域的音质可以按照一般舞厅粗估。

根据多功能厅的使用要求，多功能厅应具备会议厅、卡拉 OK 歌厅、舞厅等几种具体功能。多功能厅扩声系统设计，首先应考虑满足歌舞厅的要求。多功能厅音响系统结构原理框图如图 12-9 所示。

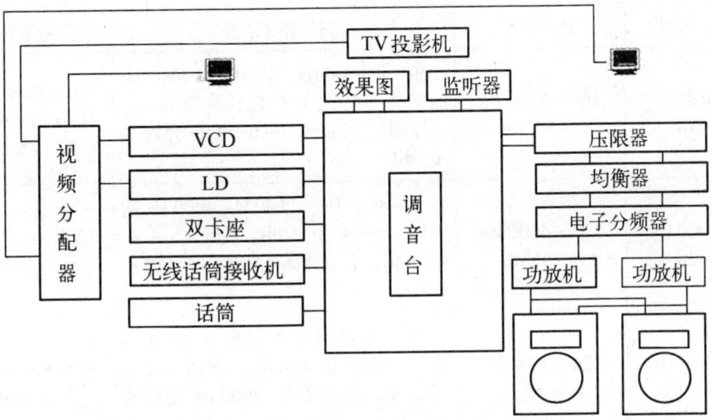

图 12-9　多功能厅音响系统结构原理

多功能厅扩声系统的主要设备包括 LD 和 VCD 影碟机、磁带录音机、传声器话筒和无线传声器接收机、调音台、混响器、监听耳机、压限器、均衡器、电子分频器、功率放大机和音箱等。自 LD 或 VCD 影碟机输出的视频信号，通过视频分配器之后，分别送往 TV 投影机和大屏幕彩电，音频信号则直接输入到调音台。LD 图像质量比 VCD 好，但 VCD 片源丰富、价格低廉，所以将 LD 和 VCD 影碟机配合使用，两台设备互补，播放影视节目。此外，VCD 影碟机还可播放 CD 音乐节目，当多功能厅用作会议厅或舞厅时，在会议间歇期间或舞场休息时，可播放 CD 作为背景音响。双卡座用来播放磁带音乐节目，也可用来播放歌手或演员自备的伴奏音乐带，音频信号直接输入到调音台。多路有线传声器和无线传声器可供演唱和会议共用，会议的扩声系统也可直接借用这一套设备。

调音台是音响系统的调控中心。调音台对所输入的各路音频信号进行放大、调节、频率均衡和编组等处理之后，输入到压限器。压限器用来提升弱小信号，限制高电平信号，使输出信号幅度控制在合理的范围之内，以保护后级的功率放大器和音箱等设备。均衡器的主要作用是接收来自压限器的音频信号，并对音响系统不同频率的音频信号进行调整、均衡。此外，由于多功能厅内建筑环境以及各种装饰材料对不同频率的声音的反射和吸收各不相同，利用均衡器还可以调整多功能厅声场的频率传输特性，以弥补多功能厅内建筑环境和装饰材料所引起的各频率分量的失衡。电子分频器是为了提高声音纯度，消除互调失真，使声音更优美、层次更清晰，而根据高低音扬声器不同的频响特性来选用的。电子分频器可以对音频信号进行分频处理，然后经过功率放大器放大之后，分别输入到音箱内的高、中音和低音扬声器中。

扩声音箱的布局是扩声系统设计的重要环节。主扩声音箱应摆放在舞台口两侧，并根据音箱传声的指向性，使左右声道音箱摆放有一定的角度，使中前排的中间听众席产生最佳听音区。为了得到较好的立体声效果，通常还要在舞台下正中央布置辅助扩声音箱。辅助扩声所需信号一般取自调音台的编组输出，也可由矩阵或辅助输出提供。

用于音乐、音乐和语言兼用、语言等三种厅堂扩声系统的声学标准分为一、二级，其具体的声学特性指标见表 12–2。

表 12–2 厅堂扩声系统声学特性指标

等级	声学指标					
	用途	最大声压级	传声增益	传输频率特性	声场不均匀度	总噪声级
一级	音乐	100 ~ 6300 Hz ≥103 dB	100 ~ 6300 Hz ≥ −4 dB	500 ~ 10000 Hz，以 100 ~ 6300 Hz 的平均声压级为 0 dB，允许 +4 ~ −12 dB，且在 100 ~ 6300 Hz 允许≤ ±4 dB	100 Hz≤10 dB 1000 Hz、6300 Hz ≤8 dB	≤NR25
一级	音乐、语言	125 ~ 4000 Hz ≥95 dB	125 ~ 4000 Hz ≥ −8 dB	63 ~ 8000 Hz，以 125 ~ 4000 Hz 的平均声压级为 0 dB，允许 +4 ~ −12 dB，且在 125 ~ 4000 Hz 允许≤ ±4 dB	1000 Hz、4000 Hz ≤8 dB	≤NR30
一级	语言	250 ~ 4000 Hz ≥90 dB	250 ~ 4000 Hz ≥ −12 dB	100 ~ 6300 Hz，以 250 ~ 4000 Hz 的平均声压级为 0 dB，允许 +4 ~ −12 dB，且在 250 ~ 4000 Hz 允许≤ +4 dB	1000 Hz、4000 Hz ≤10 dB	≤NR30
二级	音乐	125 ~ 4000 Hz ≥95 dB	125 ~ 4000 Hz ≥ −8 dB	63 ~ 8000 Hz，以 125 ~ 4000 Hz 的平均声压级为 0 dB，允许 +4 ~ −12 dB，且在 125 ~ 4000 Hz 允许≤ ±4 dB	1000 Hz、4000 Hz ≤8 dB	≤NR30
二级	音乐、语言	250 ~ 4000 Hz ≥90 dB	250 ~ 4000 Hz ≥ −12 dB	100 ~ 6300 Hz，以 250 ~ 4000 Hz 的平均声压级为 0 dB，允许 +4 ~ −12 dB，且在 250 ~ 4000 Hz 允许≤ +4 dB	1000 Hz、4000 Hz ≤10 dB	≤NR30
二级	语言	250 ~ 4000 Hz ≥90 dB	250 ~ 4000 Hz ≥ −12 dB	250 ~ 4000 Hz，以 250 ~ 4000 Hz 的平均声压级为 0 dB，允许 +4 ~ −12 dB	1000 Hz、4000 Hz ≤10 dB	≤NR35

12.4 有线广播系统的设计

12.4.1 广播音响系统的主要形式

广播音响系统，或称电声系统，是指单位内部或某一建筑物自成体系的独立有线广播系统，是一种娱乐、宣传和通信工具。广播音响系统常用于公共场所，平时播放背景音乐、通知、报告本单位新闻、生产经营状况及召开广播会议，在特殊情况下还可以作应急广播，如事故、火灾疏散的抢救指挥等。此外，还可以转播中央和地方电台的无线广播节目、自办文娱节目等。

1. 公共区域背景音乐广播

公共广播系统（Public Address System，PA）是一种有线广播系统，它包括背景音乐和紧急广播功能，通常结合在一起，平时播放背景音乐或其他节目，出现火灾等紧急事故时，则兼作报警广播用，指挥引导疏散。背景音乐广播的设计，必须考虑使用场所的特性、噪声水平、空间大小高度，才能正确决定扬声器的数量、扩散角度、功率、清晰度。通常背景音乐广播的音量高于现场噪声 5 ~ 9 dB 就可以了，这样便能收到声音悦耳，轻松悠扬的效果。

公共广播系统中的广播用的传声器与向公众广播的扬声器一般不处于同一房间内，故无声反馈的问题，并以定压式传输方式为其典型系统。下列这些场所应设公共广播：走廊、电梯门厅、电梯轿厢、公众卫生间、入口大厅、餐厅、咖啡厅、酒吧间、宴会厅、保龄球场及康乐中心、电子游戏中心、商场、游泳池休息廊、天台花园、写字楼等。

公共广播的设计，因其兼有事故广播功能，故应与消防报警系统的设计相配合。公共广播系统采取分区控制，区域的划分应与消防分区相一致，根据消防事故报警的要求，某区某层发生火灾时，则该层及上、下相邻层均应报警。公共广播的每一分区均设有调音控制板，可根据需要调节音量或切除广播。餐厅、宴会厅等处的公众广播，在集控板上还设自动转接插座，进行节目自播及演讲。

2. 客房广播

现代宾馆均设有客房广播，客房广播为客人提供高级音乐享受，营造舒适的休息环境。为了满足人们的不同爱好，一般有多套节目供房客选择，节目设置的套数可根据宾馆标准等级而定，国内标准高的宾馆通常有六套节目，国际豪华级宾馆设十余套节目。

客房广播系统包括客房音响广播和紧急广播，扬声器一般安装在床头控制柜中，但高级宾馆一般把扬声器挂装于墙上或者镶嵌在天花板上。客房广播含有多个可供自由选择的波段，在紧急广播时，客房广播即自动中断，自动切换为紧急广播。一般选用纸盆式扬声器。

客房广播系统由宾馆中央控制室控制，并将紧急广播系统插入其中。当仅仅广播时，客房无论是在开或者关的状态，均能自动接通事故广播，向客房报警。

3. 会议室音响

会议室均安装有由中央控制系统控制的广播输出控制箱，扬声器的音量由控制面板上的开关控制。输出通道数为总系统的输出数。此外，这类场合一般备有功率放大器，在控制箱的面板上有接功率放大器的输出接孔。另有几个嵌入墙内的传声器插座，可用来连接一个可移动式放大器和传声器。

这类系统必须具备背景音乐和紧急广播功能，在紧急广播情况下，所有广播都会被中断并被紧急广播取代。

4. 会议厅、多功能厅音响

多功能厅音响设有公众区域背景音乐，并设有音量调节开关，在紧急情况下，公共广播自动接自事故广播。多功能厅除公共广播外，其自身还有一套完整的播音、影视系统。大型礼堂、影剧院的音响系统与多功能厅类似，但输出功率更大，音质要求更高。

会议厅、多功能厅音响具有以下特点：

1）背景音乐由中央广播室直接控制播送，音量可单独调节。

2）当紧急广播的情况下，背景音乐广播将被紧急广播取代。

3）本身有一套完整的播音体系。播音体系包括的内容如下：

① 多路传声器输入的前置放大器和扩音机。

② 供各区与机房联系用的有线对讲机。

③ 供会议或演出用的多个有线传声器及无线传声器。

④ 供召开国际会议用的多国语音的即时同声翻译机。

⑤ 提供会议、讲座用的大屏幕投影机、投影书写仪、自动控制幻灯机以及录像机等。

⑥ 专供会议录音用的盒式录音卡座。

⑦ 带传声器和扩音器的移动式大讲台。

⑧ 供演出用的舞台灯光音响及声光控制系统。

12.4.2 公共广播系统的工程设计

这里所说的公共广播是指有线传输的声音广播，通常用于公共场馆、大厦、小区内部，供背景音乐广播、寻呼广播以及强行插入的灾害性广播使用。

这一类公共广播工程的设计，通常按照广播扬声器的选用、配置、广播功放的选用、广播分区的顺序进行。

1. 广播扬声器的选用

广播扬声器的选用原则上应视环境的不同选用不同品种和规格的广播扬声器。例如，在有天花板吊顶的室内，宜用嵌入式、无后罩的天花扬声器。这类扬声器结构简单，价钱相对便宜，又便于施工。其主要缺点是没有后罩，易被昆虫、鼠类啮咬。在仅有框架吊项而无天花板的室内（如开架式商场），宜用吊装式球形音箱或有后罩的天花扬声器。由于天花板相当于一块无限大的障板，所以在有天花板的条件下使用无后罩的扬声器也不会引起声短路。而没有天花板时如果仍用无后罩的天花扬声器，效果会很差。这时原则上应使用吊装音箱，但若嫌投资大，也可用有后罩的天花扬声器。有后罩天花扬声器的后罩不仅有一般的机械防护作用，而且在一定程度上起到防止声短路的作用。

在无吊顶的室内（例如地下停车场），则宜选用壁挂式扬声器或室内音柱。

在装修讲究、顶棚高阔的厅堂，宜选用造型优雅、色调和谐的吊装式扬声器。

在室外，宜选用室外音柱或号角。这类音柱和号角不仅有防雨功能，而且音量较大。由于室外环境空旷，没有混响效应，因此必须选择音量较大的品种。

在园林、草地，宜选用草地音箱。这类音箱防雨、造型优美且音量和音质都比较讲究。

在防火要求较高的场合，宜选用防火型的扬声器。这类扬声器是全密封型的，其出线口能够与阻燃套管配接。

2. 广播扬声器的配置

广播扬声器原则上以均匀、分散的方式配置于广播服务区。其分散的程度应保证服务区内的信噪比不小于 15 dB。走道、大厅、餐厅等公众场所装设的扬声器，额定功率不应小于 3 W。客房内扬声器额定功率不应小于 1 W。

通常，高级写字楼走廊的本底噪声约为 48 ~ 52 dB，超级商场的本底噪声约为 58 ~ 63 dB，繁华路段的本底噪声约为 70 ~ 75 dB。考虑到发生事故时，现场可能十分混乱，因此，为了满足紧急广播的需要，即使广播服务区是写字楼，也不应把本底噪声估计得太低。作为一般考虑，除了繁华热闹的场所，可以大致把本底噪声视为 65 ~ 70 dB（特殊情况除外）。照此推算，广播覆盖区的声压级宜在 80 ~ 85 dB 以上。

鉴于广播扬声器通常是分散配置的，因此广播覆盖区的声压级可以近似地认为是单个广播扬声器的贡献。根据有关电声学理论，扬声器覆盖区的声压级 SPL 同扬声器的灵敏度级 L_M、馈给扬声器的电功率 P、听音点与扬声器的距离 r 有如下关系：

$$SPL = L_M + 10\lg P - 20\lg r(\mathrm{dB}) \tag{12-24}$$

天花扬声器的灵敏度级在 88 ~ 93 dB 之间，额定功率为 3 ~ 10 W。以 90 dB/8 W 计算，在离扬声器 8 m 处的声压级约为 81 dB。以上计算未考虑早期反射声群的贡献。在室内，早期反射声群和邻近扬声器的贡献可使声压级增加 2 ~ 3 dB 左右。

根据以上近似计算，在天花板不高于 3 m 的场馆内，天花扬声器大体可以互相距离 5 ~ 8 m 均匀配置。如果仅考虑背景音乐而不考虑紧急广播，则该距离可以增大至 8 ~ 12 m。另外，《民用建筑电气设计规范》（JGJl6 – 2008）规定："走道、大厅、餐厅等公众场所，扬声器的配置数量，应能保证从本层任何部位到最近一个扬声器的步行距离不超过 25 m。在走道交叉处、拐弯处均应设扬声器。走道末端最后一个扬声器至走道末端的距离不大于 12.5 m。"

室外场所基本上没有早期反射声群，单个广播扬声器的有效覆盖范围只能取式（12-24）计算的下限。由于该下限所对应的距离很短，所以原则上应使用由多个扬声器组成的音柱。馈给扬声器群组（例如音柱）的信号电功率每增加一倍（前提是该群组能够接受），声压级可提升 3 dB。另外，距离每增加 1 倍，声压级将下降 6 dB。根据上述规则不难推算室外音柱的配置距离。例如，以额定功率为 40 W 的室外音柱为例，它是单个天花扬声器的 4 倍以上。因此，其有效的覆盖距离大于单个天花扬声器的 2 倍。事实上，这个距离还可以再大一些。因为音柱的灵敏度比单个天花扬声器要高（约高 3 ~ 6 dB），而每增加 6 dB，距离就可再加倍。也就是说这种音柱的覆盖距离可以达 20 m 以上。但音柱的辐射角比较窄，仅在其正前方约 60° ~ 90°（水平角）左右内有效。具体计算仍可用式（12-24）。

3. 广播功放的选用

广播功放不同于 HI – FI 功放。其最主要的特征是具有 70 V 和 100 V 恒压输出端子。这是由于广播线路通常都相当长，要用高压传输才能减小线路损耗。

广播功放的最重要指标是额定输出功率。应选用多大的额定输出功率，应视广播扬声器的总功率而定。对于广播系统来说，只要广播扬声器的总功率小于或等于功放的额定功率，而且电压参数相同，即可随意配接，但考虑到线路损耗、老化等因素，应适当留有功率余量。按照我国《民用建筑电气设计规范》（JGJl6 – 2008）规定的要求，功放设备的容量（相当于额定输出功率）一般应按下式计算：

$$P = K_1 \cdot K_2 \cdot \sum P_0 \tag{12-25}$$

$$P_0 = K_i \cdot P_i \tag{12-26}$$

式中 P——功放设备输出总电功率（W）；

K_1——线路衰耗补偿系数：1.26～1.58；

K_2——老化系数：1.2～1.4。

P_0——每一分路（相当于分区）同时广播时最大电功率；

P_i——第 i 分区扬声器额定容量；

K_i——第 i 分区计算系数，服务性广播客房节目取0.2～0.4；背景音乐系统取0.5～0.6；业务性广播取0.7～0.8；火灾事故广播取1.0。

根据上式的计算，对于背景音乐系统，广播功放的额定输出功率应是广播扬声器总功率的1.3倍左右，但是，所有公共广播系统原则上应能进行灾害事故紧急广播。因此，系统需设置紧急广播功放。根据国家规范要求，紧急广播功放的额定输出功率应是广播扬声器容量最大的三个分区中扬声器容量总和的1.5倍。广播功放的其他规范，取决于广播系统的具体结构和投资。

4. 广播分区

一个公共广播系统通常划分成若干个区域，由管理人员（或预编程序）决定哪些区域需发布广播、哪些区域需暂停广播、哪些区域需插入紧急广播等。

分区方案原则上取决于客户的需要。通常可参考下列规则：

1）大厦通常以楼层分区。商场、游乐场通常以部门分区，运动场馆通常以看台分区，住宅小区、度假村通常按物业管理分区等。

2）管理部门与公众场所宜分别设区。

3）重要部门或广播扬声器音量有必要由现场人员任意调节的宜单独设区。

总之，分区是为了便于管理。凡是需要分别对待的部分，都应分割成不同的区。但是每一个区内，广播扬声器的总功率不能太大，需同分区器和功放的容量相适应。

本章小结

广播音响系统，也称电声系统，广泛应用于各种公共场所播放娱乐节目，同时进行宣传或紧急通信。本章首先介绍了有线广播音响系统信号的三种传输方式；接着重点介绍了广播系统线路与扩音机的配接方法，详细分析了扬声器在定阻配接下，不同连接方式阻抗和功率的计算方法，对不同场所下扬声器的布置方式进行了比较。简介了多功能厅的扩声系统组成，最后给出了广播音响系统的主要形式和公共广播工程的设计顺序，遵循的方法。

1. 广播音响系统按信号馈送方式划分，分为高电平传输、低电平传输和调频载波传输三种传输方式。

2. 末级配接指扩音机与扬声设备之间的配接，按扩音机的输出形式不同可以分为定阻抗和定电压两种配接方式。

3. 扬声器布置需要根据厅堂的体型，应用几何声学方法使辐射的声能覆盖整个听众席，使听众席有足够的直达声和前期反射声，并尽可能使声压级均匀。扬声器的布置方式，大体上可分为集中式与分散式，以及将两个方式混合并用的三种方式。

4. 多功能厅是指可用于歌舞、音乐演出、戏曲演出、会议以及放映电影等多种用途的厅堂。用于音乐、音乐和语言兼用、语言等三种厅堂扩声系统的声学标准分为一、二级声学特性指标。

5. 广播音响系统常用于公共场所，平时播放背景音乐、通知、报告本单位新闻、生产经营状况及召开广播会议，在特殊情况下还可以作应急广播、公共区域背景音乐广播、客房广播、会议室音响会议厅、多功能厅音响。

6. 有线传输的声音广播，通常用于公共场馆、大厦、小区内部，这一类公共广播工程的设计，通常按照广播扬声器的选用、配置，广播功放的选用，广播分区的顺序进行。

习题

1. 简述广播音响系统的三种传输方式的特点及适用场合。
2. 扬声器有哪几种布置方式及适用场所？
3. 一台 10 W 扩音机输出阻抗为 4 Ω、8 Ω、12 Ω，一只 5 W/4 Ω 扬声器，一只 10 W/8 Ω 扬声器，应如何串接？
4. 一台 40 W 扩音机输出阻抗为 4 Ω、8 Ω、12 Ω，扬声器为两只 25 W/16 Ω，应如何并接？
5. 某俱乐部长 36 m，宽 24 m，高 12 m，扬声器采用 10 组声柱分散布置，声柱的平均特性灵敏度取 95 dB/m · 1 VA，混响时间取 1. 3 s，求扩音机的电功率。
6. 试设计一个以语言扩声为主的 100 ~ 200 人的小型礼堂多功能厅扩声系统。

附　录

附录 A　中华人民共和国广播电影电视行业标准（GY／T 106—1999）

1. 范围

本标准规定了有线电视广播系统的术语、频率配置、传输方式、系统的综合业务、技术参数、测试方法、安全要求和验收规则。

本标准适用于频段为 5～1000 MHz 有线电视广播系统的规划设计、工程验收、运行维护。

2. 引用标准

下列标准所包含的条文，通过在本标准中引用而构成本标准的条文。本标准出版时，所示版本均为有效。所有标准都会被修订，使用本标准的各方应探讨使用下列标准最新版本的可能性。

GB 1583—1979	彩色电视图像传输标准
GB 3174—1995	PAL—D 制电视广播技术规范
GB/T 3659—1983	电视视频通道测试方法
GB/T 6510—1996	电视和声音信号的电缆分配系统
GB/T 7400—1987	广播电视名词术语
GB/T 7401—1987	彩色电视图像质量主观评价方法
GB 50200—1994	有线电视系统工程技术规范
GY/T 121—1995	有线电视系统测量方法
GY/T 129—1997	PAL—D 电视广播附加双声道数字声技术规范
GY/T 131—1997	有线电视网中光链路系统技术要求和测量方法
GY/T 132—1998	多路微波分配系统技术要求

3. 定义

本标准采用下列定义。

（1）有线电视（Cable Television，CATV）　用射频电缆、光缆、多路微波或其组合来传输、分配和交换声音、图像及数据信号的电视系统。

（2）付费电视（Pay TV）　采用加、解扰技术，用户需额外付费方可收看的电视节目。

（3）前端（Head End）　在有线电视系统中，用以处理需要传输的由天线接收的各种无线信号和自办节目信号的设备。

（4）远地前端（Remote Head End）　设置在远地，经过电缆、微波、光缆等地面通路或卫星线路向某一有线电视广播系统传送远地信号的前端。

（5）本地前端（Local Head End）　设置在有线电视广播系统服务区域内，直接与干线系统或作干线用的短距离传输线路相连的前端。

（6）中心前端（Hub Head End） 也叫分前端，是一种辅助前端，通常设置在服务区的中心，其输入来自本地前端及其他可能的信号源。

（7）分配点（Distribution Point） 双向系统中从干线取出信号馈送给支线和（或）分支线的点。

注：在某些情况下，分配点可直接与前端相连。在双向系统中，分配点即为交汇点。

（8）干线系统（Trunk Feeder System） 在有线电视广播系统中，用于各类前端之间或前端与各分配点或各光节点之间传输信号的链路。

（9）双向有线电视（Two Way CATV） 具有上、下行传输的有线电视系统。

（10）邻频道传输（Adjacent Channel Transmission） 两路或多路电视广播信号采用相邻频道配置的传输方式。

（11）增补频道（Additional Channel） 无线电视广播频段以外，仅供有线电视广播系统使用的补充频道。

（12）电平（Level） 信号功率（P_1）与基准功率（P_0）之比的分贝值，即：$10\lg P_1/P_0$。通常也用 dBμV 表示，即以在 75 Ω 上产生的 1 μV 电压的功率（0.0133 μW）为基准。

注：电视信号的“功率”是指图像载波调制包络峰值（即同步头）功率。

（13）输出光功率（Output Light Power） 光发射机或光放大器输出端口测得的平均光功率，以 dB 表示。

（14）光调制度（Light Modulation Depth） 光发射机在正常工作状态下，输入射频信号对光强度进行调制，其调制深度用%/ch 表示。

（15）导频（Pilot Frequency） 在有线电视广播系统中发送的供各种设备参考信号幅度、频率及相位的基准信号。

（16）系统输出口（System Outlet） 连通用户线和接收机引入线的接口装置。

（17）图像－伴音载波功率比（The Vision to Noise Carrier Power Ratio） 电视信号的图像载波调制包络峰值功率与未加调制的伴音载波功率之比，以 dB 表示：

$$V/A = 10\lg \frac{\text{图像载波调制包络峰值功率}}{\text{未加调制的伴音载波功率}}$$

（18）交扰调制（Cross－Modulation） 由于系统设备的非线性所造成的其他信号的调制成分对有用信号载波的转移调制。

（19）交扰调制比（Cross－Modulation Ratio） 在系统指定点，指定载波上有用调制信号峰－峰值对交扰调制成分峰－峰值之比，通常以分贝表示。

（20）相互调制（Inter Modulation） 由于系统设备的非线性，在多个输入信号的线性组合频率点上产生寄生输出信号（称为互调产物）的过程。

（21）载波互调比（Carrier to Inter－Modulation Ratio） 在系统指定点，载波电平对规定的互调产物的电平之比，以 dB 表示。

（22）复合二次差拍（Composite Second Order Beat，CSO） 在多频道传输系统中，由于设备非线性传输特性中的二阶项引起的所有互调产物。

（23）载波复合二次差拍比（Carrier to Composite Second Order Beat，C/CSO） 在系统指定点，图像载波电平与在带内成簇集聚的二次差拍产物的复合电平之比，以 dB 表示。

(24) 复合三次差拍（Composite Triple Beat，CTB） 在多频道传输系统中，由于设备非线性传输特性中的三阶项引起的所有互调产物。

(25) 载波复合三次差拍比（Carrier to Composite Triple Beat，C/CTB） 在系统指定点，图像载波电平与围绕在图像载波中心附近群集的三次差拍产物的峰值电平之比（多簇产物时应取叠加功率），以 dB 表示。

(26) 载噪比（Carrier to Noise Ratio） 在系统的指定点，图像或声音载波电平与噪波电平之比，用 dB 表示。

(27) 相互隔离（Mutual Isolation） 在待测系统的频率范围内，任意频率上系统某个输出口与另一个输出口之间的衰减，对任何特定的设施，总是取其频率范围内所测得的最差值作为相互隔离，以 dB 表示。

(28) 回波值（Echo Rating） 在规定测试条件下，测得的系统中由于反射而产生的滞后于原信号并与原信号内容相同的干扰信号的值。

4. 有线电视广播系统的频率配置

(1) 波段划分见表 A–1。

表 A–1 波段划分

波 段	频率范围/MHz	业务内容
R	5 ~ 65	上行业务
X	65 ~ 87	过渡带
FM	87 ~ 108	广播业务
A	110 ~ 1000	模拟电视、数字电视、数据业务

(2) 下行传输电视频道配置 模拟电视频道见表 A–2，数字电视、数据业务可在模拟频道内安排。

(3) 调频及数字广播的频率配置 在 87.0 ~ 108.0 MHz 频率范围内，载频间隔按不小于 400 kHz 指配频率点。

(4) 导频 根据系统需要可设置导频信号。

5. 系统传输方式

(1) 系统可以采用单向传输或双向传输方式。

(2) 电视信号的传输频道宜按邻频传输方式配置。

(3) 在邻频传输系统中，传输 PAL – D 制电视广播信号的射频特性，除图像与伴音载波的电平差、伴音载波频率与图像载频的间距应符合本标准规定要求外，其他各项指标均应满足 GB3174 第 4 章规定的要求。

(4) 在有线电视系统中传送 PAL – D 制电视广播附加双声道数字声按 GY/T129 标准执行。

(5) 干线系统可采用光缆、多路微波及射频电缆等传输媒介，或其任意组合的链路。

(6) 副载波调制光链路系统按 GY/T131 标准执行。

(7) 多路微波分配系统按 GY/T – 132 标准执行。

表 A–2　模拟电视频道划分

频道	频率范围/MHz	图像载波频率/MHz	半音载波频率/MHz
Z－1	111.0～119.0	112.25	118.75
Z－2	119.0～127.0	120.25	126.75
Z－3	127.0～135.0	128.25	134.75
Z－4	135.0～143.0	136.25	142.75
Z－5	143.0～151.0	144.25	150.75
Z－6	151.0～159.0	152.25	158.75
Z－7	159.0～167.0	160.25	166.75
DS～6	167.0～175.0	168.25	147.75
DS～7	175.0～183.0	176.25	182.75
DS～8	183.00～191.0	184.25	190.75
DS～9	191.0～199.0	192.25	198.75
DS～10	199.0～207.0	200.25	206.75
DS～11	207.0～215.0	208.25	214.75
DS～12	215.0～223.0	216.25	222.75
Z－8	223.0～231.0	224.25	230.75
Z－9	231.0～239.0	232.25	238.75
Z－10	239.0～247.0	240.25	246.75
Z－11	247.0～255.0	248.25	254.75
Z－12	255.0～263.0	256.25	262.75
Z－13	263.0～271.0	264.25	270.75
Z－14	271.0～279.0	272.25	278.75
Z－15	279.0～287.0	280.25	286.75
Z－16	287.0～295.0	288.25	294.75
Z－17	295.0～303.0	286.25	302.75
Z－18	303.0～311.0	304.25	310.75
Z－19	311.0～319.0	312.25	318.75
Z－20	319.0～327.0	320.25	326.75
Z－21	327.0～335.0	328.25	334.75
Z－22	335.0～343.0	336.25	342.75
Z－23	343.0～351.0	344.25	350.75
Z－24	351.0～359.0	352.35	358.75
Z－25	359.0～367.0	360.25	366.75
Z－26	367.0～275.0	368.25	374.75
Z－27	275.0～383.0	376.25	382.75
Z－28	383.0～391.0	384.25	390.75
Z－29	391.0～399.0	392.25	398.75
Z－30	399.0～407.0	400.25	406.75
Z－31	407.0～415.0	408.25	414.75
Z－32	415.0～423.0	416.25	422.75
Z－33	423.0～431.0	424.25	430.75
Z－34	431.0～439.0	432.25	438.75
Z－35	439.0～447.0	440.25	446.75
Z－36	447.0～455.0	448.25	454.75
Z－37	455～463	456.25	462.75

（续）

频道	频率范围/MHz	图像载波频率/MHz	半音载波频率/MHz
DS－13	470.0～478.0	471.25	477.75
DS－14	478.0～486.0	479.25	485.75
DS－15	486.0～494.0	487.25	493.75
DS－16	494.0～502.0	495.25	501.75
DS－17	502.0～510.0	503.25	509.75
DS－18	510.0～518.0	511.25	517.75
DS－19	518.0～526.0	519.25	525.75
DS－20	526.0～534.0	528.25	533.75
DS－21	534.0～542.0	535.25	541.75
DS－22	543.0～550.0	543.25	549.75
DS－23	550.0～558.0	551.25	557.75
DS－24	558.0～566.0	559.25	565.75
DS－25	606.0～614.0	607.25	613.75
DS－26	614.0～622.0	615.25	621.75
DS－27	622.0～630.0	623.25	629.75
DS－28	630.0～638.0	631.25	637.75
DS－29	638.0～646.0	639.25	645.75
DS－30	646.0～654.0	647.25	653.75
DS－31	654.0～662.0	655.25	661.75
DS－32	662.0～670.0	663.25	669.75
DS－33	670.0～678.0	671.25	677.75
DS－34	678.0～686.0	679.25	685.75
DS－35	686.0～694.0	687.25	693.75
DS－36	694.0～702.0	695.25	701.75
DS－37	702.0～710.0	703.25	709.75
DS－38	710.0～718.0	711.25	717.75
DS－39	718.0～726.0	719.25	725.75
DS－40	726.0～734.0	727.25	733.75
DS－41	734.0～742.0	735.25	741.75
DS－42	742.0～750.0	743.25	749.75
DS－43	750.0～758.0	751.25	757.75
DS－44	758.0～766.0	759.25	765.75
DS－45	766.0～774.0	767.25	773.75
DS－46	774.0～782.0	775.25	781.75
DS－47	782.0～790.0	783.25	789.75
DS－48	790.0～798.0	791.25	797.75
DS－49	798.0～806.0	199.25	805.75
DS－50	806.0～814.0	807.25	813.75
DS－51	814.0～822.0	815.25	821.75
DS－52	822.0～830.0	823.25	829.75
DS－53	830.0～838.0	831.25	837.75
DS－54	838.0～846.0	839.25	845.75
DS－55	846.0～854.0	847.25	853.75
DS－56	854.0～862.0	855.25	861.75

6. 系统的综合业务

在传输广播电视业务的同时，可开展各种数据传输业务，如电视会议、视频点播等综合业务。

7. 系统技术参数要求

（1）下行传输系统主要技术参数要求（见表 A-3）。

表 A-3　下行传输系统主要技术参数

序号	项　目		电视广播	调频广播
1	系统输出口电平/dBμV		60～80	47～70（单声道或立体声）
2	系统输出口频道间载波电平差	任意频道间/dB	≤10 ≤8（任意 60 MHz 内）	≤8（VHF）
		相邻频道间/dB	≤3	≤6（任意 600 kHz 内）
		伴音对图像/dB	-17±3（邻频传输系统） -7～-20（其他）	—
3	频道内幅度/频率特性/dB		任意频道幅度变化范围为±2（以载频加 1.5 MHz 为基准），在任何 0.5 MHz 频率范围内，幅度变化不大于 0.5	任意频道内幅度变化不大于 2，在载频的 75 kHz 频率范围内变化斜率每 10 kHz 不大于 0.2
4	载噪比/dB		≥43（B=5.75 MHz）	≥41（单声道） ≥51（立体声）
5	载波互调比/dB		≥57（对电视频道的单频干扰） ≥54（电视频道内单频互调干扰）	≥60（频道内单频干扰）
6	载波复合三次差拍比/dB		≥54	—
7	交扰调制比/dB		≥46+10lg（N-1） （式中 N 为电视频道数）	—
8	载波交流声比/(%)		≤3	—
9	载波复合二次差拍比/dB		≥54	—
10	色/亮度时延差/ns		≤100	—
11	回波值/(%)		≤7	—
12	微分增益/(%)		≤10	—
13	微分相位/(°)		≤10	—
14	频率稳定度	频道频率/kHz	±25	±10（24 h 内） ±20（长时间内）
		图像/伴音频率间隔/kHz	±5	—
15	系统输出口相互隔离度/dB		≥30（VHF） ≥22（其他）	—
16	特性阻抗/Ω		75	75
17	相邻频道间隔		8 MHz	≥400 kHz
18	辐射与干扰	寄生辐射	待定	—
		电视中频干扰/dB	<-10（注）	—
		抗扰度/dB	待定	—
		其他干扰	按相应国家标准	—

注：在任何系统输出口，电视接收机中频范围内的任何信号电平应比最低的 VHF 电视信号电平低 10 dB 以上，不高于最低的 UHF 电视信号电平。

（2）对数据信号传输的要求：按照 GB/T 6510 标准第 50 条执行。

（3）上行传输系统主要技术参数要求（待定）。

（4）系统输入端接口要求（见表 A-4）。

表 A-4　系统输入端接口

项　　目	阻抗/Ω	点　　平	备　　注
射频接口电特性要求	75	—	—
视频接口电特性要求	75	1V（峰 - 峰值）	正极性
音频接口电特性要求	600 Ω（平衡/不平衡）或≥10 kΩ	-6 ~ 6 dBm	电平连续可调

8. 系统主要技术参数的测量方法

（1）下行传输系统有关模拟电视主要技术参数的测量方法按 GY/T 121 标准执行。

（2）上行传输系统主要参数的测量方法待定。

9. 系统安全要求

系统供电、避雷、接地等各项安全要求参照 GB50200 和 GB/T6510 标准的规定执行。

10. 系统技术性能指标的验收规则

（1）系统类别。

系统按其所容纳的输出口数分为 A 类和 B 类，输出口数量 10 万个以上为 A 类，不足 10 万个为 B 类（1000 户以下参照 B 类执行）。

（2）系统主要技术参数验收内容包括图像及声音质量的主观评价和系统主要技术参数的客观测试。

（3）标准测试点的选取原则

① 作为系统主观评价和客观测试时的测试点称为标准测试点。标准测试点应是典型的系统输出口或其等效终端。作为等效终端，其信号必须和正常的系统输出口信号在电气性能上应该等同，只是为了适应特定的测试系统时，其信号电平可以较高一些。

测试点应仔细选择，即应是那些噪声、失真及干扰影响有代表性的点。

② 标准测试点的抽样数

对于 A 类系统选 10 ~ 15 个测试点，B 类系统选 6 ~ 10 个测试点。

（4）系统质量的主观评价

① 图像质量的主观评价应参照 GB/T7401 第 4. 2 条五级损伤制标准执行（见表 A-5）。

表 A-5　图像质量主观评价五级损伤制标准

等　　级	图像质量主观评价五级损伤制标准
5 分（优）	图像上不觉察有损伤或干扰存在
4 分（良）	图像上有稍可觉察损伤或干扰，但并不令人讨厌
3 分（中）	图像上有明显觉察的损伤或干扰，令人感到讨厌
2 分（差）	图像上损伤或干扰较严重，令人相当讨厌
1 分（劣）	图像上损伤或干扰极严重，不能观看

② 图像、电视伴音以及调频广播声音质量损伤的主观评价项目（见表 A-6）。

表 A-6 主观评价项目

项目名称	现 象
载噪比	图像中的噪波即"雪花干扰"
电视伴音和调频广播的声音质量	背景噪声，如咝咝声、哼声、蜂声和串扰等
载波交流声比	图像中上下移动的水平条纹，即"滚道"
交扰调制比	图像中移动的垂直或倾斜的图案，即"串台"
载波互调比	图像中移动的垂直、倾斜或水平条纹
载波复合三次差拍比	图像中水平间隔条纹
回波值	图像中沿水平方向分布左右边的重复轮廓线，即"重影"
色度/亮度时延差	图像中彩色信息和亮度信息没有对齐的现象，即"彩色鬼影"

③ 系统质量的主观评价方法和要求

- 主观评价用的信号源必须是高质量的，必要时可以采用标准信号发生器或标准测试带。
- 系统应处于正常状态。
- 对电视图像及伴音质量进行主观评价时应选用高质量的 54 cm 彩色电视接收机。对调频广播声音质量进行主观评价时，应选用具有外接天线输入插座的高质量调频接收机。
- 观看距离为电视机荧光屏高度的 6 倍，室内照度适中，光线柔和。
- 根据系统的不同类别主观评价人员一般需要 5 至 7 人，其中应有专业人员和非专业人员。
- 主观评价人员经过观察，对规定的各项参数逐项打分，然后取其平均值作为主观评价结果。当每项参数均不低于四级时定为系统主观评价合格。

（5）系统质量的客观测试

① 每个标准测试点系统质量的客观测试所必须测试的项目（见表 A-7）。

表 A-7 测试项目

项目名称	测试频道
图像和调频广播载波电平	所有频道
载噪比	总频道数的 10%，不少于 5 个
载波复合三次差拍比	总频道数的 10%，不少于 5 个
载波互调比	总频道数的 10%，不少于 5 个
交扰调制比	每一波段测一个频道
载波交流声调制比	每个测试点选一个频道测一次
频道内频率响应	总频道数的 10%，不少于 5 个
色度/亮度时延差	不少于 5 个
微分增益和微分相位	不少于 5 个

② 在主观评价过程中，如确认表 I-6 中规定的某一项目不合格或有争议时，则应以客观测试结果为准。如对表 I-6 中未规定的某一项有疑问，应增加该项目的客观测试，并应以客观测试的结果为准。

③ 在主观评价和客观测试过程中，如发现有不符合标准规定的性能要求时，允许对系统进行必要的维修或调整，经维修、调整后应对全部指标重新验收。

④ 系统验收测试时，必须使用定期校验合格的测试仪器。测量方法应满足本标准规定的要求或与之等效的其他测量方法。

（6）系统安全要求的验收应满足本标准第 9 条。

（7）系统验收后验收小组应写出书面验收报告，验收报告的主要内容应包括主观评价结果和测试记录（例如：测试数据、测试方法、测试仪器、测试人员和测试时间等）。

附录 B　中国电视频道频率配置表

频道	频道代号	频率范围/MHz	图像载波频率/MHz	伴音载波频率/MHz	中心频率/MHz
Ⅰ	DS-1	48.5～56.5	49.75	56.25	52.5
	DS-2	56.5～64.5	57.75	64.25	60.5
	DS-3	64.5～72.5	65.75	72.25	68.5
	DS-4	76～84	77.25	83.75	80
	DS-5	84～92	85.25	91.75	88
Ⅱ	（88～108 MHz 为调频广播）				
A1	Z-1	111～119	112.25	118.75	115
	Z-2	119～127	120.25	126.75	123
	Z-3	127～135	128.25	134.75	131
	Z-4	135～143	136.25	142.75	139
	Z-5	143～151	144.25	150.75	147
	Z-6	151～159	152.25	158.75	155
	Z-7	159～167	160.25	166.75	163
Ⅲ	DS～6	167～175	168.25	147.75	171
	DS～7	175～183	176.25	182.75	179
	DS～8	183～191	184.25	190.75	187
	DS～9	191～199	192.25	198.75	195
	DS～10	199～207	200.25	206.75	203
	DS～11	207～215	208.25	214.75	211
	DS～12	215～223	216.25	222.75	219
A2	Z-8	223～231	224.25	230.75	227
	Z-9	231～239	232.25	238.75	235
	Z-10	239～247	240.25	246.75	243
	Z-11	247～255	248.25	254.75	251

（续）

频道	频道代号	频率范围/MHz	图像载波频率/MHz	伴音载波频率/MHz	中心频率/MHz
A2	Z－12	255～263	256.25	262.75	259
	Z－13	263～271	264.25	270.75	267
	Z－14	271～279	272.25	278.75	275
	Z－15	279～287	280.25	286.75	283
	Z－16	287～295	288.25	294.75	291
B	Z－17	295～303	286.25	302.75	299
	Z－18	303～311	304.25	310.75	307
	Z－19	311～319	312.25	318.75	315
	Z－20	319～327	320.25	326.75	323
	Z－21	327～335	328.25	334.75	331
	Z－22	335～343	336.25	342.75	339
	Z－23	343～351	344.25	350.75	347
	Z－24	351～359	352.35	358.75	355
	Z－25	359～367	360.25	366.75	363
	Z－26	367～275	368.25	374.75	371
B	Z－27	275～383	376.25	382.75	379
	Z－28	383～391	384.25	390.75	387
	Z－29	391～399	392.25	398.75	395
	Z－30	399～407	400.25	406.75	403
	Z－31	407～415	408.25	414.75	411
	Z－32	415～423	416.25	422.75	419
	Z－33	423～431	424.25	430.75	427
	Z－34	431～439	432.25	438.75	435
	Z－35	439～447	440.25	446.75	443
	Z－36	447～455	448.25	454.75	451
	Z－37	455～463	456.25	462.75	459
Ⅳ	DS－13	470～478	471.25	477.75	474
	DS－14	478～486	479.25	485.75	482
	DS－15	486～494	487.25	493.75	490
	DS－16	494～502	495.25	501.75	498
	DS－17	502～510	503.25	509.75	506
	DS－18	510～518	511.25	517.75	514
	DS－19	518～526	519.25	525.75	522
	DS－20	526～534	528.25	533.75	530
	DS－21	534～542	535.25	541.75	538
	DS－22	543～550	543.25	549.75	546

（续）

频道	频道代号	频率范围/MHz	图像载波频率/MHz	伴音载波频率/MHz	中心频率/MHz
V	DS－23	550～558	551.25	557.75	554
	DS－24	558～566	559.25	565.75	562
	DS－25	606～614	607.25	613.75	610
	DS－26	614～622	615.25	621.75	618
	DS－27	622～630	623.25	629.75	626
	DS－28	630～638	631.25	637.75	634
	DS－29	638～646	639.25	645.75	642
	DS－30	646～654	647.25	653.75	650
	DS－31	654～662	655.25	661.75	658
	DS－32	662～670	663.25	669.75	666
	DS－33	670～678	671.25	677.75	674
	DS－34	678～686	679.25	685.75	682
	DS－35	686～694	687.25	693.75	690
	DS－36	694～702	695.25	701.75	698
	DS－37	702～710	703.25	709.75	706
	DS－38	710～718	711.25	717.75	714
	DS－39	718～726	719.25	725.75	722
	DS－40	726～734	727.25	733.75	730
	DS－41	734～742	735.25	741.75	738
	DS－42	742～750	743.25	749.75	746
	DS－43	750～758	751.25	757.75	754
	DS－44	758～766	759.25	765.75	762
V	DS－45	766～774	767.25	773.75	770
	DS－46	774～782	775.25	781.75	778
	DS－47	782～790	783.25	789.75	786
	DS－48	790～798	791.25	797.75	794
	DS－49	798～806	199.25	805.75	802
	DS－50	806～814	807.25	813.75	810
	DS－51	814～822	815.25	821.75	818
	DS－52	822～830	823.25	829.75	826
	DS－53	830～838	831.25	837.75	834
	DS－54	838～846	839.25	845.75	842
	DS－55	846～854	847.25	853.75	850
	DS－56	854～862	855.25	861.75	858
	DS－57	862～870	863.25	869.75	866
	DS－58	870～878	871.25	877.75	874

（续）

频道	频道代号	频率范围/MHz	图像载波频率/MHz	伴音载波频率/MHz	中心频率/MHz
V	DS－59	878～886	879.25	885.75	882
	DS－60	886～894	887.25	893.75	890
	DS－61	894～902	895.25	901.75	898
	DS－62	902～910	903.25	909.75	906
	DS－63	910～918	911.25	917.75	914
	DS－64	918～926	919.25	925.75	922
	DS－65	926～934	927.25	933.75	930
	DS－66	934～942	935.25	941.75	938
	DS－67	942～950	943.25	949.75	946
	DS－68	950～958	951.25	957.75	954

参 考 文 献

[1] 叶选，丁玉林，刘玮．有线电视及广播［M］．北京：人民交通出版社，2001.
[2] 迟长春，黄民德，陈冰．有线电视系统工程设计［M］．天津：天津大学出版社，2009.
[3] 陶宏伟．有线电视技术［M］．3版．北京：电子工业出版社，2007.
[4] 方德葵．有线电视网络与传输技术［M］．北京：中国广播电视出版社，2005.
[5] 章云，许锦标．建筑智能化系统［M］．北京：清华大学出版社，2007.
[6] 胡国文，等．现代民用建筑电气工程设计［M］．北京：机械工业出版社，2013.
[7] 芮静康．建筑广播电视系统［M］．北京：中国建筑工业出版社，2006.
[8] 曲丽萍，王修岩．楼宇自动化系统［M］．北京：中国电力出版社，2004.
[9] 沈勇，等．扬声器系统的理论与应用［M］．北京：国防工业出版社，2011.
[10] 郑立坤．有线电视技术——理论与实践［M］．长春：吉林人民出版社，2004.
[11] 刘剑波，等．有线电视网络［M］．北京：中国广播电视出版社，2003.
[12] 刘文开，刘远航．有线广播数字电视技术［M］．北京：人民邮电出版社，2003.
[13] 曲丽萍，王修岩．楼宇自动化系统［M］．北京：中国电力出版社，2004.
[14] 许锦标，张振昭．楼宇智能化技术［M］．北京：机械工业出版社，2010.
[15] 王慧玲．现代电视网络技术——有线电视实用技术与新技术［M］．北京：人民邮电出版社，2005.
[16] 姜秀华，张永辉．数字电视广播原理与应用［M］．北京：人民邮电出版社，2009.
[17] 段永良，等．电视原理与应用［M］．北京：人民邮电出版社，2011.
[18] 何家琪，等．有线电视技术与系统设计［M］．北京：科学技术文献出版社，1996.
[19] 易培林．有线电视技术［M］．北京：机械工业出版社，2010.
[20] 杨清学．有线电视技术［M］．北京：机械工业出版社，2005.
[21] 任尚清．有线电视技术［M］．北京：电子工业出版社，2002.
[22] 张会生，栾东华．有线电视工程设计与新技术应用［M］．北京：科学出版社，2006.
[23] 李勇，等．广播电视传输网络工程设计与维护［M］．北京：电子工业出版社，2001.
[24] 金国钧．有线电视概论［M］．北京：人民邮电出版社，2004.
[25] 惠新标，郑志航．数字电视技术基础［M］．北京：电子工业出版社，2005.
[26] 姜秀华．数字电视原理与应用［M］．北京：人民邮电出版社，2003.